空调维修宝典

图解彩色版

李志锋◎编著

人民邮电出版社

北 京

图书在版编目（CIP）数据

空调维修宝典：图解彩色版 / 李志锋编著. -- 2版
. -- 北京：人民邮电出版社，2019.5
ISBN 978-7-115-44641-1

Ⅰ．①空… Ⅱ．①李… Ⅲ．①空气调节器－维修－图
解 Ⅳ．①TM925.120.7-64

中国版本图书馆CIP数据核字(2019)第067816号

内 容 提 要

本书是一本全面的空调维修图书，作者是一线空调器维修专家，全部内容均源于实际的操作　经验。

本书采用电路原理图和实物照片相结合，并在图片上增加标注的方法来介绍空调器维修所必须具备的基本知识和实战技能。主要内容包括空调器基本结构、电控系统基础、不同类型（挂式、单相柜式、三相柜式、变频空调）空调器室内与室外电控系统、变频空调基础与常见电路及元件、噪声故障和漏水故障检修流程与实例、制冷系统基础与维修实例、常见电控系统故障与维修实例、定频空调与变频空调常见故障与维修实例、主板的安装和通用板的代换、变频空调器室外机强电常见故障、室外风机和压缩机常见故障等。

本书适合准备自学空调器维修的人员，无论有无基础均可阅读，也适合空调器维修售后服务人员、技能提高人员阅读，还可以作为中等职业院校空调器相关专业学生的参考书。

◆ 编　　著　李志锋
　　责任编辑　黄汉兵
　　责任印制　彭志环

◆ 人民邮电出版社出版发行　　北京市丰台区成寿寺路 11 号
　　邮编　100164　电子邮件　315@ptpress.com.cn
　　网址　http://www.ptpress.com.cn
　　固安县铭成印刷有限公司印刷

◆ 开本：787×1092　1/16
　　印张：20.5　　　　　　　　　2019 年 5 月第 2 版
　　字数：606 千字　　　　　　　2025 年 3 月河北第 13 次印刷

定价：99.00 元

读者服务热线：(010)53913866　印装质量热线：(010)81055316
反盗版热线：(010)81055315

前　言

随着人民生活水平的逐步提高，空调器作为家用电器中一员，逐渐由城市普及到农村，产品类型也由定频空调器过渡到变频空调器，每年的销量均在增长，加之以前庞大的保有量，使得售后服务的需求不断增加，这也需要更多的维修人员进入这个领域。而空调器作为季节性很强的一个产品，在使用旺季的维修量也非常大，这就要求维修人员要熟练掌握检修的基本知识和方法，以便迅速检查出故障原因并排除。为了满足上述需求，我们编写了本书。

本书内容具有四大特点。

1. 内容全面：包括定频空调器和变频空调器的常用元件介绍、电控原理、单元电路、故障实例，以及制冷系统的常用元件和故障实例，并简单介绍了漏水和噪声故障的维修方法。

2. 全程图解：本书采用一步一图的编写方式，真实还原维修现场，可以达到手把手教您维修空调器的效果。

3. 免费视频：本书提供免费维修视频供读者学习使用，内容包括空调器维修原理和实用技能，能够帮助读者快速掌握相关技能。

4. 全新内容：作者重新总结这几年空调器维修经验，并汇总了大量的维修案例。

本书由李志锋主编，参加本书编写及为本书的编写提供帮助的人员还有李殿魁、李献勇、周涛、李嘉妍、李明相、刘提、李佳怡、李佳静、刘均、金闯、金华勇、金科技、李文超、金坡、金记纪、金亚南等，在此对所有人员的辛勤工作表示由衷的感谢。

本书的编者长期从事空调器维修工作，由于能力、水平所限，加上编写时间仓促，书中难免有不妥之处，还希望广大读者提出宝贵意见。

编者
2019 年 1 月

目　录

第 ❶ 章
空调器维修入门

对密闭空间、房间或区域里空气的温度、湿度、洁净度及空气流动速度（简称"空气四度"）参数进行调节和控制等处理，以满足一定要求的设备，称为房间空气调节器，简称为空调器。

第1节　型号命名方法和匹数含义

一、空调器型号命名方法

执行国家标准 GB/T 7725—2004，基本格式见图 1-1。后又增加 GB 12021.3—2004（已废出）和 GB 12021.3—2010（现行标准）两个标准，主要内容是增加"中国能效标识"图标。

1. **房间空调器代号**

"空调器"汉语拼音为"kong tiao qi"，因此选用第一个字母"k"表示，并且在使用时为大写字母"K"。

2. **气候类型**

气候类型表示空调器所工作的环境，分 T1、T2、T3 三种工况，具体内容见表 1-1。由于在中国使用的空调器工作环境均为 T1 类型，因此在空调器标号中省略，不再标注。

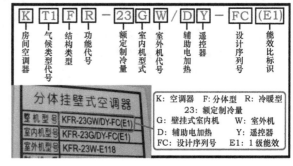

图 1-1　空调器型号基本格式

表 1-1　　　　　　　　　　　　　　　气候类型工况

	T1（温带气候）	T2（低温气候）	T3（高温气候）
单冷型	18～43℃	10～35℃	21～52℃
冷暖型	−7～43℃	−7～35℃	−7～52℃

3. 结构类型

家用空调器按结构类型可分为两种：整体式和分体式。

整体式即窗式空调器，实物外形见图1-2，英文代号为"C"，多见于早期使用的空调器；由于运行时整机噪声太大，目前已淘汰不再使用。

分体式英文代号为"F"，由室内机和室外机组成，也是目前最常见的结构形式，实物外形见图1-5和图1-6。

4. 功能代号

功能代号表示空调器所具有的功能，见图1-3，分为单冷型、冷暖型（热泵）、电热型。

单冷型只能制冷不能制热，所以只能在夏天使用，多在南方使用，其英文代号省略，不再标注。

冷暖型既可制冷又可制热，所以夏天和冬天均可使用，多见于北方使用的空调器。制热按工作原理可分为热泵式和电加热式，其中热泵式在单冷空调器室外机的制冷系统中加装四通阀等部件，通过吸收室外的空气热量进行制热，也是目前最常见的形式，英文代号为"R"。电热型不改变制冷系统，只是在室内机加装大功率的电加热丝用来产生热量，相当于将"电暖气"安装在室内机，其英文代号为"D"（整机型号为KFD开头），多见于早期使用的空调器，由于制热时耗电量太大，目前已淘汰不再使用。

5. 额定制冷量

额定制冷量用阿拉伯数字表示，见图1-4，单位为100W，即标注数字再乘以100，得出的数字为空调器的额定制冷量，我们常说的"匹"也是由额定制冷量换算得出的。

图1-2　窗式空调器

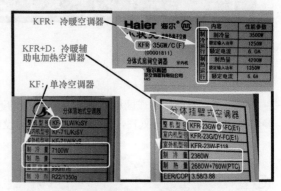

图1-3　功能代号标识

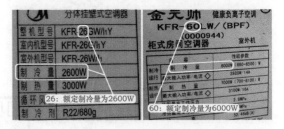

图1-4　额定制冷量标识

由于制冷模式和制热模式的标准工况不同，因此同一空调器的额定制冷量和额定制热量也不相同，空调器的工作能力以制冷模式为准。

6. 室内机代号

D：吊顶式；G：壁挂式（即挂机）；L：落地式（即柜机）；K：嵌入式；T：台式。家用空调器常见形式为挂机和柜机，分别见图1-5和图1-6。

7. 室外机代号

大写英文"W"。

8. 斜杠"/"后面标号表示设计序列号或特殊功能代号

见图1-7，允许用汉语拼音或阿拉伯数

图1-5　壁挂式空调器

字表示。常见的有 Y：遥控器；BP：变频、ZBP：直流变频；S：三相电源；D（d）：辅助电加热；F：负离子。

说明

　　同一英文字母在不同空调器厂家表示的含义是不一样的，例如"F"，在海尔空调器中表示为负离子，在海信空调器中则表示为使用无氟制冷剂 R410A。

9. 能效比标识

　　见图 1-8。能效比即 EER（名义制冷量 / 额定输入功率）和 COP（名义制热量 / 额定输入功率）。例如，海尔 KFR-32GW/Z2 定频空调器，额定制冷量为 3200W，额定输入功率为 1180W，EER=3200W÷1180W=2.71；格力 KFR-23GW/（23570）Aa-3 定频空调器，额定制冷量为 2350W，额定输入功率为 716W，EER=2350W÷716W=3.28。

　　能效比标识见图 1-9，分为旧能效标准（GB 12021.3—2004）和新能效标准（GB 12021.3—2010）。

　　旧能效标准于 2005 年 3 月 1 日开始实施，分体式共分为 5 个等级，5 级最费电，1 级最省电，详见表 1-2。

　　海尔 KFR-32GW/Z2 空调器能效比为 2.71，根据表 1-2 可知此空调器为 5 级能效，也就是最耗电的一类；格力 KFR-23GW/（23570）Aa-3 空调器能效比为 3.28，按旧能效标准为 2 级能效。

图 1-6　落地式空调器

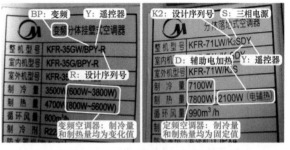

图 1-7　定频和变频空调器标识

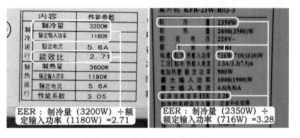

图 1-8　能效比计算方法

图 1-9　能效比标识

表 1-2　　　　　　　　　　　　　旧能效标准

	1级	2级	3级	4级	5级
制冷量≤4500W	3.4及以上	3.39～3.2	3.19～3.0	2.99～2.8	2.79～2.6
4500W<制冷量≤7100W	3.3及以上	3.29～3.1	3.09～2.9	2.89～2.7	2.69～2.5
7100W<制冷量≤14000W	3.2及以上	3.19～3.0	2.99～2.8	2.79～2.6	2.59～2.4

　　新能效标准于 2010 年 6 月 1 日正式实施，旧能效标准也随之结束。新能效标准共分 3 级，相对于旧标准，级别提高了能效比，旧标准 1 级为新标准的 2 级，旧标准 2 级为新标准的 3 级，见表 1-3。

表1-3   新能效标准

	1级	2级	3级
制冷量≤4500W	3.6及以上	3.59~3.4	3.39~3.2
4500W＜制冷量≤7100W	3.5及以上	3.49~3.3	3.29~3.1
7100W＜制冷量≤14000W	3.4及以上	3.39~3.2	3.19~3.0

海尔 KFR-32GW/Z2 空调器能效比为2.71，根据新能效标准3级最低为3.2，所以此空调器不能再上市销售；格力 KFR-23GW/（23570）Aa-3 空调器能效比为3.28，按新能效标准为3级能效。

10. 空调器型号举例说明

例1：海信 KF-23GW/58 表示 T1 气候类型、分体（F）壁挂式（GW 即挂机）、单冷（KF 后面不带 R）定频空调器，58 为设计序列号，每小时制冷量为2300W。

例2：美的 KFR-23GW/DY-FC（E1）表示 T1 气候类型、带遥控器（Y）和辅助电加热功能（D）、分体（F）壁挂式（GW）、冷暖（R）定频空调器，FC 为设计序列号，每小时制冷量为2300W，1级能效（E1）。

例3：美的 KFR-71LW/K2SDY 表示 T1 气候类型、带遥控器（Y）和辅助电加热功能（D）、分体（F）落地式（LW 即柜机）、冷暖（R）定频空调器，使用三相（S）电源供电，K2 为序列号，每小时制冷量为7100W。

例4：科龙 KFR-26GW/VGFDBP-3 表示 T1 气候类型、分体（F）壁挂式（GW）、冷暖（R）变频（BP）空调器，带有辅助电加热功能（D）、制冷系统使用 R410 无氟（F）制冷剂、VG 为设计序列号、每小时制冷量为2600W，3级能效。

例5：海信 KT3FR-70GW/01T 表示 T3 气候类型、分体（F）壁挂式（GW）、冷暖（R）定频空调器、01 为设计序列号、特种（T、专供移动或联通等通信基站使用的空调器）、每小时制冷量为7000W。

二、空调器匹数（P）的含义及对应关系

1. 空调器匹数的含义

空调器匹数是一种不规范的民间叫法。这里的匹数（P）代表的是耗电量，因以前生产的空调器种类较少，技术也相似，因此使用耗电量代表制冷能力，1匹（P）约等于735W。现在，国家标准不再使用"匹（P）"作为单位，而使用每小时制冷量作为空调器能力标准。

2. 制冷量与匹（P）对应关系

制冷量为2400W约等于正1匹，以此类推，制冷量4800W等于正2匹，对应关系见表1-4。

表1-4   制冷量与匹（P）对应关系

制 冷 量	俗 称
2300W以下	小1P空调器
2400W或2500W	正1P空调器
2600W至2800W	大1P空调器
3200W	小1.5P空调器
3500W或3600W	正1.5P空调器
4500W或4600W	小2P空调器
4800W或5000W	正2P空调器
5100W或5200W	大2P空调器

续表

制 冷 量	俗　　　称
6000W或6100W	2.5P空调器
7000W或7100W	正3P空调器
12000W	正5P空调器

注：1P～1.5P空调器常见形式为挂机，2P～5P空调器常见形式为柜机。

第 2 节　空调器结构

一、挂式空调器外部构造

空调器整机从结构上包括室内机、室外机、连接管道、遥控器4部分组成。室内机组包括蒸发器、室内风扇（贯流风扇）、室内风机、电控部分等，室外机组包括压缩机、冷凝器、毛细管、室外风扇（轴流风扇）、室外风机、电气元件等。

1. 室内机的外部结构

壁挂式空调器室内机外部结构见图1-10和图1-11。

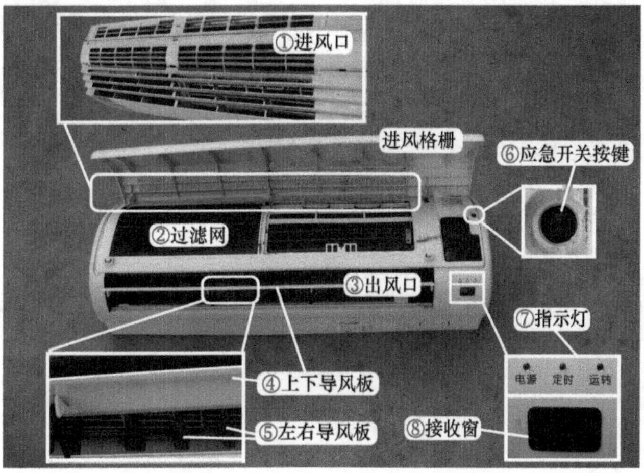

（1）进风口：房间的空气由进风格栅吸入，并通过过滤网除尘。说明：早期空调器进风口通常由进风格栅（或称为前面板）进入室内机，而目前空调器进风格栅通常设计为镜面或平板样式，因此进风口部位设计在室内机顶部。

（2）过滤网：过滤空气中的灰尘。

（3）出风口：降温或加热的空气经上下导风板和左右导风板调节方位后吹向房间内。

（4）上下风门叶片（上下导风板）：调节出风口上下气流方向（一般为自动调节）。

（5）左右风门叶片（左右导风板）：调节出风口左右气流方向（一般为手动调节）。

（6）应急开关：无遥控器时使用应急开关可以开启或关闭空调器的按键。

（7）指示灯：显示空调器工作状态。

（8）接收窗：接收遥控器发射的红外线信号。

（9）蒸发器接口：与来自室外机组的管道连接（粗管为气管，细管为液管）。

（10）保温水管：一端连接接水盘，另一端通过加长水管将制冷时蒸发器产生的冷凝水排至室外。

图 1-10　室内机正面外部结构

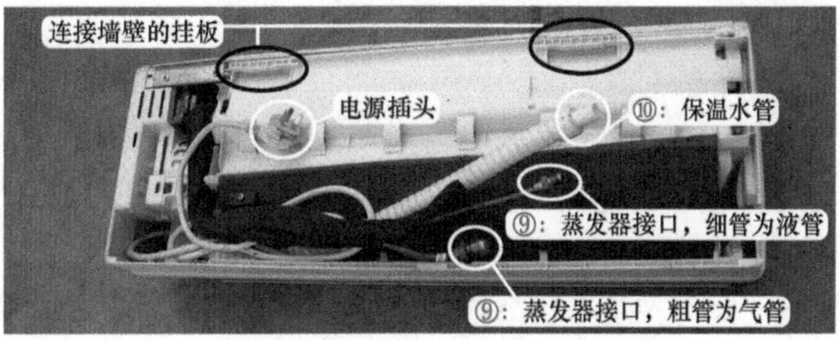

①进风口
进风格栅
⑥应急开关按键
②过滤网
③出风口
⑦指示灯
④上下导风板
⑤左右导风板
电源　定时　运转
⑧接收窗

图 1-11　室内机反面外部结构

连接墙壁的挂板
电源插头
⑩：保温水管
⑨：蒸发器接口，细管为液管
⑨：蒸发器接口，粗管为气管

2. 室外机的外部结构

室外机外部结构见图1-12。

（1）进风口：吸入室外空气（即吸入空调器周围的空气）。

（2）出风口：吹出为冷凝器降温的室外空气（制冷时为热风）。

（3）管道接口：连接室内机组管道（粗管为气管接三通阀，细管为液管接二通阀）。

（4）维修口（即加氟口）：用于测量系统压力，系统缺氟时可以加氟使用。

（5）接线端子：连接室内机组的电源线。

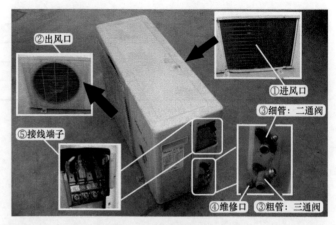

图1-12　室外机外部结构

3. 连接管道

连接管道用于连接室内机和室外机的制冷系统，完成制冷（制热）循环，其为制冷系统的一部分，实物外形见图1-13左图。粗管连接室内机蒸发器出口和室外机三通阀，细管连接室内机蒸发器进口和室外机二通阀；由于细管流通的制冷剂

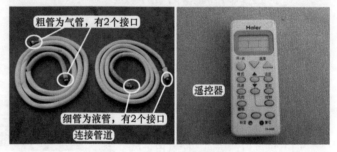

图1-13　连接管道和遥控器

为液体，粗管流通的制冷剂为气体，所以细管也称为液管或高压管，粗管也称为气管或低压管；材质早期多为铜管，现在多使用铝塑管。

4. 遥控器

遥控器用来控制空调器的运行与停止，使之按用户的意愿运行，其为电控系统中的一部分，实物外形见图1-13右图。

二、挂式空调器内部构造

家用空调器无论是挂机还是柜机，均由4部分组成：制冷系统、电控系统、通风系统、箱体系统。制冷系统由于知识点较多，因此单设一节进行说明。

1. 主要部件安装位置

（1）室内机主要部件

见图1-14。制冷系统：蒸发器；电控系统：电控盒（包括主板、变压器、环温和管温传感器等）、显示板组件、步进电机；通风系统：室内风机、贯流风扇、轴套、上下和左右导风叶片；辅助部件：接水盘。

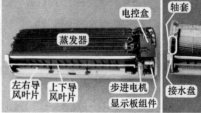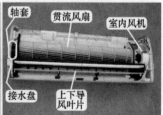

图1-14　室内机主要部件

（2）室外机主要部件

见图1-15。制冷系统：压缩机、冷凝器、四通阀、毛细管、过冷管组（单向阀和辅助毛细管）；电控系统：风机电容、压缩机电容；通风系统：室外风机、轴流风扇；辅助部件：电机支架。

2. 电控系统

电控系统相当于"大脑"，用来控制空调器的运行，一般使用微电脑（MCU）控制方式，具有遥控、正常自动控制、自动安全保护、故障自诊断和显示、自动恢复等功能。

图 1-16 为电控系统主要部件，通常由主板、遥控器、变压器、环温和管温传感器、室内风机、步进电机、压缩机、室外风机、四通阀线圈等组成。

3. 通风系统

通风系统是为了保证制冷系统的正常运行而设计的，作用是强制使空气流过冷凝器或蒸发器，加速热交换的进行。

（1）室内机通风系统

室内机通风系统的作用是将蒸发器产生的冷量（或热量）及时输送到室内，降低或提高房间温度。室内机使用贯流式通风系统，见图 1-17，包括贯流风扇和室内风机。

贯流风扇由叶轮、叶片、轴承等组成，轴向尺寸很宽，风扇叶轮直径小，呈细长圆筒状，特点是转速高、噪声小；左侧使用轴套固定，右侧连接室内风机。

室内风机产生动力驱动贯流风扇旋转，早期多为 2 速或 3 速的抽头电机，目前通常使用带霍尔反馈功能的 PG 电机，只有部分高档的定频和变频空调器使用直流电机。

见图 1-18，贯流风扇叶片采用向前倾斜式，气流沿叶轮径向流入，贯穿叶轮内部，然后沿径向从另一端排出，房间空气从室内机顶部和前部的进风口吸入，由贯流风扇产生一定的流量和压力，经过蒸发器降温或加热后，从出风口吹出。

（2）室外机通风系统

室外机使用轴流式通风系统，见图 1-19，包括轴流风扇和室外风机。

轴流风扇结构简单，叶片一般为 2 片、3 片、4 片、5 片，使用 ABS 塑料注塑成型，特点是效率高、风量大、价格低、省电，缺点是风压较低、噪声较大。

定频空调器室外风机通常使用单速电机，变频空调器通常使用 2 速、3 速的抽头电机，只有部分高档的定频和变频空调器使用直流电机。

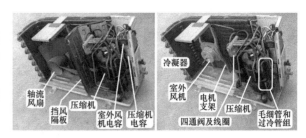

图 1-15　室外机主要部件

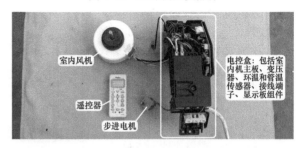

图 1-16　电控系统主要部件

图 1-17　贯流风扇和室内风机

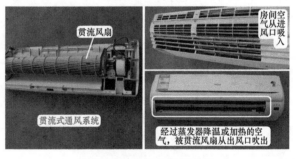

图 1-18　贯流式通风系统

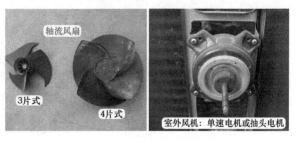

图 1-19　轴流风扇和室外风机

见图1-20，作用是为冷凝器散热。轴流风扇运行时进风侧压力低，出风侧压力高，空气始终沿轴向流动，将冷凝器产生的热量强制吹到室外。

4. 箱体系统

箱体系统是空调器的骨骼。

图1-21为挂式空调器室内机组的箱体系统（即底座），所有部件均放置在箱体系统上，根据空调器设计不同外观会有所变化。

图1-22为室外机底座，冷凝器、室外风机固定支架、压缩机等部件均安装在室外机底座上面。

图 1-20　轴流式通风系统

图 1-21　室内机底座

三、柜式空调器结构

（1）外观

目前，柜式空调器室内机从正面看，通常分为上下两段，见图1-23。上段可称为前面板，下段可称为进风格栅，其中前面板主要包括出风口和显示屏，取下进风格栅后可见室内机下方设有室内风扇（离心风扇）即进风口，其上方为电控系统。

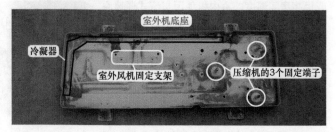

图 1-22　室外机底座

早期空调器从正面看通常分为3段，最上方为出风口，中间为前面板（包括显示屏），最下方为进风格栅，目前的空调器将出风口和前面板合为一体。

进风格栅顾名思义，就是房间内空气由此进入的部件，见图1-24左图。目前的空调器进风口设置在左侧、右侧、下方位置，从正面看为镜面外观，内部设有过滤网卡槽，过滤网安装在进风格栅内部，过滤后的房间空气再由离心风扇吸入，送至蒸发器降温或加热，再由出风口吹出。

见图1-24右图，将前面板翻

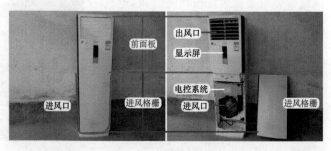

图 1-23　室内机外观

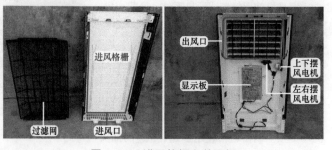

图 1-24　进风格栅和前面板

到后面，取下泡沫盖板后，可看到安装有显示板（从正面看为显示屏）、上下摆风电机、左右摆风电机。

（2）电控系统和挡风隔板

见图1-25左图，取下前面板后，可见室内机中间部位安装有挡风隔板，其作用是将蒸发器下半段的冷量（或热量）向上聚集，从出风口排出。为防止异物进入室内机，在出风口部位设有防护罩。

见图1-25右图，取下电控盒盖板后，电控系统主要由主板、变压器、室内风机电容、接线端子等组成，这也是本书将要重点介绍的部位。

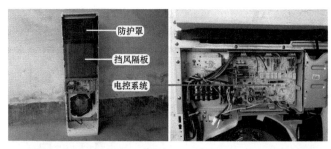

图 1-25　挡风隔板和电控系统

（3）辅助电加热和蒸发器

见图1-26，取下挡风隔板后，可见蒸发器为直板式。蒸发器中间部位装有两组PTC式辅助电加热，在冬季制热时提高出风口温度；蒸发器下方为接水盘，通过连接排水软管和加长水管将制冷时产生的冷凝水排至室外；蒸发器共有两个接头，其中粗管为气管、细管为液管，经连接管道和室外机二通阀、三通阀相连。

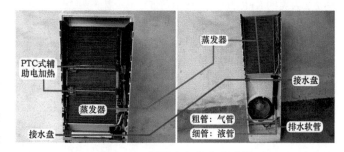

图 1-26　辅助电加热和蒸发器

（4）通风系统

取下蒸发器、顶部挡板、电控系统等部件后（见图1-27左图），此时室内机只剩下外壳和通风系统。

通风系统包括室内风机（离心电机）、室内风扇（离心风扇）、蜗壳，图1-27右图为取下离心风扇后离心电机的安装位置。

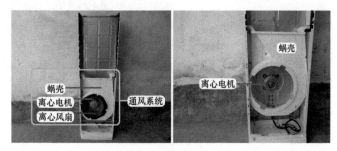

图 1-27　通风系统

（5）外壳

见图1-28左图，取下离心电机后，通风系统的部件只有蜗壳。

再将蜗壳取下（见图1-28右图），此时室内机只剩下外壳，由左侧板、右侧板、背板、底座等组成。

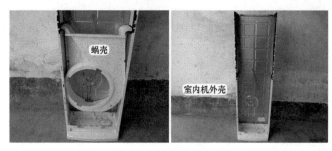

图 1-28　外壳

第 ❷ 章
电控系统主要元器件

图 2-1 为格力 KFR-23GW/（23570）Aa-3 挂式空调器电控系统主要部件，图 2-2 为美的 KFR-26GW/DY-B（E5）空调器电控系统主要部件。由图 2-1 和图 2-2 可知，一个完整的电控系统由主板和外围负载组成，包括室内机主板、变压器、室内环温和管温传感器、室内风机、显示板组件、步进电机、遥控器等。

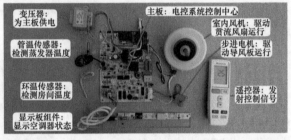

图 2-1　格力 KFR-23GW/（23570）Aa-3 空调器电控系统主要部件

图 2-2　美的 KFR-26GW/DY-B（E5）空调器电控系统主要部件

第 1 节　室内机主要元器件

一、变压器

1. 安装位置

见图 2-3，挂式空调器的变压器安装在室内机电控盒上方的下部位置，柜式空调器的变压器安装在电控盒的左侧或右侧部分。

挂式空调器：安装在电控盒上方的下部

柜式空调器：安装在电控盒左侧

图 2-3　安装位置

说明

如果主板电源电路使用开关电源，则不再使用变压器。

2. 工作原理

变压器插座在主板上英文符号为 T 或 TRANSE。变压器通常为两个插头，大插头为一次绕组，小插头为二次绕组。变压器工作时将交流 220V 电压降低到主板需要的电压，内部含有一次绕组和二次绕组两个线圈，一次绕组通过变化的电流，在二次绕组产生感应电动势，因一次绕组匝数远大于二次绕组，所以二次绕组感应的电压为较低电压。

图 2-4 左图为 1 路输出型变压器，通常用于挂式空调器电控系统，二次绕组输出电压为交流 11V（额定电流 550mA）；图 2-4 右图为 2 路输出型变压器，通常用于柜式空调器电控系统，二次绕组输出电压分别为交流 12.5V（400mA）和 8.5V（200mA）。

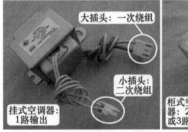
大插头：一次绕组
小插头：二次绕组
挂式空调器：1路输出

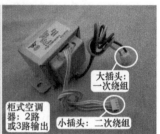
大插头：一次绕组
小插头：二次绕组
柜式空调器：2路或3路输出

图 2-4　实物外形

3. 测量绕组阻值

以格力 KFR-120LW/E（1253L）V-SN5 柜式空调器使用的 2 路输出型变压器为例，使用万用表电阻挡，测量一次绕组和二次绕组阻值。

（1）测量一次绕组阻值：见图 2-5。

一次绕组使用的铜线线径较细且匝数较多，所以阻值较大，正常为 200 ～ 600Ω，实测阻值为 203Ω。

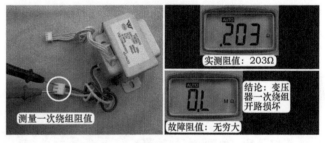
测量一次绕组阻值
实测阻值：203Ω
故障阻值：无穷大
结论：变压器一次绕组开路损坏

图 2-5　测量一次绕组阻值

一次绕组阻值根据变压器功率的不同，实测阻值也各不相同，柜式空调器使用的变压器功率大，实测时阻值小（本例为 200Ω）；挂式空调器使用的变压器功率小，实测时阻值大 [实测格力 KFR-23G（23570）/Aa-3 空调器变压器一次绕组阻值约 500Ω]。

如果实测时阻值为无穷大，则为一次绕组开路故障，常见原因有线圈开路或内部串接的温度保险开路。

（2）测量二次绕组阻值：见图 2-6。

二次绕组使用的铜线线径较粗且匝数较少，所以阻值较小，正常为 0.5 ～ 2.5Ω。实测直流 12V 供电支路（由交流 12.5V 提供、黄 - 黄引线）的绕组阻值为 1.1Ω，直流 5V 供电支路（由交流 8.5V 提供、白 - 白引线）的绕组阻值为 1.6Ω。

二次绕组短路时阻值和正常时

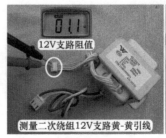
12V支路阻值
测量二次绕组12V支路黄-黄引线

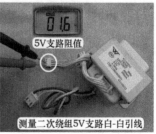
5V支路阻值
测量二次绕组5V支路白-白引线

图 2-6　测量二次绕组阻值

阻值接近，使用万用表电阻挡不容易判断是否损坏。常见为二次绕组短路故障，表现为屡烧保险管和一次绕组开路，检修时如变压器表面温度过高，检查室内机主板和供电电压无故障后，可直接更换变压器。

4. 测量变压器绕组插座电压

（1）变压器一次绕组电压测量

使用万用表交流电压挡测量变压器一次绕组插座电压，见图2-7。由于与交流220V电源并联，因此正常电压为交流220V。

图 2-7　测量变压器一次绕组电压

如果实测电压为0V，可以判断变压器一次绕组无供电，表现为整机上电无反应的故障现象，应检查室内机电源接线端子电压和保险管阻值。

（2）变压器二次绕组电压测量

见图2-8左图，变压器二次绕组黄-黄引线输出电压经整流滤波后为直流12V负载供电，使用万用表交流电压挡实测电压约为交流13V。如果实测电压为交流0V，在变压器一次绕组供电电压正常的前提下，可大致判断变压器损坏。

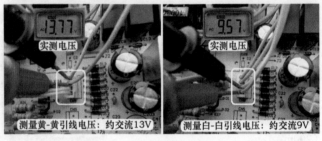

图 2-8　测量变压器二次绕组电压

见图2-8右图，二次绕组白-白引线输出电压经整流滤波后为直流5V负载供电，实测电压约为交流9V。同理，如果实测电压为交流0V，在变压器一次绕组供电电压正常的前提下，也可大致判断变压器损坏。

二、遥控器

1. 结构

遥控器是一种远控机械的装置，遥控距离≥7m，见图2-9，由主板、显示屏、按键、后盖、前盖、电池盖等组成，控制电路单设有一个CPU，位于主板背面。

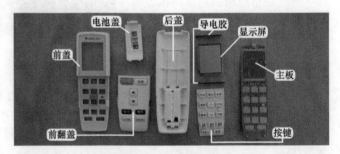

图 2-9　遥控器结构

2. 遥控器检查方法

遥控器发射的红外线信号，肉眼看不到，但手机的摄像头却可分辨出来，检查方法是使用手机的摄像功能，见图2-10，将遥控器发射二极管（也称为红外发光二极管）对准手机摄像头，在按压按键的同时观察手机屏幕。

（1）在手机屏幕上观察到发射二极管发光，说明遥控器正常。

（2）在手机屏幕上观察发射二极管不发光，说明遥控器损坏。

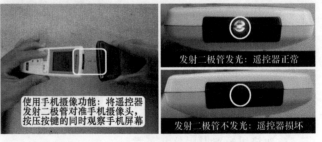

图 2-10　使用手机摄像功能检查遥控器

三、接收器

1. 安装位置

显示板组件通常安装在前面板或室内机的右下角，格力 KFR-23GW/（23570）Aa-3 即显示板组件使用指示灯＋数码管的方式，见图 2-11，安装在前面板，前面板留有透明窗口，称为接收窗，接收器对应安装在接收窗后面。

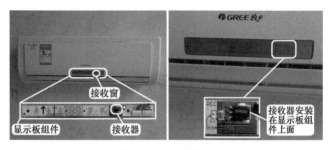

图 2-11　安装位置

2. 实物外形和工作原理

（1）实物外形

见图 2-12，接收器内部含有光敏元件（接收二极管），通过接收窗口接收某一频率范围的红外线，当接收到相应频率的红外线，接收二极管产生电流，经内部 *I-V* 集成电路转换为电压，再经过滤波、比较器输出脉冲电压、内部三极管电平转换，接收器的输出引脚输出脉冲信号送至 CPU 处理。接收器接收距离一般大于 7m。

图 2-12　接收器组成

接收器实现光电转换，将确定波长的光信号转换为可检测的电信号，因此又叫光电转换器。由于接收器接收的是红外光波，其周围的光源、热源、节能灯、日光灯及发射相近频率的电视机遥控器等都有可能干扰空调器的正常工作。

（2）工作原理

目前的接收器通常为一体化封装，实物外形和引脚功能见图 2-13。接收器工作电压为直流 5V，共有 3 个引脚，功能分别为地、电源（5V）、输出（信号），外观为黑色，部分型号表面有铁皮包裹，通常和发光二极管（或 LED 显示屏）一起设计在显示板组件上。常见接收器型号为 38B、38S、1838、0038 等。

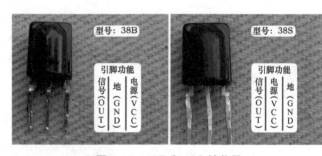

图 2-13　38B 和 38S 接收器

3. 引脚功能判断方法

在维修时如果不知道接收器引脚功能，见图 2-14，可查看显示板组件上滤波电容的正极和负极引脚连接至接收器引脚的情况从而加以判断：滤波电容正极连接接收器供电（电源）引脚、负极连接地引脚，接收器的最后 1 个引脚为输出（信号）。

4. 接收器检测方法

接收器在接收到遥控信号（动

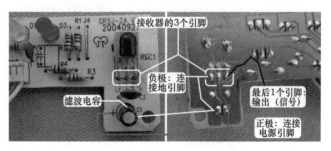

图 2-14　接收器引脚功能判断方法

态）时，输出端由静态电压会瞬间下降至约直流 3V，然后再迅速上升至静态电压。遥控器发射信号时间约 1s，接收器接收到遥控信号时输出端电压也有约 1s 的时间瞬间下降。

见图 2-15，使用万用表直流电压挡，动态测量接收器输出引脚电压，黑表笔接地引脚（GND）、红表笔接输出引脚（OUT），检测的前提是电源引脚（5V）电压正常。

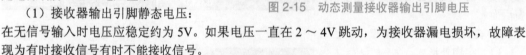
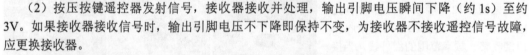

图 2-15　动态测量接收器输出引脚电压

（1）接收器输出引脚静态电压：在无信号输入时电压应稳定约为 5V。如果电压一直在 2 ～ 4V 跳动，为接收器漏电损坏，故障表现为有时接收信号有时不能接收信号。

（2）按压按键遥控器发射信号，接收器接收并处理，输出引脚电压瞬间下降（约 1s）至约 3V。如果接收器接收信号时，输出引脚电压不下降即保持不变，为接收器不接收遥控信号故障，应更换接收器。

（3）松开遥控器按键，遥控器不再发射信号，接收器输出引脚电压上升至静态电压约 5V。

四、传感器

1. 挂式定频空调器传感器安装位置

常见的定频挂式空调器通常只设有室内环温和室内管温传感器，只有部分品牌或柜式空调器设有室外管温传感器。

（1）室内环温传感器

见图 2-16，室内环温传感器固定支架安装在室内机的进风口位置，作用是检测室内房间温度。

（2）室内管温传感器

见图 2-17，室内管温传感器检测孔焊在蒸发器的管壁上，作用是检测蒸发器温度。

2. 柜式空调器传感器安装位置

2P 或 3P 的柜式空调器通常设有室内环温、室内管温、室外管温共 3 个传感器，5P 柜式空调器通常在此基础上增加室外环温和压缩机排气传感器，共有 5 个传感器，但有些品牌

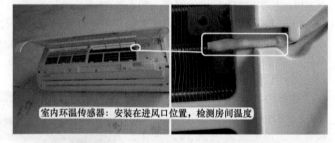

图 2-16　室内环温传感器安装位置

图 2-17　室内管温传感器安装位置

的 5P 柜式空调器也可能只设有室内环温、室内管温、室外管温共 3 个传感器。

（1）室内环温传感器

室内环温传感器设计在室内风扇（离心风扇）罩圈即室内机进风口，见图 2-18 左图，作用是检测室内房间温度，以控制室外机的运行与停止。

（2）室内管温传感器

室内管温传感器设在蒸发器管壁上面，见图 2-18 右图，作用是检测蒸发器温度，在制冷系统进入

非正常状态（如蒸发器温度过低或过高）时停机进入保护。如果空调器未设计室外管温传感器，则室内管温传感器是制热模式时判断进入除霜程序的重要依据。

（3）室外管温传感器

室外管温传感器设计在冷凝器管壁上面，见图 2-19，作用是检测冷凝器温度，在制冷系统进入非正常状态（如冷凝器温度过高）时停机进行保护，同时也是制热模式下进入除霜程序的重要依据。

（4）室外环温传感器

室外环温传感器设计在冷凝器的进风面，见图 2-20 左图，作用是检测室外环境温度，通常与室外管温传感器一起组合成为制热模式下进入除霜程序的依据。

（5）压缩机排气传感器

压缩机排气传感器设计在压缩机排气管管壁上面，见图 2-20 右图，作用是检测压缩机排气管温度（或相当于检测压缩机温度），在压缩机工作在高温状态时停机进行保护。

3. 变频空调器传感器数量

变频空调器使用的温度传感器较多，通常设有 5 个。室内机设有室内环温和室内管温传感器，室外机设有室外环温、室外管温、压缩机排气传感器。

4. 传感器特性

空调器使用的传感器为负温度系数的热敏电阻，负温度系数是指温度上升时其阻值下降，温度下降时其阻值上升。

以型号 25℃/20kΩ 的管温传感器为例，测量在降温（15℃）、常温（25℃）、加热（35℃）的 3 个温度下，传感器的阻值变化情况。

（1）图 2-21 左图为降温（15℃）时测量传感器阻值，实测为 31.4kΩ。

（2）图 2-21 中图为常温（25℃）时测量传感器阻值，实测为 20kΩ。

（3）图 2-21 右图为加热（35℃）时测量传感器阻值，实测为 13.1kΩ。

5. 传感器故障判断方法

空调器常用的传感器有 25℃/5kΩ、25℃/10kΩ、25℃/15kΩ 等 3 种型号，检查其是否损坏前应首先判断使用的型号，再测量阻值。室外机压缩机排气传感器使号型号通常为 25℃/65kΩ，不在本节叙述之列。

图 2-18　室内环温和室内管温传感器安装位置

图 2-19　室外管温传感器安装位置

图 2-20　室外环温传感器和压缩机排气传感器安装位置

图 2-21　测量传感器阻值

（1）根据护套标识识别

见图2-22，室内环温和室内管温传感器均只有2根引线。不同的是，室内环温传感器使用塑封探头，室内管温传感器使用铜头探头。

室内环温传感器护套标有（GL/15K），表示为传感器型号为25℃/15kΩ；室内管温传感器护套标有（GL/20K），表示传感器型号为25℃/20kΩ。

（2）根据传感器分压电阻阻值识别

由于不同厂家使用的传感器型号不同，实际维修时可以从偏置电阻（即分压电阻）的阻值来判断（分压电阻阻值与传感器25℃时的阻值一般相同）。

见图2-23，分压电阻位于传感器插座附近，通常使用5道色环的精密电阻，表面为绿色。2个2针的传感器插座，其中的1针连在一起接公共端

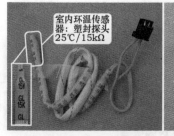
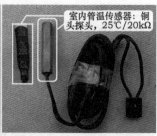

图2-22　环温和管温传感器实物外形

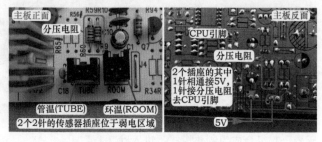

图2-23　查找传感器分压电阻

直流5V，另外1针接电阻去CPU引脚，如果电阻的另一端接地，那么这个电阻即为分压电阻。

　　如果传感器插座公共端接地，则分压电阻的另一端接直流5V。

① 图2-24为25℃/5kΩ传感器使用的分压电阻：阻值通常为4.7kΩ或5.1kΩ，在大多数空调器中使用，代表品牌有海信空调器等。

② 图2-25为25℃/10kΩ传感器使用的分压电阻：阻值通常为10kΩ或8.1（8.06）kΩ，代表品牌有格兰仕、美的空调器等。

③ 图2-26为25℃/15kΩ传感器使用的分压电阻：阻值通常为15kΩ或20kΩ，代表品牌有科龙、格力、海尔、三洋空调器等。

　　图2-39左图为格力KFR-23GW/（23570）Aa-3空调器室内机主板，环温传感器型号为25℃/15kΩ，管温传感器型号为25℃/20kΩ。

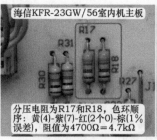
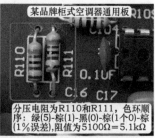

图2-24　25℃/5kΩ传感器使用的分压电阻

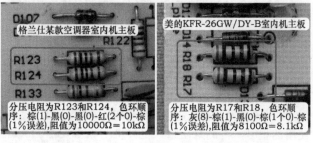

图2-25　25℃/10kΩ传感器使用的分压电阻

（3）测量传感器阻值

使用万用表电阻挡，常温测量传感器阻值，结果应与所测量传感器型号在 25℃时阻值接近，如结果接近无穷大或接近 0Ω，则传感器为开路或短路故障。

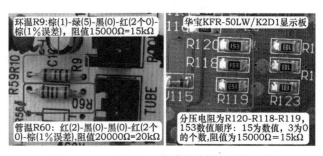

图 2-26　25℃/15kΩ 传感器使用的分压电阻

① 如环境温度低于 25℃，测量结果会大于标称阻值；反之如环境温度高于 25℃，则测量结果会低于标称阻值。

② 测量管温传感器时，如空调器已经制冷（或制热）一段时间，应将管温传感器从蒸发器检测孔抽出并等待约 1min，使表面温度接近环境温度再测量，防止蒸发器表面温度影响检测结果而造成误判。

③ 传感器阻值应符合负温度系数热敏电阻变化的特点即温度上升阻值下降，如温度变化时阻值不做相应变化，则传感器有故障。

五、步进电机

1. 实物外形

步进电机是一种将电脉冲转化为角位移动的执行机构，通常使用在挂式空调器上面。见图 2-27 左图。步进电机设计在室内机右侧下方的位置，固定在接水盘上，作用是驱动导风板上下转动，使室内风机吹出的风到达用户需要的地方。

步进电机实物外形和线圈接线图见图 2-27 右图，示例步进电机型号为 MP24AA，供电电压为直流 12V，共有 5 根引线，驱动方式为 4 相 8 拍。

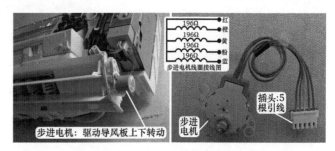

图 2-27　安装位置和实物外形

> 💡说明
>
> 挂式空调器左右导风板一般为手动调节，目前有部分柜式空调器也使用步进电机调节上下或左右导风板。

2. 内部结构

见图 2-28，步进电机由外壳、定子（含线圈）、转子、变速齿轮、输出接头、连接引线、插头等组成。

3. 辨别公共端引线

步进电机共有 5 根引线，示例电机的颜色分别为红、橙、黄、粉、蓝。其中 1 根为公共端，另外 4 根为线圈接驱动控制，更换时需要将公共端引线与室内机主板插座的直流 12V 引针相对应，常见辨别方法有使用万用表测量引线阻值和观察室内机主板步进电机插座。

（1）使用万用表电阻挡测量引线阻值

使用万用表逐个测量引线之间阻值，共有 2 组阻值，196Ω 和 392Ω，而 392Ω 为 196Ω 的 2 倍。测量 5

根引线，当一表笔接 1 根不动，另一表笔接另外 4 根引线，阻值均为 196Ω 时，那么这根引线即为公共端。

见图 2-29，实测示例电机引线，红与橙、红与黄、红与粉、红与蓝的阻值均为 196Ω，说明红线为公共端。

说明

196Ω 和 392Ω 只是示例步进电机阻值，其他型号的步进电机阻值会不相同，但只要符合倍数关系即为正常，并且公共端引线通常位于插头的最外侧位置。

4 根接驱动控制的引线之间阻值，应为公共端与 4 根引线阻值的 2 倍。见图 2-30，实测蓝与粉、蓝与黄、蓝与橙、粉与黄、粉与橙、黄与橙阻值相等，均为 392Ω。

（2）观察室内机主板步进电机插座

见图 2-31，将步进电机插头插在室内机主板插座上，观察插座的引针连接元件：引针接直流 12V，对应的引线为公共端；其余 4 个引针接反相驱动器，对应引线为线圈。

六、同步电机

1. 安装位置

同步电机通常使用在柜式空调器上面，见图 2-32，安装在室内机上部的右侧，作用是驱动导风板左右转动，使室内风机吹出的风到达用户需要的地方。

说明

柜式空调器的上下导风板一般为手动调节，但目前也有部分空调器改为自动调节，且通常使用步进电机驱动。

2. 实物外形

示例同步电机型号为 SM014B，见图

图 2-28　内部结构

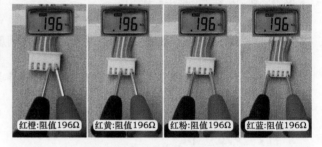

图 2-29　找出公共端引线

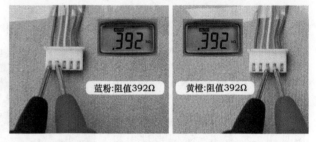

图 2-30　测量驱动引线阻值

图 2-31　根据插座引针连接部位判断引线功能

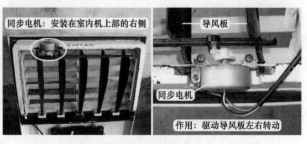

图 2-32　安装位置

2-33，共有 2 根连接引线，1 根地线。工作电压为交流 220V、频率 50Hz、功率为 4W、每分钟转速约 5 圈。

3. 内部结构

见图 2-34，同步电机由外壳、定子（内含线圈）、转子、变速齿轮、输出接头、上盖、连接引线及插头组成。

4. 测量线圈阻值

同步电机只有 2 根引线，使用万用表电阻挡，见图 2-35，测量引线阻值，实测约为 8.6kΩ。根据型号不同，阻值也不相同，某型号同步电机实测阻值约 10kΩ。

七、室内风机

1. 安装位置

见图 2-36，室内风机安装在室内机右侧，作用是驱动贯流风扇。制冷模式下，室内风机驱动贯流风扇运行，强制吸入房间内空气至室内机、经蒸发器降低温度后以一定的风速和流量吹出，来降低房间温度。

2. 常用形式

室内风机常见有 3 种形式。

（1）抽头电机：实物外形和引线插头作用见图 2-37，通常使用在早期空调器中，目前已经很少使用，交流 220V 供电。

（2）直流电机：实物外形和引线插头作用见图 2-38，使用在全直流变频空调器或高档空调器中，直流 300V 供电。

（3）PG 电机：实物外形见图 2-39 左图，使用在目前的全部定频空调器、交流变频空调器、直流变频空调器中，是使用最广泛的形式，交流 220V 供电。PG 电机是本书重点介绍的内容。

3. PG 电机

（1）实物外形和主要参数

图 2-39 左图为实物外形，PG 电机使用交流 220V 供电，最主要的特

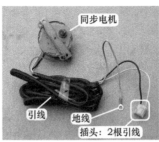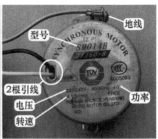

图 2-33　实物外形

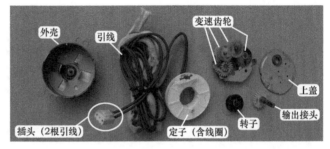

图 2-34　内部构造

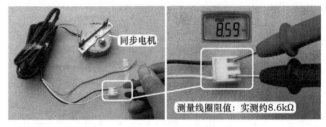

图 2-35　测量线圈阻值

图 2-36　安装位置和作用

图 2-37　抽头电机和引线插头

征是内部设有霍尔元件，在运行时输出代表转速的霍尔信号，因此共有2个插头，大插头为线圈供电，使用交流电源，作用是使PG电机运行；小插头为霍尔反馈，使用直流电源，作用是输出代表转速的霍尔信号。

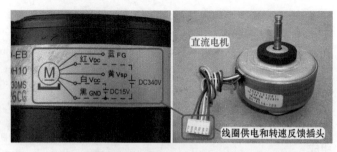

图2-38　直流电机和引线插头

图2-39右图为PG电机铭牌主要参数，示例电机型号RPG10A（FN10A-PG），使用在1P挂式空调器上。主要参数：工作电压交流220V、频率50Hz、功率10W、4极、额定电流0.13A、防护等级IP20、E级绝缘。

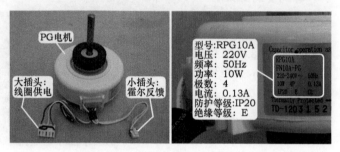

图2-39　实物外形和铭牌主要参数

绝缘等级按电机所用的绝缘材料允许的极限温度划分，E级绝缘指电机采用材料的绝缘耐热温度为120℃。

（2）内部结构

见图2-40，PG电机由定子（含引线和线圈供电插头）、转子（含磁环和上下轴承）、霍尔电路板（含引线和霍尔反馈插头）、上盖和下盖、上部和下部的减震胶圈组成。

4. PG电机引线辨认方法

常见有3种方法，即根据室内机主板PG电机插座引针所接元件、使用万用表电阻挡测量线圈引线阻值、查看PG电机铭牌。

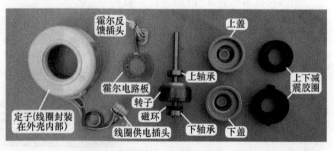

图2-40　内部结构

（1）根据主板插座引针判断线圈引线功能

见图2-41，将PG电机线圈供电插头插在室内机主板，查看插座引针所接元件：引针接光耦晶闸管（俗称光耦可控硅），对应的白线为公共端（C）；引针接电容和电源N端，对应的棕线为运行绕组（R）；引针只接电容，对应的红线为启动绕组（S）。

（2）使用万用表电阻挡测量线圈引线阻值

使用单相交流220V供电的电机，内部设有

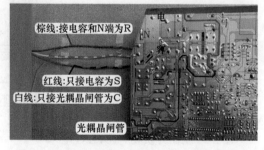

图2-41　根据插座引针连接部位判断引线功能

运行绕组和启动绕组，在实际绕制铜线时（见图 2-42），由于运行绕组起主要旋转作用，使用的线径较粗，且匝数少，因此阻值小一些；而启动绕组只起启动的作用，使用的线径较细，且匝数多，因此阻值大一些。

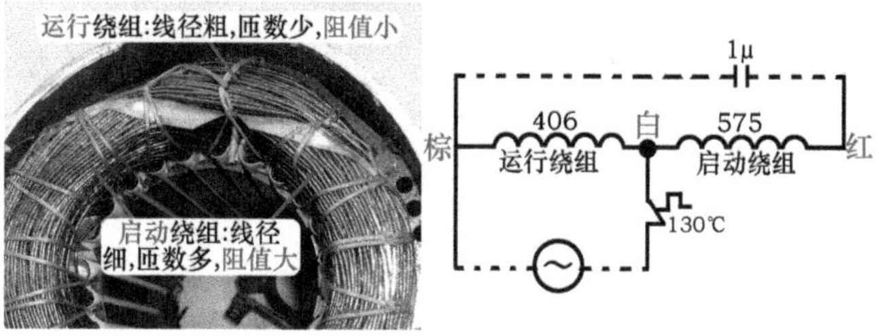

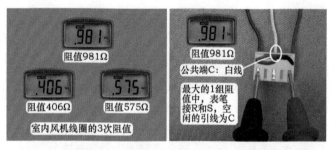

图 2-42　引线线径和室外风机接线图

每个绕组共有 2 个接头，2 个绕组共有 4 个接头，但在电机内部，将运行绕组和启动绕组的一端连接一起作为公共端，只引出 1 根引线，因此电机共引出 3 根引线或 3 个接线端子。

① 找出公共端

逐个测量 PG 电机的 3 根引线阻值，会得出 3 次不同的结果，实测型号为 RPG10A 的 PG 电机，见图 2-43 左图，阻值依次为 981Ω、406Ω、575Ω，其中运行绕组阻值为 406Ω，启动绕组阻值为 575Ω，启动绕组＋运行绕组的阻值为 981Ω。

见图 2-43 右图，在最大的阻值 981Ω 中，表笔接的引线为启动绕组 S 和运行绕组 R，空闲的 1 根引线为公共端（C），本机为白线。

② 找出运行绕组和启动绕组

一只表笔接公共端白线 C，另一只表笔测量另外 2 根引线阻值。

阻值小（406Ω）的引线为运行绕组 R，见图 2-44 左图，本机为棕线。

阻值大（575Ω）的引线为启动绕组 S，见图 2-44 右图，本机为红线。

③ 查看电机铭牌

见图 2-45，铭牌标有电机的各个信息，包括主要参数及引线颜色的作用。PG 电机设有 2 个插头，因此设有 2 组引线，电机线圈使用 M 表示，霍尔电路板使用电路图表示，各有 3 根引线。

电机线圈：白线只接交流电源，为公共端（C）；棕线接交流电源和电容，为运行绕组（R）；红线只接电容，为启动绕组（S）。

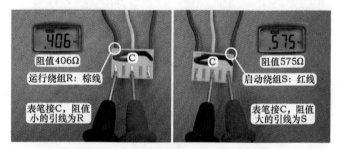

图 2-43　3 次线圈阻值和找出公共端

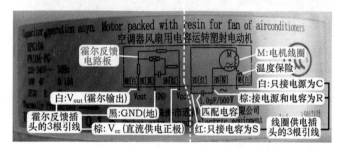

图 2-44　找出运行绕组和启动绕组

图 2-45　根据铭牌标识判断引线功能

霍尔反馈电路板：棕线 V_{cc}，为直流供电正极，本机供电电压为直流 5V；黑线 GND，为直流供电公共端地；白线 V_{out}，为霍尔信号输出。

第2节　室外机主要元器件

一、交流接触器

交流接触器（简称交接）用于控制大功率压缩机的运行和停机，通常使用在3P及以上的空调器，常见有单极（双极）或三触点式。

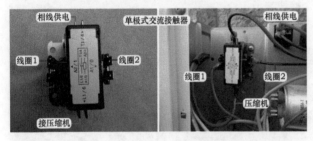

图 2-46　单极式交流接触器

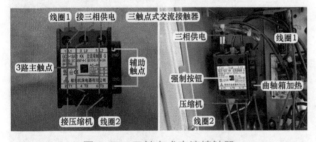

图 2-47　三触点式交流接触器

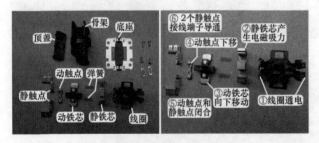

图 2-48　内部结构和工作原理

1. 使用范围

（1）单极式（双极式）交流接触器

实物外形见图2-46，单相供电的压缩机只需要断开1路L端相线或N端零线供电便可停止运行，因此3P单相供电的空调器通常使用单极（1路触点）或双极（2路触点）交流接触器。

（2）三触点式交流接触器

实物外形见图2-47，三相供电的压缩机只有同时断开2路或3路供电才能停止运行，因此3P或5P三相供电的空调器使用三触点式交流接触器。

2. 内部结构和工作原理

本小节以单极式交流接触器为例进行说明，型号为CJX9B-25SD，线圈工作电压为交流220V。

（1）内部结构

见图2-48左图，单极式交流接触器主要由线圈、静铁芯（衔铁）和动铁芯、弹簧、动触点和静触点、底座、骨架、顶盖等组成。其中静铁芯在线圈内套着，动触点在动铁芯中固定。

（2）工作原理

见图2-48右图，交流接触器线圈通电后，在静铁芯中产生磁通和电磁吸力，此电磁吸力克服弹簧的阻力，使得动铁芯向下移动，与静铁芯吸合，动铁芯向下移动的同时带动动触点向下移动，使动触点和静触点闭合，静触点的2个接线端子导通，供电的接线端子向负载（压缩机）提供电源，压缩机开始运行。

交流接触器线圈断电或两端电压显著降低时，静铁芯中电磁吸力消失，弹簧产生的反作用力使动铁芯向上移动，动触点和静触点断开，压缩机因无电源而停止运行。

3. 测量线圈阻值

使用万用表电阻挡，测量交流接触器线圈阻值。交流接触器触点电流（即所带负载的功率）不同，线圈阻值也不相同，符合功率大其线圈阻值小、功率小其线圈阻值大的特点。

见图2-49，实测示例交流接触器线圈阻值约1.1kΩ。测量5P空调器使用的三触点式交流接触器

（型号 GC3-18/01）阻值约为 400Ω。

如果实测线圈阻值为无穷大，则说明线圈开路损坏。

4. 测量接线端子阻值

使用万用表电阻挡，测量交流接触器的 2 个接线端子阻值，分 2 次即静态测量和动态测量，静态测量指交流接触器线圈电压为交流 0V 时，动态测量指交流接触器线圈电压为交流 220V 时。

（1）静态测量接线端子阻值

交流接触器线圈不通电源，见图 2-50，即交流接触器线圈电压为交流 0V，触点处于断开状态，阻值应为无穷大。如实测阻值为 0Ω，说明交流接触器触点粘连故障，导致只要空调器通上电源，压缩机就开始工作。

（2）动态测量接线端子阻值

将交流接触器线圈通上电源交流 220V，见图 2-51，触点处于闭合状态，阻值应为 0Ω；如实测阻值为无穷大，说明内部触点由于积炭导致锈蚀，压缩机在开机后由于没有交流电压（220V 或 380V）而不能工作。

二、四通阀线圈

1. 安装位置

见图 2-52，四通阀设在室外机，因此四通阀线圈也设计在室外机，线圈在四通阀上面套着。取下固定螺丝，可发现四通阀线圈共有 2 根紫线，英文符号为 4V、4YV、VALVE。

工作时线圈得到供电，产生的电磁力移动四通阀内部衔铁在两端压力

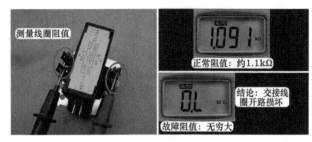

图 2-49　测量线圈阻值

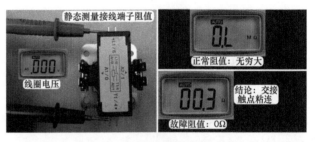

图 2-50　静态测量接线端子阻值

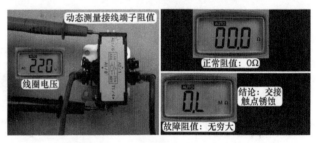

图 2-51　动态测量接线端子阻值

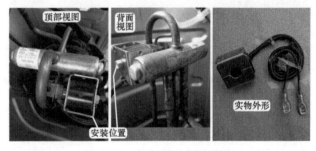

图 2-52　安装位置和实物外形

差的作用下带动阀芯移动，从而改变制冷剂在制冷系统中的流向，使系统根据使用者的需要工作在制冷或制热模式。制冷模式下线圈工作电压为交流 0V。

> 说明
>
> 四通阀线圈不在四通阀上面套着时，不能向线圈通电；如果通电会发出很强的"嗡嗡"声，容易损坏线圈。

2. 测量四通阀线圈阻值

（1）在室外机接线端子处测量

使用万用表电阻挡，见图 2-53 左图，一个表笔接 1 号 N 零线公共端、另一个表笔接 4 号紫线四通阀线圈测量阻值，实测约为 2.1kΩ。

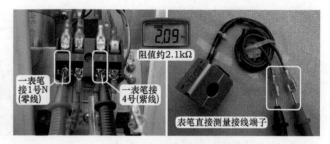

图 2-53 测量线圈阻值

四通阀线圈阻值正常在 1～2kΩ。

（2）取下接线端子直接测量

见图 2-53 右图，表笔直接测量 2 个接线端子，实测阻值和在室外机接线端子上测量相等，约为 2.1kΩ。

三、压缩机电容和室外风机电容

1. 安装位置

见图 2-54，压缩机和室外风机安装在室外机，因此压缩机电容和室外风机电容也安装在室外机，并且安装在室外机的电控盒内。

2. 主要参数

见图 2-55。

（1）容量：由压缩机或室外风机的功率决定，即不同的功率选用不同容量的电容。常见使用的规格见表 2-1。

（2）耐压：电容工作在交流（AC）电源且电压为 220V，因此耐压值通常为交流 450V（450VAC）。

（3）CBB61（65）：为无极性的聚丙烯薄膜交流电容器，具有稳定性好、耐冲击电流、过载能力强、损耗小、绝缘阻值高等优点。

图 2-54 安装位置

图 2-55 主要参数

表 2-1　　　　　　　　　常见电容使用规格

挂式室内风机电容容量：1～2.5μF	柜式室内风机电容容量：2.5～5μF
室外风机电容容量：2～7μF	压缩机电容容量：20～70μF

3. 检查方法

（1）根据外观判断压缩机电容

见图 2-56，如果电容底部发鼓，放在桌面（平面）上左右摇晃，说明电容无容量损坏，可直接更换。正常的电容底部平坦，放在桌面上很稳。

说明

　　如电容底部发鼓，肯定损坏，可直接更换；如电容底部平坦，也不能证明肯定正常，应使用其他方法检测或进行代换。

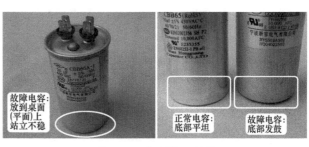

图 2-56　根据外观判断

（2）充放电法

　　见图 2-57，将电容的接线端子接上 2 根引线，通入交流电源（220V）约 1s 对电容充电，然后短接引线两端对电容放电，根据放电声音判断故障：声音很响，电容正常；声音微弱，容量减少；无声音，电容已无容量。

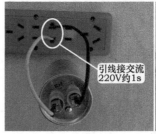

图 2-57　充放电法

注意

　　在操作时一定要注意安全。

（3）万用表检测

　　由于普通万用表不带电容容量检测功能，使用电阻挡测量容易引起误判，因此应选用带有电容容量检测功能的万用表或专用仪表来检测容量。

　　见图 2-58，本例选用某品牌 VC97 型万用表，检测时将万用表拨到电容挡，断开空调器电源，拔下

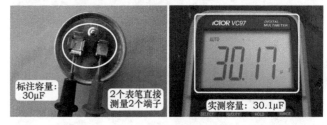

图 2-58　测量电容容量

压缩机电容的 2 组端子上引线，使用 2 个表笔直接测量 2 个端子，以标注容量 30μF 的电容为例，实测容量为 30.1μF，说明被测电容正常。

四、室外风机

　　见图 2-59，室外风机安装在室外机左侧的固定支架，作用是驱动轴流风扇。制冷模式下，室外风机驱动轴流风扇运行，强制吸收室外自然风为冷凝器散热，因此室外风机也称为"轴流电机"。

1. 实物外形和铭牌主要参数

　　示例电机使用在格力空调器型号为 KFR-23W/R03-3 的室外机，实物外形见图 2-60 左图，单一风速，共有 4 根引线；其中 1 根为地线，接电机外壳，另外 3 根为线圈引线。

　　图 2-60 右图为铭牌参数含义，型号为 YDK35-6K

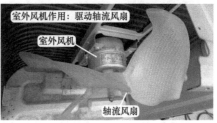

图 2-59　安装位置和作用

（FW35X）。主要参数：工作电压交流220V、频率50Hz、功率35W、额定电流0.3A、转速850转/分钟（r/min）、6极、B级绝缘。

　　绝缘等级（CLASS）按电机所用的绝缘材料允许的极限温度划分，B级绝缘指电机采用材料的绝缘耐热温度为130℃。

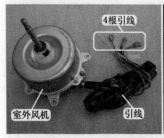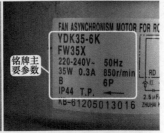

图2-60　实物外形和铭牌主要参数

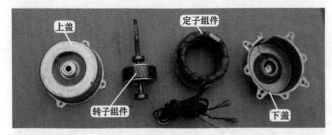

图2-61　内部结构

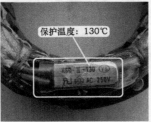

图2-62　温度保险

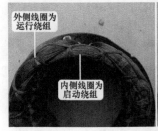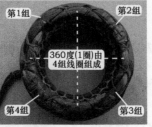

图2-63　线圈和极数

2. 室外风机构造

此处以某款空调器室外风机为例，电机型号KFD-50K，4极、34W。

（1）内部结构

见图2-61，室外风机由上盖、转子（含上轴承和下轴承）、定子（含线圈和引线）、下盖组成。

（2）温度保险

见图2-62，温度保险为铁壳封装，直接固定在线圈表面，外壳设有塑料套，保护温度为130℃，断开后不可恢复。

当温度保险因电机堵转或线圈短路，使得线圈温度超过130℃，温度保险断开保护，由于串接在公共端引线，断开后室外风机因无供电而停止运行。

（3）线圈和极数

线圈由铜线按规律镶嵌在定子槽内，整个线圈分为2个绕组，见图2-63左图，位于外侧的线圈为运行绕组，位于内侧的线圈为启动绕组。

电机极数的定义：通俗的解释为，在定子的360度（即1圈）由几组线圈组成，那么此电机就为几极电机。见图2-63右图，示例电机在1圈内由4组线圈组成，那么此电机即为4极电机，无论启动绕组还是运行绕组，1圈内均由4组线圈组成。极数均为偶数，2个极（N极和S极）组成1个磁极对数。

由线圈极数可决定电机的转速，每分钟转速N（r/min）=秒×电源频率÷磁极对数，示例电机为4极，共2个磁极对数，理论转速为60秒×50Hz÷2=1500r/min，减去阻力等因素，实际转速约1450r/min。6极电机理论转速为1000r/min，实际转速约900r/min。压缩机使用2极电机，理论转速3000r/min，实际转速约2900r/min。

3. 工作原理

使用电容感应式电机，内含 2 个绕组：启动绕组和运行绕组，2 个绕组在空间上相差 90 度。在启动绕组上串联了 1 个容量较大的电容器，当运行绕组和启动绕组通过单相交流电时，由于电容器作用使启动绕组中的电流在时间上比运行绕组的电流超前 90 度角，先到达最大值，在时间和空间上形成两个相同的脉冲磁场，使定子与转子之间的气隙中产生了一个旋转磁场，在旋转磁场的作用下，电机转子中产生感应电流，电流与旋转磁场互相作用产生电磁场转矩，使电机旋转起来。

4. 线圈引线作用辨认方法

常见有 3 种方法，即根据室外风机引线实际所接元件、查看电机铭牌或电气接线图、使用万用表电阻挡测量线圈引线阻值。

（1）根据实际接线判断引线功能

见图 2-64，室外风机线圈共有 3 根引线：黑线只接接线端子上电源 N 端（1号），为公共端（C）；棕线接电容和电源 L 端（5 号），为运行绕组（R）；红线只接电容，为启动绕组（S）。

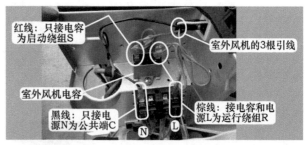

图 2-64　根据实际接线判断引线功能

（2）根据电机铭牌标识或电气接线图

电机铭牌贴于室外风机表面，通常位于上部，检修时能直接查看。铭牌主要标识了室外风机的主要信息，其中包括电机线圈引线的功能，见图 2-65 左图，黑线（BK）只接电源为公共端 C，棕线（BN）接电容和电源为运行绕组 R，红线（RD）只接电容为启动绕组 S。

电气接线图通常贴于室外机接线盖内侧。见图 2-65 右图，通过查看电气接线图，也能区别电机线圈的引线功能：

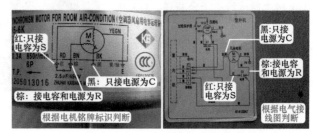

图 2-65　根据铭牌标识和室外机电气接线图判断引线功能

黑线只接电源 N 端为公共端 C、棕线接电容和电源 L 端（5 号）为运行绕组 R、红线只接电容为启动绕组 S。

五、压缩机

压缩机是制冷系统的心脏，由电机部分和压缩部分组成。电机通电后运行，带动压缩部分工作，使吸气管吸入的低温低压制冷剂气体变为高温高压气体。常见压缩机的形式主要有活塞式、旋转式、涡旋式。

（1）活塞式压缩机主要使用在早期三相供电的柜式空调器，目前已不再使用。

（2）涡旋式压缩机主要使用在目前三相供电的 3P 或 5P 柜式空调器。

（3）最常见为旋转式压缩机，一般只要是单相交流 220V 供电的空调器，压缩机均使用旋转式，因此本节介绍内容以旋转式压缩机为主。

1. 安装位置

见图 2-66 左图，压缩机安装在室外机右侧，固定在室外机底座。

图 2-66　安装位置和实物外形

其中压缩机接线端子连接电控系统，吸气管和排气管连接制冷系统。

图 2-66 右图为旋转式压缩机实物外形，设有吸气管、排气管、接线端子、储液瓶等接口。

2. 剖解上海日立 SHW33TC4-U 旋转式压缩机

（1）内部结构

见图 2-67，由储液瓶（含吸气管）、上盖（含接线端子和排气管）、定子（含线圈）、转子（上方为转子、下方为压缩部分组件）、下盖等组成。

（2）内置式过载保护器安装位置

见图 2-68，从压缩机整机外观看，内置式过载保护器安装在接线端子附近；取下压缩机上盖，可看到内置过载保护器固定在上盖上面，串接在接线端子的公共端。

示例压缩机内置过载保护器型号为 UP3-29，共有 2 个接线端子：1 个接上盖接线端子公共端、1 个接压缩机线圈的公共端。UP3 系列内置过载保护器具有过热和过电流双重保护功能。

过热时：根据压缩机内部的温度变化，影响保护器内部温度的变化，使双金属片受热后发生弯曲变形来控制保护器的断开和闭合。过电流时：如压缩机壳体温度不高而电流很大，保护器内部的电加热丝发热量增加，使保护器内部温度上升，最终也是通过温度的变化达到保护的目的。

（3）电机部分

电机部分包括定子和转子。见图 2-69 左图，压缩机线圈镶嵌在定子槽内，外圈为运行绕组、内圈为启动绕组，使用 2 极电机，转速约 2900r/min。

见图 2-69 右图，转子和压缩部分组件安装在一起，转子位于上方，安装时和电机定子相对应。

（4）压缩部分

转子下方为压缩部分组件，压缩机电机线圈通电时，通过磁场感应使转子以约 2900r/min 转动，带动压缩部分组件工作，将吸气管吸入的低温低压制冷剂气体，变为高温高压的制冷剂气体由排气管排出。

见图 2-70 和图 2-71，压缩部分主要由汽缸、上汽缸盖、下汽缸盖、

图 2-67　内部结构

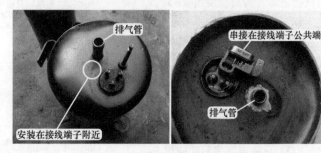

图 2-68　内置式过载保护器安装位置

图 2-69　定子和转子

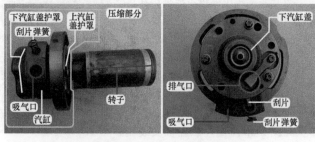

图 2-70　压缩部分组件

刮片、滚动活塞（滚套）、偏心轴等部分组成。

排气口位于下汽缸盖，设有排气阀片和排气阀片升程限制器，排出的气体经压缩机电机缸体后，和位于顶部的排气管相通，也就是说压缩机大部分区域均为高温高压状态。

吸气口设在汽缸上面，直接连接储液瓶的底部铜管，和顶部的吸气管

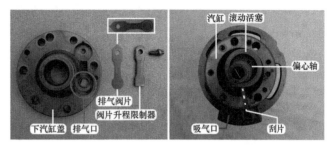

图 2-71　下汽缸盖和压缩部分主要部件

相通，相当于压缩机吸入来自蒸发器的制冷剂通过吸气管进入储液瓶分离后，使汽缸的吸气口吸入均为制冷剂气体，防止压缩机出现液击。

3. 压缩机线圈引线或端子功能辨别方法

常见有 3 种方法，即根据压缩机引线实际所接元件、使用万用表电阻挡测量线圈引线或接线端子阻值、根据压缩机接线盖或垫片标识。

（1）根据实际接线判断引线功能

压缩机定子上的线圈共有 3 根引线，上盖的接线端子也只有 3 个，因此连接电控系统的引线也只有 3 根。

见图 2-72，黑线只接接线端子上电源 L 端（2 号），为公共端（C）；蓝线接电容和电源 N 端（1 号），为运行绕组（R）；黄线只接电容，为启动绕组（S）。

（2）使用万用表电阻挡测量线圈端子阻值

逐个测量压缩机的 3 个接线端子阻值，会得出 3 次不同的结果，上海日立 SD145UV-H6AU 压缩机在室外温度约 15℃时，见图 2-73 左图，实测阻值依次为 7.3Ω、4.1Ω、3.2Ω，阻值关系为 7.3=4.1+3.2，即最大阻值 7.3Ω 为运行绕组 + 启动绕组的总数。

找出公共端：见图 2-73 右图，在最大的阻值 7.3Ω 中，表笔接的端子为启动绕组和运行绕组，空闲的 1 个端子为公共端（C）。

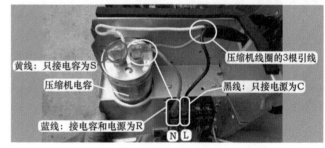

图 2-72　根据实际接线判断引线功能

图 2-73　3 次线圈阻值和找出公共端

> **说明**
>
> 判断接线端子的功能时，实测时应测量引线，而不用再打开接线盖、拔下引线插头去测量接线端子，只有更换压缩机或压缩机连接线，才需要测量接线端子的阻值以确定功能。

找出运行绕组和启动绕组：一表笔接公共端 C，另一表笔测量另外 2 个端子阻值，通常阻值小的端子为运行绕组 R、阻值大的端子为启动绕组 S。但本机实测阻值大的端子（4.1Ω）为运行绕组 R，见图 2-74 左图；阻值小的端子（3.2Ω）为启动绕组 S，见图 2-74 右图。

图 2-74　找出运行绕组和启动绕组

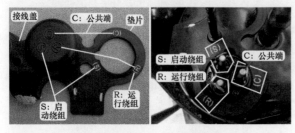

图 2-75　根据接线盖标识判断端子功能

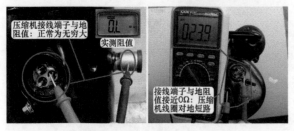

图 2-76　测量接线端子对地阻值

（3）根据压缩机接线盖或垫片标识

见图 2-75 左图，压缩机接线盖或垫片（使用耐高温材料）上标有"C、R、S"字样，表示为接线端子的功能：C 为公共端、R 为运行绕组、S 为启动绕组。

将接线盖对应接线端子，或将垫片安装在压缩机上盖的固定位置，见图 2-75 右图，观察接线端子：对应标有"C"的端子为公共端、对应标有"R"的端子为运行绕组、对应标有"S"的端子为启动绕组。

4. 测量接线端子对地阻值

空调器上电跳闸或开机跳闸故障最常见的原因为压缩机线圈对地短路。检测方法是使用万用表电阻挡（见图 2-76 左图）测量接线端子和地（压缩机外壳、铜管、室外机铁皮）阻值，正常应为无穷大。

见图 2-76 右图，如果实测阻值为 0Ω，说明压缩机线圈对地短路，应更换压缩机。

第 **3** 章
电路板主要电子元件

第1节　图解主板

　　本节以图解主板的形式，介绍电子元件在主板上的英文符号、测量方法、极性、外观特征等参数。

　　图 3-1 为美的 KFR-26GW/DY-B（E5）挂式空调器的室内机主板主要电子元件（图 3-6 为格力 KFR-23GW/（23570）Aa-3 挂式空调器的室内机主板主要电子元件）。由图 3-1 和图 3-6 可知，室内机主板主要由 CPU、晶振、2003 反相驱动器、继电器（压缩机继电器、室外风机和四通阀线圈继电器、辅助电加热继电器）、二极管（整流二极管、续流二极管、稳压二极管）、电容（电解电容、瓷片电容、独石电容）、电阻（普通四环电阻、精密五环电阻）、三极管（PNP 型、NPN 型）、压敏电阻、保险管、室内风机电容、阻容元件、按键开关、蜂鸣器、电感等组成。

说明

　　（1）空调器品牌或型号不同，使用的室内机主板也不相同，相对应电子元件也不相同，比如跳线帽通常用在格力空调器主板，其他品牌的主板则通常不用。因此电子元件应根据主板实物判断，本小节只以常见空调器的典型主板为例，对主要电子元件进行说明。
　　（2）主滤波电容为电解电容。
　　（3）阻容元件将电阻和电容封装为一体。

一、元件名称和特征

　　图 3-1 为美的某型号挂式空调器室内机主板上元件名称和特征，图 3-2 为某品牌挂式空调器显示板组件上元件名称和特征，图 3-3 为某品牌遥控器主板上元件名称和特征。

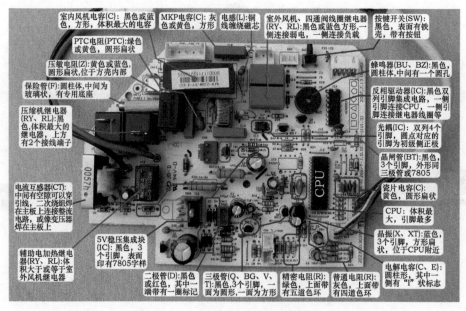

室内风机电容(C)：黑色或蓝色，方形，体积最大的电容

MKP电容(C)：灰色或黄色，方形

电感(L)：铜线缠绕磁芯

室外风机、四通阀线圈继电器(RY、RL)：黑色或蓝色方形，一侧连接市电，一侧连接负载

按键开关(SW)：黑色，表面有铁壳，带有按钮

PTC电阻(PTC)：绿色或黄色，圆形扁状

蜂鸣器(BU、BZ)：黑色，圆柱体，中间有一个圆孔

压敏电阻(Z)：黄色或蓝色，圆形扁状，位于方壳内部

反相驱动器(IC)：黑色双列引脚集成电路，一侧引脚连接CPU，一侧引脚连接继电器线圈等

保险管(F)：圆柱体，中间为玻璃状，有专用底座

光耦(IC)：双列4个引脚，圆点对应的引脚为初级侧正极

压缩机继电器(RY、RL)：黑色，体积最大的继电器，上方有2个接线端子

晶闸管(BT)：黑色，3个引脚，外形同三极管或7805

瓷片电容(C)：黄色，圆形扁状

CPU：体积最大，引脚最多

电流互感器(CT)：中间有空隙可以穿引线，二次绕组焊在主板上连接整流电路，或像变压器焊在主板上

晶振(X、XT)：蓝色，3个引脚，方形扁状，位于CPU附近

5V稳压集成块(IC)：黑色，3个引脚，表面印有7805字样

辅助电加热继电器(RY、RL)：体积大于或等于室外风机继电器

电解电容(C、E)：圆柱形，其中一侧有"I"状标记

二极管(D)：黑色或红色，其中一端带有一圈标记

三极管(Q、BG、V、T)：黑色，3个引脚，一面为圆形，一面为方形

精密电阻(R)：绿色，上面带有五道色环

普通电阻(R)：灰色，上面带有四道色环

图3-1　室内机主板元件名称和特征

发光二极管(LED)：圆形，内部含有颜色或透明状，属于显示板组件。共有2个引脚，有极性。二极管挡时，应符合正向导通、反向无穷大特性，正向导通时，黑表笔接负极，红表笔接正极

按键开关(SW)：黑色，表面有铁壳，带有按钮，共有4个引脚，无极性。电阻挡时，按键未按下时阻值为无穷大，按键按下后阻值为0Ω

接收器(REC、IC)：集成电路，黑色，部分型号表面带有铁壳，有极性，3个引脚，为5V供电。直流电压挡，信号引脚电压静态时约4.9V，接收到遥控信号时下降至约3V，然后迅速上升至静态电压4.9V

OUT：信号输出
VCC：5V电源
GND：地

图3-2　显示板组件元件名称和特征

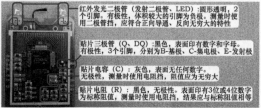

红外发光二极管(发射二极管、LED)：圆形透明，2引脚。有极性，体积较大的引脚为负极。测量时使用二极管挡时，应符合正向导通、反向无穷大的特性

贴片三极管(Q、DQ)：黑色，表面印有数字和字母。有极性，3个引脚，分别为B-基极、C-集电极、E-发射极

贴片电容(C)：灰色，表面无任何数字。无极性，测量时使用电阻挡，阻值应为无穷大

贴片电阻(R)：黑色，无极性。表面印有3位或4位数字为标称阻值，测量时使用电阻挡，结果应与标称阻值相等

图3-3　遥控器主板元件名称和特征

　　图3-4为格力KFR-23GW/（23570）Aa-3挂式空调器的显示板组件主要电子元件，图3-5为美的KFR-26GW/DY-B（E5）挂式空调器的显示板组件主要电子元件。由图3-4和图3-5可知，显示板组件主要由两位LED显示屏、发光二极管（指示灯）、接收器、HC164（驱动LED显示屏和指示灯）等组成。

说明

　　（1）格力空调器的LED显示屏驱动电路HC164设在室内机主板。
　　（2）示例空调器采用LED显示屏和指示灯组合显示的方式。早期空调器的显示板组件只使用指示灯指示，则显示板组件只设有接收器和指示灯。
　　（3）示例空调器按键开关设在室内机主板，部分空调器的按键开关设在显示板组件。

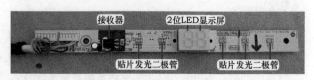

接收器　　2位LED显示屏

贴片发光二极管　　贴片发光二极管

图3-4　格力KFR-23GW/（23570）Aa-3空调器
显示板组件

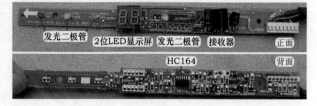

发光二极管　2位LED显示屏　发光二极管　接收器　正面

HC164　　背面

图3-5　美的KFR-26GW/DY-B（E5）空调器显示板组件

二、室内机主板元件极性判断方法

图 3-6 为格力某型号挂式空调器室内机主板上电子元件极性判断方法。

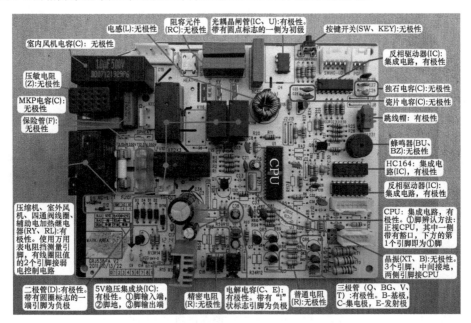

图 3-6　室内机主板上电子元件极性判断方法

三、室内机主板元件测量方法

图 3-7 为海信某型号挂式空调器室内机主板上电子元件测量方法。

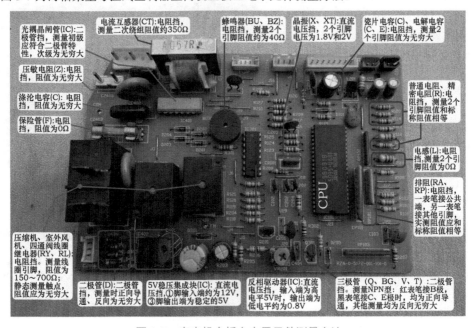

图 3-7　室内机主板上电子元件测量方法

第2节 电子元件

一、压敏电阻

1. 外形与作用

压敏电阻实物外形见图3-8，共有2个引脚，与输入的交流220V电压并联，位于保险管后面，作用是防止输入电压过高时损坏主板其他元件，通常为蓝色或黄色的圆形扁状体，设在强电路，主板代号为Z、ZNR。

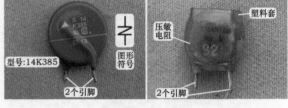

图3-8 压敏电阻

2个引脚正常阻值接近无穷大，正常时对电路没有影响，只有输入电压高于标称压敏电压时，其引脚阻值迅速下降并接近短路，熔断前端保险管的熔丝。

示例压敏电阻型号为14K385，直径为14mm、标称压敏电压为交流385V，K表示误差±10%。也就是说，使用型号为14K385压敏电阻的主板，在输入交流电压为580~709V时，压敏电阻将击穿，2个引脚接近短路，前端保险管的保险丝熔断，从而保护主板其他元件。

当输入电压超过标称压敏电压时，压敏电阻一般会爆裂，为防止碎片四处乱散，一般在表面装有塑料套。

2. 长方体的"压敏电阻"

见图3-9，主板上还有一种外观为长方体的"压敏电阻"，如果仔细查看，可发现长方体只是一个外壳，压敏电阻安装在里面，使用外壳的原因也是为防止压敏电阻爆裂时，碎片四处乱散。

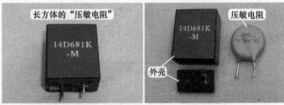

图3-9 长方体的"压敏电阻"

示例压敏电阻型号为14D681K：直径14mm、D为圆形、681即标称压敏电压680V、K表示误差±10%（612~748V）。

3. 压敏电阻爆裂和维修方法

（1）压敏电阻爆裂

图3-10为某品牌空调器室内机主板使用的压敏电阻（正面和反面），型号为500NR-12D，在输入电压由交流220V变为交流385V时，压敏电阻过压爆裂，并熔断前端的保险管。

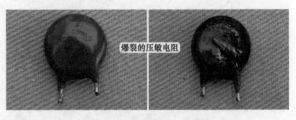

图3-10 压敏电阻爆裂（正面和反面）

（2）维修措施和应急措施

见图3-11左图，正常的维修措施是取下压敏电阻和保险管，并更换。

应急措施是取下损坏的压敏电阻并不再安装，只更换保险管，见图3-11右图，这样室内机主板也能正常使用，但由于缺少了

图3-11 压敏电阻爆裂时维修措施和应急措施

过压保护元件，在下次输入电压过高时会损坏主板其他的元件。

二、保险管

1. 外形与作用

保险管实物外形见图 3-12。两端为金属壳，中间玻璃管，熔丝安装在玻璃管内，并连接两端的金属壳。保险管在电路中起短路保护作用，其额定电流标于金属壳上面，空调器通常使用额定电流为 3.15A 的保险管。保险管安装在强电电路，通常设有专用管座，由于连接交流 220V 且两端为金属壳，为防止维修时触电，或由于电流过大引起玻璃破碎四处乱散，一般在管座外面加装有塑料套或塑料护罩。

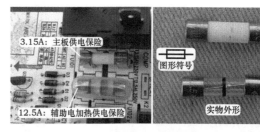

图 3-12　保险管

未安装辅助电加热的空调器，只设有 1 个 3.15A 的主板供电保险管。安装有辅助电加热的空调器，设有 2 个保险管，其中额定电流 12.5A 的保险管为辅助电加热供电。

2. 根据保险管熔断情况判断故障

见图 3-13。

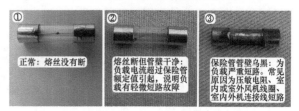

图 3-13　根据保险管熔断情况判断故障

（1）正常的保险管：能看到内部的熔丝没有断。

（2）熔丝断但管壁干净：由于负载电流超过保险管额定值引起，说明负载有轻微短路的故障。

（3）管壁乌黑：由于负载严重短路引起，常见原因为压敏电阻击穿、室内风机或室外风机线圈短路、室内外机连接线绝缘层破损而引起的短路等。

3. 测量保险管阻值

见图 3-14，断开空调器电源，使用万用表电阻挡，测量保险管阻值，正常为 0Ω；如实测阻值为无穷大，为保险管开路损坏，常见为保险管内部熔丝熔断。

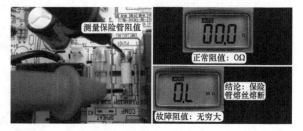

图 3-14　测量保险管阻值

为防止触电和损坏万用表，测量阻值一定要断开空调器电源。

三、7805 和 7812 稳压块

1. 外形和作用

（1）7805 和 7812

7805 和 7812 使用在直流电压的稳压电路，实物外形见图 3-15，作用是在电网电压变化时保持主板直流 5V 和 12V 电压的稳定，安装在主滤波电容附近。出于节省成本的考虑及直流 12V 负

载情况，部分主板设计时取消了7812稳压块。

7805和7812均设有3个引脚，从左到右依次为：输入端、地、输出端；最高输出电流为1.5A，最高输入电压为直流35V。7805和7812有铁壳和塑封两种封装方式，使用铁壳封装时，铁壳（即散热片）和地脚相通。

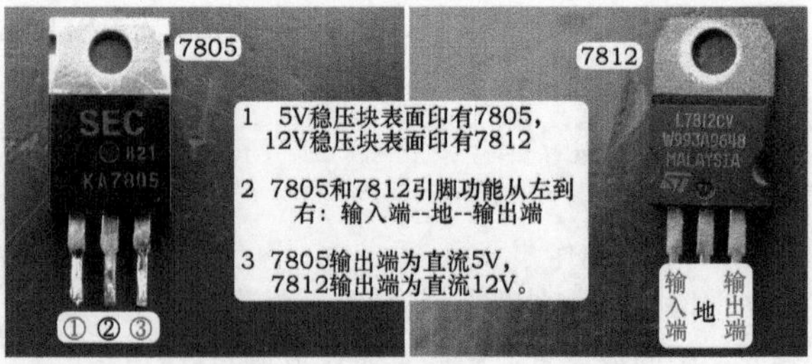

图3-15　7805和7812

78后面的数字代表输出正电压的数值，以"V"为单位。5V稳压块表面印有7805字样，其输出端为稳定的5V；12V稳压块表面印有7812字样，其输出端为稳定的12V。前面英文字母为生产厂家或公司代号，后缀为系列号。

（2）78L05

部分空调器主板5V稳压电路中使用78L05，见图3-16，外形同三极管，其作用和7805相同，均为5V稳压块，其输出端为稳定的直流5V电压。

和7805相比，其最大输出电流约为7805的十分之一，即150mA（0.15A），最高输入电压约为直流18V。共有3个引脚，①脚为输出端、②脚为地、③脚为输入端，引脚功能和7805刚好相反。

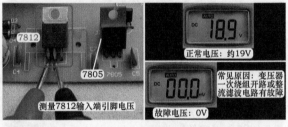

图3-16　78L05

2. 测量7812输入端和输出端电压

使用万用表直流电压挡，测量7812的输入端和输出端电压。说明：示例主板为中意某型号挂式空调器上所使用，7812设有散热片，为使图片上清晰，测量时取下了散热片。

（1）测量7812输入端电压：见图3-17。

黑表笔接②脚地（实测时接铁壳也可以）、红表笔接①脚输入端，实测电压约为19V，此电压由变压器二次绕组经整流滤波电路直接提供，因此随电网电压变化而变化。如果实测电压为0V，常见为变压器一次绕组开路或整流滤波电路出现故障。

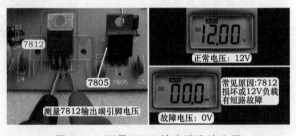

图3-17　测量7812输入端直流电压

（2）测量7812输出端电压：见图3-18。

黑表笔接②脚地、红表笔接③脚输出端，正常电压应为稳定的直流12V；如果实测电压为0V，常见为7812损坏或12V负载有短路故障。

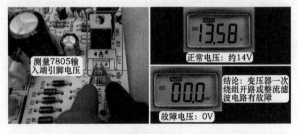

图3-18　测量7812输出端直流电压

3. 测量7805输入端和输出端电压

选用格力KFR-23GW/（23570）Aa-3挂式空调器室内机主板，未设7812稳压块，测量7805输入端和输出端电压。

（1）测量7805输入端电压：见图3-19。

图3-19　测量7805输入端电压

黑表笔接 7805 的②脚地、红表笔接①脚输入端，实测电压约为直流 14V，此电压由变压器二次绕组经整流滤波电路直接提供，因此随电网电压变化而变化。如果实测电压为 0V，常见为变压器一次绕组开路或整流滤波电路出现故障。

说明

如果室内机主板设有 7812 稳压块，则 7805 输入端电压为稳定的直流 12V。

（2）测量 7805 输出端电压：见图 3-20。

黑表笔接 7805 的②脚地、红表笔接③脚输出端，正常电压为稳定的直流 5V；如果实测电压为 0V，常见为 7805 损坏或 5V 负载有短路故障。

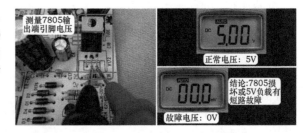

图 3-20　测量 7805 输出端电压

四、晶振和复位集成块

1. 晶振

（1）外形与作用

石英晶体振荡器，简称晶振，实物外形见图 3-21，安装在 CPU 附近，作用是向 CPU 提供稳定的基准时钟信号，使 CPU 能够连续地执行指令；表面数字即为工作频率，换算以后通常以"MHz"为单位。

早期主板常见有 2 脚晶振，2 个引脚直接和 CPU 引脚相连；目前主板全部使用 3 脚晶振，两侧的引脚连接 CPU 引脚，中间引脚接地。

（2）测量晶振工作电压

使用万用表直流电压挡，见图 3-22，黑表笔接中间引脚地，红表笔接两侧引脚测量电压，实测格力 KFR-23GW/（23570）Aa-3 室内机主板晶振电压为 2.4V 和 2.3V，

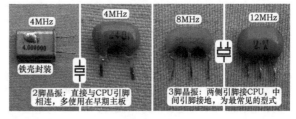

图 3-21　晶振

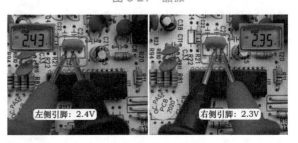

图 3-22　测量晶振电压

两侧引脚电压相差约 0.1V；如果实测两侧引脚电压相等或均为 0V，为晶振或 CPU 内部电路损坏。

说明

不同型号的主板，晶振两侧引脚电压并不相等，如有些主板为 1.8V 和 2V，有些主板为 2.1V 和 2.3V，正常时均相差 0.1 ～ 0.3V。

2. 复位集成块

复位集成块实物外形见图 3-23，工作电压为直流 5V，外形同三极管，常用型号为 34064 和 7042，共有 3 个引脚，分别为 5V、地、输出端（复位），复位引脚接 CPU 的复位引脚，工作时其复位引脚电压相对于 5V 电源，延时约几十毫秒，使 CPU 内部电路清零复位。

五、按键

1. 实物外形

按键开关使用在应急开关电路或按键电路，挂式空调器通常只使用 1 个，而柜式空调器则使用多个（通常为 6 个左右）。

图 3-24 左图中按键常用在挂式空调器之中，共有 4 个引脚，其中 2 个为支撑引脚，通常直接接地；2 个为开关引脚，接 CPU 相关引脚。

图 3-24 右图中按键常用在柜式空调器之中，也共有 4 个引脚，未设支撑引脚，其中左侧 2 个引脚在内部相通连在一起，右侧 2 个引脚在内部相通连在一起，其实 4 个引脚也相当于 2 个引脚。

2. 测量按键开关引脚阻值

使用万用表电阻挡，分未按压按键时和按压按键时 2 次测量。

（1）未按压按键时测量开关引脚阻值：见图 3-25。

未按压按键时，引脚连接的内部触点并不相通，因此正常阻值应为无穷大；如果实测约 200kΩ 或更小，为按键开关漏电损坏，引起空调器自动开机或关机的故障。对于不定时自动开关机故障，为判断故障原因时可以直接将应急开关取下试机。

（2）按压按键时测量开关引脚阻值：见图 3-26。

按压按键时，引脚连接的触点在内部相通，因此阻值应为 0Ω；如果实测阻值为无穷大，说明内部触点开路损坏，引起按压按键空调器没有反应的故障；如果按压按键时有约 10kΩ 的阻值，为内部触点接触不良，根据空调器电路的设计特点，出现按键不灵敏或功能键错乱，比如按下温度减键，而室内机主板在转换空调器的运行模式。

六、反相驱动器

1. 外形和作用

反相驱动器实物外形和等效电路图见图 3-27，常用型号为 2003，最大输出电流 500mA。①～⑦脚为输入端，通过电阻或

图 3-23　复位集成块

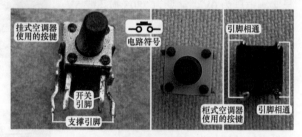

图 3-24　按键

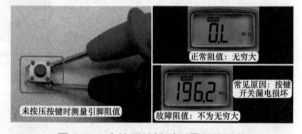

图 3-25　未按压按键时测量引脚阻值

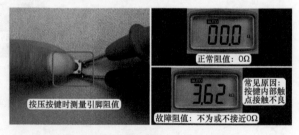

图 3-26　按压按键时测量引脚阻值

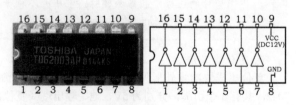

图 3-27　反相驱动器实物外形和等效电路图

直接连接 CPU 引脚；⑯~⑩脚为输出端，连接驱动负载；⑧脚接地，⑨脚为直流 12V 供电引脚。

输入端（①~⑦）接收 CPU 信号，反相放大后在输出端（⑯~⑩）驱动负载（继电器线圈、蜂鸣器、步进电机），所谓"反相"指只有当输入端为高电平（2~5V），对应输出端引脚接地为约 0.7V 的低电平，直流 12V 电压经负载线圈和反相驱动器输出端内部接地形成回路，负载才能工作（继电器触点闭合、蜂鸣器发声、步进电机转动等）。

2. 测量输入端和输出端电压

以某品牌室内机主板为例，IC4 为反相驱动器，16 脚驱动压缩机继电器线圈，①脚接 CPU 引脚；分 2 次测量，即 CPU 未输出驱动电压时和输出驱动电压时，对比测量反相驱动器的输入端和输出端电压。

测量时使用万用表直流电压挡，黑表笔接地，实测反相驱动器的⑧脚。

（1）CPU 未输出驱动电压时测量输入端和输出端电压：见图 3-28。

将空调器通上电源但不开机，即室内机主板处于待机状态。

红表笔接 IC6 的①脚，测量输入端电压，实测为 0V，也可说明 CPU 未输出驱动电压。

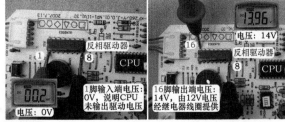

图 3-28　CPU 未输出驱动电压时测量反相驱动器
输入端和输出端电压

红表笔接 IC6 的⑯脚，测量输出端电压，实测电压约为 14V，此电压由直流 12V 电源电压经继电器线圈提供，如果实测电压为 0V，则可判断继电器线圈开路损坏。

此机未设 7812 稳压块，直流 12V 电压随电网电压变化而变化。

（2）CPU 输出驱动电压时测量输入端和输出端电压：见图 3-29。

使用遥控器开机，空调器开始工作。

红表笔接 IC6 的①脚，测量输入端电压，实测约为 5V，也可说明 CPU 已输出高电平的驱动电压，控制压缩机运行。

红表笔接 IC6 的⑯脚，测量输出端电压，实测约为 0.8V，说明反相驱动器已反相输出，此时压缩机继电器线圈电压约为

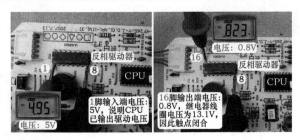

图 3-29　CPU 输出驱动电压时测量反相驱动器
输入端和输出端电压

13.1V（13.96~0.823V），线圈得到供电，触点闭合，压缩机线圈电压为交流 220V。如果输入端电压为高电平，而输出端电压仍为直流 12V，则可判断反相驱动器损坏。

七、蜂鸣器

蜂鸣器的作用是 CPU 已接收到遥控信号，响一声予以提示。蜂鸣器在电路中英文符号 BU 或 BZ，供电电压一般为直流 12V；常见有单音蜂鸣器及和弦音蜂鸣器。

1. 单音蜂鸣器

单音蜂鸣器只能发出单一的"滴"的声音，见图 3-30，外观为黑色的圆柱形元件，两个引脚位于下方，中间带有较小的圆孔。

2. 和弦音蜂鸣器

和弦音蜂鸣器可以发出两种或以上的声音，见图 3-31，有立式和卧式 2 种安装方式。和单音蜂鸣器一样，设有中间圆孔，共有两个引脚。

3. 测量阻值

见图 3-32，使用万用表电阻挡，表笔接蜂鸣器的 2 个引脚，实测阻值为无穷大。蜂鸣器在实际维修时损坏的概率很小。

图 3-30　单音蜂鸣器

图 3-31　和弦音蜂鸣器

说明

常见单音蜂鸣器有两种，一种为表面带"+"标志，万用表电阻挡测量阻值约为 40Ω，另一种表面无"+"标志，电阻挡测量阻值为无穷大。

图 3-32　测量蜂鸣器阻值

八、电流互感器

1. 电流互感器

见图 3-33，电流互感器其实也相当于一个变压器，一次绕组为在中间孔穿过的电源引线（通常为压缩机引线），二次绕组安装在互感器上。

2. 检测压缩机引线

美的 KFR-26GW/DY-B（E5）室内机主板上，电流互感器中间孔穿入压缩机引线，见图 3-34，说明 CPU 检测为压缩机电流；如果电流互感器中间孔穿入交流电源 L 输入引线，则 CPU 检测为整机运行电流。

3. 测量电流互感器二次绕组阻值

使用万用表电阻挡，测量电流互感器的二次绕组引脚阻值，见图 3-35，实测为 483Ω；如果实测为无穷大，则为线圈开路损坏。

4. 卧式电流互感器

在实际应用中，还有一种卧式电流互感器，见图 3-36，未设检测引线穿入孔，而是直接焊在主板上面，实测一次绕组阻值为 0Ω，二次绕组阻值为 560Ω。

九、继电器

继电器分为两侧，一侧为触点端，连

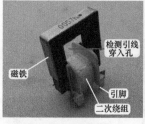

图 3-33　电流互感器

图 3-34　检测压缩机引线

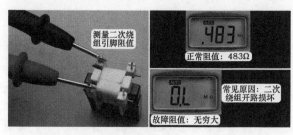

图 3-35　测量电流互感器二次绕组阻值

接强电负载；一侧为线圈端，连接弱电驱动控制，是一种用较小的电流去控制大功率负载的"自动开关"。

1. 基础知识

（1）工作原理

见图 3-37，继电器由线圈、触点、衔铁、引脚等组成，触点分为动触点和静触点，动触点固定在衔铁上面，静触点连接引脚；线圈未通电时，动触点和静触点断开；当工作时线圈得到供电，线圈产生电磁吸力，吸引衔铁移动，使动触点和静触点闭合。

（2）主要参数

继电器主要参数为线圈工作电压和触点电流。例如型号为 JZC-32F 的继电器，见图 3-38 左图，线圈工作电压为直流 12V，使用在交流 250V 电路时触点电流为 5A，使用在交流 125V 电路时触点电流为 10A。

见图 3-38 右图，继电器下方共有 4 个引脚，其中一侧平行的 2 个引脚为线圈，接弱电驱动控制；另一侧不平行的 2 个引脚为触点，接强电负载。

2. 压缩机继电器

压缩机继电器也是继电器的一种，因驱动压缩机而得名，见图 3-39 左图，外观主要特点是上方带有 2 个接线端子。型号为 JQX-102F 的压缩机继电器，线圈工作电压同样为直流 12V，触点电流工作在交流 250V 电路时为 20A。

见图 3-39 右图，下方共有 4 个引脚，其中①脚和②脚为线圈引脚，接弱电驱动控制；③脚和④脚为触点引脚，和上方的 2 个接线端子相通，接强电负载即压缩机线圈。

3. 测量线圈阻值

使用万用表电阻挡，测量继电器线圈阻值。继电器触点电流（即所带负载的功率）不同，线圈阻值也不相同，符合功率大其线圈阻值小、功率小其线圈阻值大的特点。

见图 3-40，实测压缩机继电器线圈阻值约 150Ω；而室外风机、四通阀线圈、辅助电加热的继电器线圈正常阻值在 200 ～ 700Ω。

图 3-36　卧式电流互感器

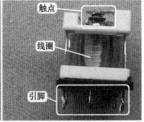

图 3-37　内部结构

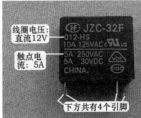

图 3-38　主要参数和引脚功能

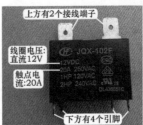
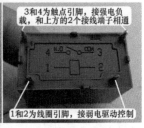

图 3-39　压缩机继电器主要参数和引脚功能

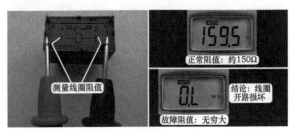

图 3-40　测量继电器线圈阻值

如果实测线圈阻值为无穷大，则说明线圈开路损坏。

4.测量触点阻值

使用万用表电阻挡，测量继电器触点阻值，分2次即静态测量和动态测量，静态测量指继电器线圈电压为直流0V时，动态测量指继电器线圈电压为直流12V时。

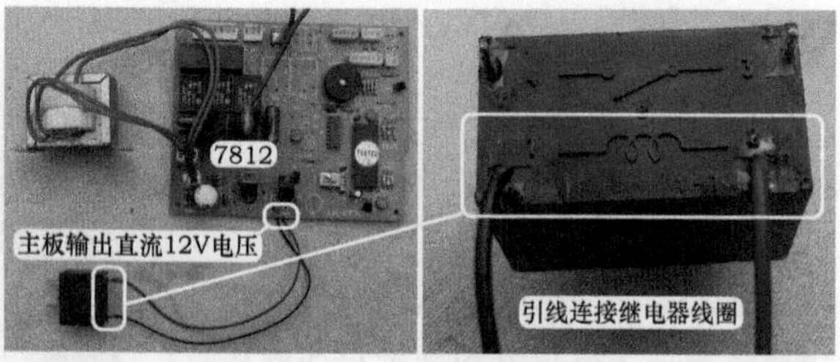

（1）直流12V电压

见图3-41，使用1块正常的主板，在7812输出端与地端焊上2根引线，即从主板上引出直流12V，不分反正，焊至继电器的线圈引脚。

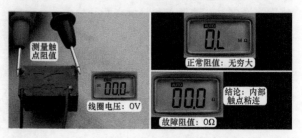

图3-41　使用主板为继电器线圈提供直流12V电压

（2）静态测量

见图3-42，主板不通电源，即继电器线圈电压为直流0V，此时触点处于断开状态，阻值应为无穷大。如实测阻值为0Ω，说明继电器内部触点粘连故障，引起只要空调器通上电源，继电器所连接的负载（如室外风机）就开始工作。

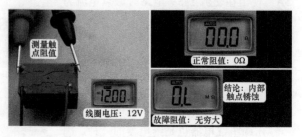

图3-42　静态测量继电器触点阻值

（3）动态测量

见图3-43，将主板通上电源，继电器线圈工作电压为直流12V，此时触点处于闭合状态，阻值应为0Ω；如实测阻值为无穷大，说明内部触点由于积炭导致锈蚀，继电器所连接的负载（如压缩机）在开机后由于没有交流220V电压而不能工作。

图3-43　动态测量继电器触点阻值

十、光耦

光耦实物外形见图3-44，在电路中的英文符号为"IC"（代表为集成电路）。光耦是以光为媒介传递信号的光电器件，具有抗干扰性强和单向信号传输等特点，通常用于驱动光耦晶闸管（或晶闸管）及IPM模块、通信电路中室内机和室外机的信号传递或开关电源的稳压电路。

图3-44　光耦

光耦的外观为白色或黑色的方形，4个或6个引脚分两侧排列，带有圆点的一侧为初级，另一侧为次级；初级为发光器件，即发光二极管，且圆点所对应的引脚为发光二极管的正极，次级是光电接收器件，即光电三极管。

4脚光耦初级的①脚为发光二极管正极（A），②脚为负极（K）；次级④脚为光电三极管集电极（C），③脚为发射极（E）。6脚光耦只是次级多了一个⑥脚，即光电三极管的基极（B），初级③脚为空脚。

十一、双向晶闸管

实物外形见图 3-45，应用在室内风机使用 PG 电机的驱动电路中，型号一般以 BT 开头，常见有 BT131、BT134、BTA08 等；共有 3 个引脚，分别为主电极 T1 和 T2、控制极 G；具有方向性，T1、T2 不可接反，否则电路不能正常工作。

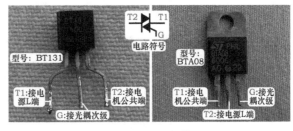

图 3-45　晶闸管

（1）BT131 主要参数：TO-92 封装，外观类似三极管。耐压为交流 600V、额定电流为 1A、触发电流为 5mA。

（2）BTA08 主要参数：TO-220 封装，外观类似 7805 稳压块，耐压为交流 600V、额定电流 8A、触发电流为 10mA。

十二、光耦晶闸管

光耦晶闸管其实就是将光耦合晶闸管集成在一体，分为两部分，带有圆点的一侧为初级侧（输入侧），引脚接光耦；另一侧为次级侧（输出侧），引脚接晶闸管，使用在室内风机为 PG 电机的电机驱动电路。耐压通常为交流 600V，额定电流为 1A。

见图 3-46，早期空调器主板通常使用单侧引脚或体积较大的光耦晶闸管；见图 3-47，目前空调器主板通常使用体积较小，只设 8 个引脚分两侧排列。

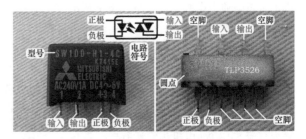

图 3-46　早期主板使用的光耦晶闸管

光耦晶闸管不论设有多少个引脚，一般只使用 4 个，其他引脚为空脚；引脚的功能通常为：初级侧正极引脚接直流 5V（早期部分主板接直流 12V）、负极引脚接 CPU 控制；次级侧输入引脚接电源 L 端、输出引脚接 PG 电机线圈的公共端。

图 3-47　目前主板使用的光耦晶闸管

十三、霍尔

1. 实物外形

霍尔是一种基于霍尔效应的磁传感器，实物外形见图 3-48，常用型号有 44E、40AF 等，引脚功能和作用相同，特性是可以检测磁场及其变化，可在各种与磁场有关的场合中使用。

2. 安装位置

见图 3-49，应用在 PG 电机中时，霍尔安装在电路板上，电机的转子上面安装

图 3-48　霍尔实物外形

有磁环，在空间位置上霍尔与磁环相对应。

PG 电机转子旋转时带动磁环转动，霍尔将磁环的感应信号转化为高电平或低电平的脉冲电压，由输出脚输出至主板 CPU；转子旋转一圈，霍尔会输出一个脉冲信号电压或几个脉冲信号电压（厂家不同，脉冲信号数量不同），CPU 根据脉冲电压（即霍尔信号）计算出电机的实际转速，与目标转速相比较，如有误差则改变光耦晶闸管的导通角，从而改变 PG 电机的转速，使实际转速与目标转速相对应。

3. 检修方法

PG 电机在转动时，内部霍尔电路板的霍尔会输出代表转速的信号，在检修时可利用这一特性，见图 3-50，在空调器处于待机状态即通上电源但不开机，将手从出风口伸入，并慢慢拨动贯流风扇，相当于用手慢慢旋转 PG 电机轴。

使用万用表直流电压挡，黑表笔接地、红表笔接反馈引针（引线），见图 3-51，测量霍尔反馈插座（PGF）电压，格力空调器 PG 电机内部霍尔电路板供电电压通常为直流 5V，PG 电机正常运行时，霍尔反馈插座的反馈端引线电压约为 2.45V。

停机但不拔下空调器电源插座，用手慢慢拨动贯流风扇，电压实测为 5V（高电平）～0V（低电平）～5V～0V 的跳动变化；如果实测电压一直为 0V 或供电电压 5V 或其他电压值，即不是跳变电压，则可判断霍尔损坏，需更换 PG 电机。

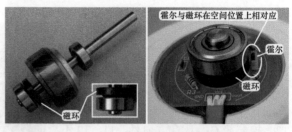

图 3-49　转子磁环和工作原理

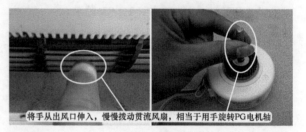

图 3-50　拨动贯流风扇相当于旋转 PG 电机轴

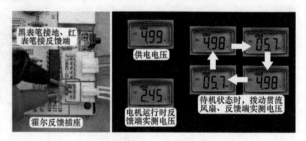

图 3-51　测量直流 5V 供电的霍尔反馈电压

第 4 章 挂式空调器电控系统

空调器由制冷系统、电控系统、通风系统、箱体系统 4 个系统组成。制冷系统的作用是产生能够循环的冷量；通风系统将蒸发器产生的冷量及时输送到室内，同时为冷凝器散热；箱体系统将各个部件安装到固定位置；电控系统的作用是接收遥控器的指令，并结合其他输入电路的信号进行处理，控制制冷系统的压缩机和四通阀线圈、通风系统的室内风机和室外风机，使空调器按用户的要求工作在制冷或制热模式，也可以说，电控系统是空调器的控制中心。

家用空调器主要有两类：定频空调器和变频空调器。定频空调器电控系统可大致分为两大类：挂式空调器电控系统和柜式空调器电控系统。变频空调器电控系统可大致分为三类：交流变频空调器电控系统、直流变频空调器电控系统和全直流变频空调器电控系统。本书内容将主要介绍定频空调器电控系统和交流变频空调器电控系统。

第 1 节　常见主板分类和设计形式

一、主板分类

1. 按功能分类

（1）单冷型主板：对应使用在单冷型（KF）空调器之中。

（2）冷暖型主板：对应使用在冷暖型（KFR）空调器之中。

（3）冷暖辅助电加热型主板：对应使用在冷暖辅助电加热型（KFR+D）空调器之中。

2. 按室内机主板数量分类

（1）单块主板：目前最常见的主板形式。

（2）两块主板：多见于早期空调器之中，一块为强电板，另一块为弱电板；强电板一般有电源电路、继电器电路等强电电路，弱电板一般为控制电路及弱信号处理电路。

3. 按室外机有无主板分类

（1）室外机无主板：是目前常见的设计形式。

（2）室外机有主板：多见于早期空调器或目前的高档空调器。

4. 按室内风机形式分类

（1）使用抽头电机的主板：多见于早期空调器。

（2）使用 PG 电机的主板：是目前最常见的主板。

5．按主板供电电源分类

（1）使用变压器降压的电源电路：是目前最常见的主板。

（2）使用开关电源的电源电路：多见于早期空调器或目前的高档空调器。

二、设计形式

1．单冷抽头电机主板

单冷空调器，室内风机使用抽头电机，见图 4-1。室内机主板设有 4 个继电器，其中大继电器为压缩机和室外风机供电，另外 3 个继电器为抽头电机的 3 个抽头供电。

2．冷暖抽头电机主板

冷暖空调器，室内风机使用抽头电机，见图 4-2。

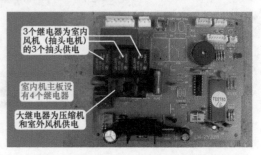

图 4-1　中意 KF-33GW 室内机主板

室内机主板设有 6 个继电器，其中大继电器为压缩机供电，3 个小继电器为抽头电机的 3 个抽头供电，另外 2 个小继电器为室外风机和四通阀线圈供电。

3．单冷 PG 电机主板

单冷空调器，室内风机使用 PG 电机。见图 4-3，室内机主板只设 1 个继电器，为压缩机和室外风机供电，室内风机由晶闸管供电。

4．冷暖 PG 电机主板

冷暖空调器，室内风机使用 PG 电机。见图 4-4，室内机主板设有 3 个继电器，其

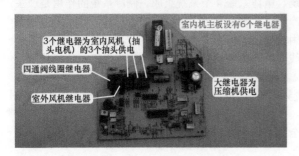

图 4-2　春兰某款空调器室内机主板

中大继电器为压缩机供电，另外 2 个继电器为室外风机和四通阀线圈供电，室内风机由光耦晶闸管供电。

5．冷暖辅助电加热 PG 电机主板

冷暖空调器带辅助电加热功能，室内风机使用 PG 电机。见图 4-5，室内主板设有 5 个继电器，其中大继电器为压缩机供电，2 个继电器为室外风机和四通阀线圈供电，辅助电加热使用单独的继电器（1 个或 2 个）供电，室内风机由光耦晶闸管供电。

6．室内机和室外机均有主板

见图 4-6，室内机和室外机主板均设有 CPU。室内机主板只有 1 个继电器为室外机供电；室

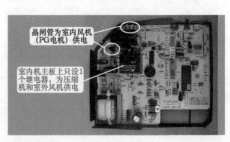

图 4-3　格兰仕某款空调器室内机主板

外机主板设有为压缩机、室外风机、四通阀线圈供电的 3 个继电器。注：示例室外机主板使用光耦晶闸管驱动室外风机。

7．室内机有两块主板

见图 4-7，室内机设有 2 块主板，即强电板和弱电板，室外机不设主板。其中强电板设有开关电源电路、继电器驱动等电路；弱电板设有 CPU 控制电路、弱信号处理等电路，是整机电控系统的控制中心。

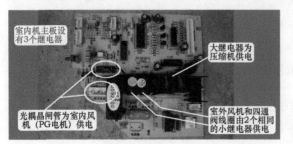

图 4-4　古桥 KFR-33GW/D 室内机主板

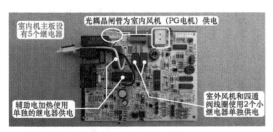

图 4-5 格力 KFR-23GW/（23570）
Aa-3 室内机主板

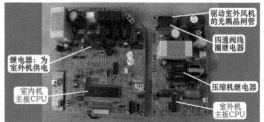

图 4-6 三菱电机 MSH-J12SV（KFR-34GW/A）
室内机与室外机主板

8. 使用开关电源的主板

见图 4-8，室内机主板设有开关电源电路，提供直流 12V 和 5V 电压，因此不再使用变压器，其他电路和普通主板相同。

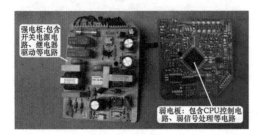

图 4-7 LG 空调 LS-L3283HJ 室内机主板

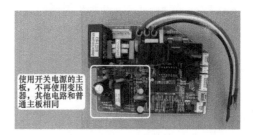

图 4-8 三洋某款空调器室内机主板

第 2 节 典型挂式空调器电控系统

本章选用典型挂式空调器型号为格力 KFR-23GW/（23570）Aa-3，介绍电控系统组成、室内机主板方框图、单元电路详解、遥控器电路等。

注：在本章中，如非特别说明，电控系统知识内容全部选自格力 KFR-23GW/（23570）Aa-3 挂式空调器。

一、电控系统组成

图 4-9 为典型挂式空调器电控系统组成实物图，由图可知，一个完整的电控系统由主板和外围负载组成，包括主板、变压器、传感器、室内风机、显示板组件、步进电机、遥控器、接线端子等。

二、主板方框图和电路原理图

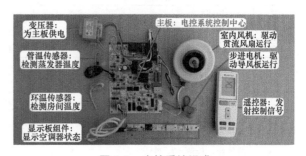

图 4-9 电控系统组成

主板是电控系统的控制中心，由许多单元电路组成，各种输入信号经主板 CPU 处理后通过输出电路控制负载。主板通常可分为 4 部分电路：即电源电路、CPU 三要素电路、输入电路、输出电路。

图 4-10 为室内机主板电路方框图，图 4-11 为电控系统主要元件，表 4-1 为主要元件编号名称的说明。

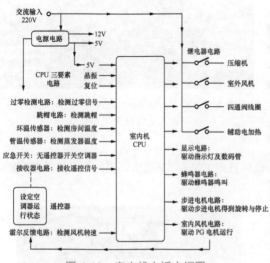

图 4-10　室内机主板方框图

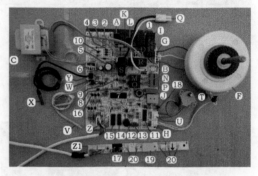

图 4-11　电控系统主要元件

表 4-1　　　　　　　　　　　　　　主要元件编号说明

编号	名　　称	编号	名　　称
A	电源相线L输入	B	电源零线N输入
C	变压器：将交流220V降低至约13V	D	变压器一次绕组插座
E	变压器二次绕组插座	F	室内风机：驱动贯流风扇运行
G	室内风机线圈供电插座	H	霍尔反馈插座：检测室内风机转速
I	风机电容：在室内风机启动时使用	J	光耦晶闸管：驱动室内风机
K	压缩机继电器：控制压缩机的运行与停止	L	压缩机接线端子
M	四通阀线圈继电器：控制 四通阀线圈的运行与停止	O	室外风机继电器：控制 室外风机的运行与停止
N	四通阀线圈接线端子	P	室外风机接线端子
R-S	辅助电加热L端和N端供电继电器	Q	辅助电加热插头
T	步进电机：带动导风板运行	U	步进电机插座
V	环温传感器：检测房间温度	W	环温传感器插座
X	管温传感器：检测蒸发器温度	Y	管温传感器插座
Z	显示板组件插座	Z1	显示板组件：空调器与外界通信窗口
1	压敏电阻：在电压过高时保护主板	2	3.15A保险管：在电流过大时保护主板
3	12.5A保险管：辅助电加热供电保险	4	整流二极管：将交流电整流成为脉动直流电
5	滤波电容：滤除直流电中的交流纹波成分	6	5V稳压块7805：输出端为稳定直流5V
7	CPU：主板的"大脑"	8	晶振：为CPU提供时钟信号
9	复位三极管：为CPU清零复位	10	过零检测三极管：检测过零信号
11	反相驱动器：反相放大后驱动继电器线圈、步进电机线圈、蜂鸣器	12	蜂鸣器：发声代表已接收到遥控信号
13	跳线帽：检测主板型号	14	HC164：输出数码管和指示灯信号
15	反相驱动器：放大HC164信号	16	三极管：为数码管和指示灯供电
17	接收器：接收遥控器的红外线信号	18	按键开关：无遥控器时开关空调器
19	数码管：显示温度和故障代码	20	指示灯：指示空调器的运行状态

三、单元电路作用

1. 电源电路

将交流 220V 电压降压、整流、滤波，成为直流 12V 和 5V，为主板单元电路和外围负载供电。

2. CPU 三要素电路

电源、时钟、复位称为三要素电路，其正常工作是 CPU 处理输入信号和控制输出电路的前提。

3. 输入部分电路

（1）遥控信号（17）：对应电路为接收器电路，将遥控器发出的红外线信号处理后送至 CPU。

（2）环温、管温传感器（X、V）：对应电路为传感器电路，将代表温度变化的电压送至 CPU。

（3）应急开关信号（18）：对应电路为应急开关电路，在没有遥控器时可以使用空调器。

（4）过零信号（10）：对应电路为过零检测电路，提供过零信号以便 CPU 控制光耦晶闸管的导通角，使 PG 电机能正常运行。

（5）霍尔反馈信号（H）：对应电路为霍尔反馈电路，作用是为 CPU 提供室内风机（PG 电机）的实际转速。

4. 输出部分负载

（1）蜂鸣器（12）：对应电路为蜂鸣器电路，用来提示 CPU 已处理遥控器发送的信号。

（2）指示灯（20）和数码管（19）：对应电路为指示灯和数码管显示电路，用来显示空调器的当前工作状态。

（3）步进电机（T）：对应电路为步进电机控制电路，调整室内风机吹风的角度，使循环风能够均匀送到房间的各个角落。

（4）室内风机（F）：对应电路为室内风机驱动电路，用来控制室内风机的工作与停止。制冷模式下开机后就一直工作（无论外机是否运行）；制热模式下受蒸发器温度控制，只有蒸发器温度高于一定温度后才开始运行，即使在运行中，如果蒸发器温度下降，室内风机也会停止工作。

（5）辅助电加热（R-S）：对应为辅助电加热继电器驱动电路，用来控制辅助电加热的工作与停止，在制热模式下提高出风口温度。

（6）压缩机继电器（K）：对应电路为继电器驱动电路，用来控制压缩机的工作与停止。制冷模式下，压缩机受 3 分钟延时电路保护、蒸发器温度过低保护、电压检测电路、电流检测电路等控制；制热模式下，受 3 分钟延时电路保护、蒸发器温度过高保护、电压检测电路、电流检测电路等控制。

（7）室外风机继电器（O）：对应电路为继电器驱动电路，用来控制室外风机的工作与停止。受保护电路同压缩机。

（8）四通阀线圈继电器（M）：对应的电路为继电器驱动电路，用来控制四通阀线圈的工作与停止。制冷模式下无供电停止工作；制热模式下有供电开始工作，只有除霜过程中断电，其余过程一直供电。

第 3 节　电源电路和 CPU 三要素电路

一、电源电路

1. 工作原理

电源电路原理图见图 4-12，实物图见图 4-13，关键点电压见表 4-2。作用是将交流 220V 电压降压、整流、滤波、稳压后转换为直流 12V 和 5V 为主板供电。

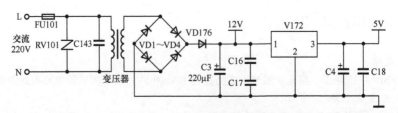

图 4-12　电源电路原理图

电容 C143 为高频旁路电容，用以旁路电源引入的高频干扰信号；FU101（3.15A 保险管）、RV101（压敏电阻）组成过压保护电路。当输入电压正常时，对电路没有影响；而当电压高于一定值后，RV101 迅速击穿，将前端 FU101 保险管熔断，从而保护主板后级电路免受损坏。

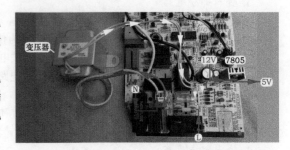

图 4-13　电源电路实物图

表 4-2　　　　　　　　　　　　　　电源电路关键点电压

变压器插座		7805		
一次绕组	二次绕组	①脚输入端	②脚地	③脚输出端
约交流220V	约交流12V	约直流14V	直流0V	直流5V

变压器、VD1 ～ VD4（整流二极管）、VD176、C3（主滤波电容）、C16、C17 组成降压、整流、滤波电路。变压器将输入电压交流 220V 降低交流 12V 从二次绕组输出，至由 VD1 ～ VD4 组成的桥式整流电路，变为脉动直流电（其中含有交流成分），经 VD176 再次整流、C3 滤波，滤除其中的交流成分，成为纯净的 12V 直流电压，为主板 12V 负载供电。

图 4-14　直流 12V 和 5V 负载

本电路没有使用 7812 稳压块，直流 12V 电压实测为 11 ～ 16V，并且随输入的交流 220V 电压变化而变化。

V172、C4、C18 组成 5V 电压产生电路。V172（7805）为 5V 稳压块，①脚输入端为直流 12V，经 7805 内部电路稳压，③脚输出端输出稳定的直流 5V 电压，为 5V 负载供电。

2. 直流 12V 和 5V 负载

见图 4-14。图中红线连接 12V 负载、蓝线连接 5V 负载。

（1）直流 12V 负载

直流 12V 取自主滤波电容正极，主要负载：7805 稳压块、继电器线圈、步进电机线圈、反相驱动器、蜂鸣器、显示板组件上指示灯和数码管等。

（2）直流 5V 负载

直流 5V 取自 7805 的③脚输出端，主要负载：CPU、HC164、传感器电路、光耦晶闸管、PG 电机内部的霍尔反馈电路板、显示

显示板组件上指示灯和数码管通常使用直流 5V 供电，但本机例外。

板组件上接收器等。

3. 设有 7812 稳压块的电源电路

东洋 KFR-35GW/D 室内机主板电源电路设有 7812 稳压块，图 4-15 为电路原理图，图 4-16 为实物图。

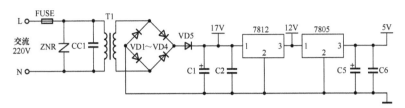

图 4-15　东洋 KFR-35GW/D 电源电路原理图

电容 CC1 为高频旁路电容，用以旁路电源引入的高频干扰信号；FUSE（保险管）、ZNR（压敏电阻）组成过压保护电路；T1（变压器）、VD1 ～ VD4（整流二极管）、VD5、C1 和 C2（滤波电容）组成降压、整流、滤波电路，滤波电容 C1 正极约为直流 17V 左右的电压送往 7812 的①脚输入端，经内部电路稳压，在③脚输出稳定的直流 12V 电压，为主板 12V 负载供电；其中一个分支送往 7805 的①脚输入端，经内部电路稳压后在③脚输出稳定的直流 5V 电压，为主板 5V 负载供电。

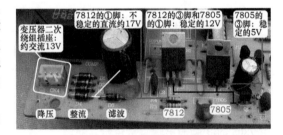

图 4-16　东洋 KFR-35GW/D 电源电路实物图

二、CPU 三要素电路

1. CPU 简介

CPU 是一个大规模的集成电路，整个电控系统的控制中心，内部写入了运行程序（或工作时调取存储器中的程序）。根据引脚方向分类，常见有两种，见图 4-17，即两侧引脚和四面引脚。

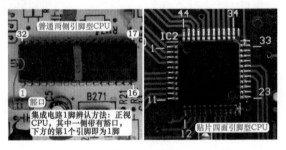

图 4-17　CPU

CPU 的作用是接收使用者的操作指令，结合室内环温、管温传感器等输入部分电路的信号进行运算和比较，确定空调器的运行模式（如制冷、制热、除湿、送风），通过输出部分电路控制压缩机、室内外风机、四通阀线圈等部件，使空调器按使用者的意愿工作。

CPU 是主板上体积最大、引脚最多的元器件。现在主板 CPU 的引脚功能都是空调器厂家结合软件来确定的，也就是说同一型号的 CPU 在不同空调器厂家主板上引脚作用是不一样的。

格力空调器 KFR-23GW/（23570）Aa-3 室内机主板 CPU 掩膜型号为 0456N03，共有 32 个引脚，主要引脚功能见表 4-3。

表 4-3　　　　　　　　　　　　　0456N03 引脚功能

输入部分电路			输出部分电路		
引脚	英文代号	功能	引脚	英文代号	功能
㉕	KEY	按键开关	⑰、㉑、㉘、㉙、㉚	LED、LCD	驱动指示灯和数码管
㉗	REC	遥控信号	㉛、㉜、①、②	SWING-UD	步进电机
⑥	ROOM	环温	③	BUZ	蜂鸣器

续表

输入部分电路			输出部分电路		
引脚	英文代号	功能	引脚	英文代号	功能
⑤	TUBE	管温	㉔	PG	室内风机
⑳	ZERO	过零检测	㉖	HEAT	辅助电加热
㉒	PGF	霍尔反馈	⑧	COMP	压缩机
④、⑨为空脚，⑱、⑲接存储器（本机未用）			⑦	OFAN	室外风机
⑬和⑩相通接5V			㉓	4V	四通阀线圈
⑩	VDD	供电	⑭	X2	晶振	
⑯	VSS	地	⑮	X1	晶振	CPU 三要素电路
			⑪	RST	复位	

2. 工作原理

CPU 三要素电路原理图见图 4-18，实物图见图 4-19，关键点电压见表 4-4。

电源、复位、时钟称为三要素电路，是 CPU 正常工作的前提，缺一不可，否则会死机引起空调器上电无反应故障。

（1）CPU ⑩脚是电源供电引脚，由 7805 的③脚输出端直接供给。滤波电容 C5、C21 的作用是使 5V 供电更加纯净和平滑。

（2）复位电路将内部程序处于初始状态。CPU ⑪脚为复位引脚，由外围元件电解电容 C5、瓷片电容 C7 和 C8、PNP 型三极管 Q1（9012）、电阻（R1、R2、R4、R3）组成低电平复位电路。初始上电时，5V 电压首先对 C5 充电，同时对 R1 和 R2 组成的分压电路分压，

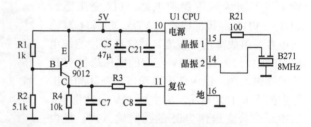

图 4-18　CPU 三要素电路原理图

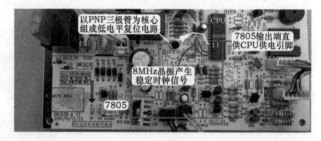

图 4-19　CPU 三要素电路实物图

当 C5 充电完成后，R2 分得的电压约为 0.8V，使得 Q1 充分导通，5V 经 Q1 发射极、集电极、R3 至 CPU ⑪脚，电容 C5 正极电压由 0V 逐渐上升至 5V，因此 CPU ⑪脚电压、相对于电源引脚⑩脚要延时一段时间（一般为几十毫秒），将 CPU 内部程序清零，对各个端口进行初始化。

表 4-4　　　　　　　　　　　　　　CPU 三要素电路关键点电压

⑩脚供电	⑯脚地	Q1：E	Q1：B	Q1：C	⑪脚复位	⑭脚晶振	⑮脚晶振
5V	0V	5V	4.3V	5V	5V	2.3V	2.4V

（3）时钟电路提供时钟频率。CPU ⑭、⑮脚为时钟引脚，内部电路与外围元件 B271（晶振）、电阻 R21 组成时钟电路，提供 8MHz 稳定的时钟频率，使 CPU 能够连续执行指令。

3. 设有复位集成块的 CPU 三要素电路

复位电路设计多种多样：如使用 PNP 三极管为核心组成，也有些空调器使用复位集成块为核心，也有些空调器只使用简单 RC 充电电路（只有 1 个电阻和 1 个电解电容）组成。设计形式可简单，可复杂，但目的相同，为 CPU 内部程序清零复位。

低电平复位电路是指 CPU 复位时引脚电压为低电平，而正常工作时为高电平 5V；高电平复位电路则正好相反。

如中意某型号挂式空调器室内机主板，使用 7042 复位集成块为核心，组成低电平复位电路，电路原理图见图 4-20，实物图见图 4-21。

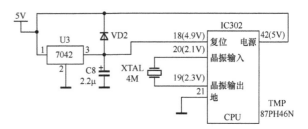

图 4-20　中意某款空调器 CPU 三要素电路原理图

开机瞬间，直流 5V 电压在滤波电容的作用下逐渐升高，当电压低于 4.6V 时，U3（7042）的③脚为低电平加至 CPU ⑱脚，使 CPU 内部电路清零复位；当直流 5V 电压高于 4.6V，U3 的③脚变为高电平 5V，加至 CPU ⑱脚使其内部电路复位结束，开始工作。

图 4-21　中意某款空调器 CPU 三要素电路实物图

使用万用表直流电压挡，在主板正常工作时，黑表笔接地，红表笔测量 7042 复位集成块引脚电压，实测①脚为 5V、②脚为地、③脚复位为 4.9V。

第 4 节　输入部分电路

一、应急开关电路

1. 按键设计位置

应急开关电路的作用是在遥控器丢失或损坏的情况下，使用应急开关按键，空调器可应急使用，工作在自动模式，不能改变设定温度和风速。

根据空调器设计不同，应急开关按键设计位置也不相同。见图 4-22 左图，部分品牌的空调器将按键设计在显示板组件位置，使用时可以直接按压；见图 4-22 右图，部分品牌的空调器将按键设在室内机主板，使用时需要掀开进风格栅，且使用尖状物体才能按压。

图 4-22　按键设计位置

2. 工作原理

应急开关电路原理图见图 4-23，实物图见图 4-24。

CPU ㉕脚为应急开关按键检测引脚，正常时为高电平直流 5V，应急开关按下时为低电平 0.1V，CPU 根据目前状态时低电平的次数，进入相应的控制程序。

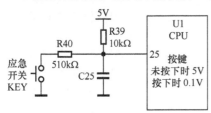

图 4-23　应急开关电路原理图

开机方法：在处于待机状态时，按压一次应急开关按键，空调器进入自动运行状态，CPU 根据室内温度自动选择制冷、制热、送风等模式，以达到舒适的效果。按压按键使空调器运行时，在任何状态下都可用遥控器控制，转入遥控器设定的运行状态。

关机方法：在运行状态下，按压一次应急开关按键，空调器停止工作。

二、遥控接收电路

遥控接收电路原理图见图 4-25，实物图见图 4-26，遥控器状态与 CPU 引脚电压的对应关系见表 4-5，作用是接收遥控器发送的红外线信号、处理后送至 CPU 引脚。

遥控器发射含有经过编码的调制信号，以 38kHz 为载波频率，发送至位于显示板

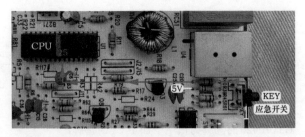

图 4-24　应急开关电路实物图

组件上的接收器 REC，REC 将光信号转换为电信号，并进行放大、滤波、整形，经 R92、R94 送至 CPU ㉗脚，CPU 内部电路解码后得出遥控器的按键信息，从而对电路进行控制；CPU 接收到遥控信号后会控制蜂鸣器响一声给予提示。

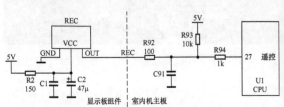

图 4-25　遥控接收电路原理图

图 4-26　遥控接收电路实物图

表 4-5　　　　　　　　　接收器状态与 CPU 引脚电压对应关系

	接收器输出端电压	CPU ㉗脚电压
遥控器未发射信号	直流4.95V	直流4.95V
遥控器发射信号	约直流3V	约直流3V

三、传感器电路

1. 安装位置
见图 2-16 和图 2-17。

2. 工作原理
传感器电路原理图见图 4-27，实物图见图 4-28。室内环温传感器电路向 CPU 提供房间温度，与遥控器设定温度相比较，控制空调器的运行与停止；室内管温传感器电路向 CPU 提供蒸发器温度，在制冷系统进入非正常状态时保护停机。

环温和管温传感器电路工作原理相同，以管温传感器为例。管温传感器 TUBE（负温度系数热敏电阻）和电阻 R60 组成

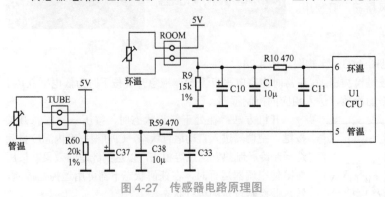

图 4-27　传感器电路原理图

分压电路，R60 两端电压即 CPU ⑤脚电压的计算公式为：$5 \times R60/$（管温传感器阻值 +R60）；管温传感器阻值随蒸发器温度的变化而变化，CPU ⑤脚电压也相应变化。管温传感器在不同的温度有

相应的阻值，CPU ⑤脚为相对应的电压值，因此蒸发器温度与 CPU ⑤脚电压为成比例的对应关系，CPU 根据不同的电压值计算出蒸发器实际温度。

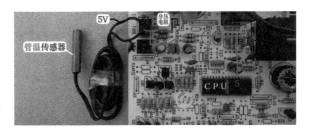

图 4-28　管温传感器电路实物图

目前，格力空调器环温传感器型号通常为 25℃/15kΩ，管温传感器型号通常为 25℃/20kΩ。管温传感器（25℃/20kΩ）温度阻值与 CPU 引脚电压（分压电阻 20kΩ）对应关系见表 4-6。

表 4-6　　　　　管温传感器温度阻值与 CPU 引脚电压对应关系

温度（℃）	-10	-5	0	6	25	30	50	60	70
阻值（kΩ）	110.3	84.6	65.3	48.4	20	16.1	7.17	4.94	3.48
CPU引脚电压（V）	0.76	0.95	1.17	1.46	2.5	2.77	3.68	4	4.25

3. 常温下测量分压点电压

由于环温和管温传感器 25℃时阻值和各自的分压电阻阻值相同，因此在同一温度下分压点电压即 CPU 引脚电压应相同或接近。

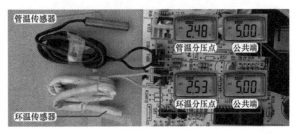

在房间温度约 25℃时，见图 4-29，使用万用表直流电压挡测量传感器电路插座电压，实测公共端电压为 5V，环温传感器分压点电压为 2.5V，管温传感器分压点电压为 2.5V。

图 4-29　测量分压点电压

四、跳线帽电路

跳线帽电路常见于格力空调器主板，其他品牌空调器的室内机主板通常未设计此电路。

1. 跳线帽安装位置和工作原理

见图 4-30，跳线帽插座 JUMP 位于主板弱电区域，跳线帽安装在插座上面。跳线帽上面数字表示对应制冷量，如 23 表示此跳线帽所安装的主板，安装在制冷量为 2300W 的空调器，CPU 按制冷量 2300W 时的室内风机转速、同步电机角度进行控制。

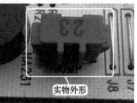

图 4-30　跳线帽安装位置和实物外形

见图 4-31，标注 23 的跳线帽，其中 1-2-3-5 导通，CPU 上电时按导通的引脚以区分跳线帽所对应的制冷量，并调取 23 机的相应参数对空调器进行控制。假如跳线帽为 1-3-5 导通，则 CPU 判断为制冷量为 3500W 的空调器，调取 35 机的相应参数对其控制。

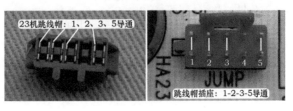

图 4-31　跳线帽插头和插座

2. 常见故障

掀开室内机进风格栅，见图 4-32 左图，就会看到通常贴在右下角的提示：更换控制器（本书称为室内机主板）时，请务必将本机控制器上的跳线帽插到新的控制器上，否则，指示灯会闪烁（或显示 C5），并不能正常开机。

见图 4-32 右图，如检查主板损坏，在更换主板时，新主板并未附带跳线帽，需要从旧主板上拆下跳线帽，并安装到新主板上跳线帽插座，新主板才能正常运行。

图 4-32　提示和未安装跳线帽

CPU 仅在上电时对跳线帽进行检测，上电后即使取下跳线帽，空调器也能正常运行。如上电后 CPU 未检测到跳线帽，显示 C5 代码，此时再安装跳线帽，空调器也不会恢复正常，只有断电，再次上电 CPU 复位后才能恢复正常。

第 5 节　输出部分电路

一、显示电路

1. 显示方式和室内机主板电路

见图 4-33，格力 KFR-23GW/(23570) Aa-3 空调器使用指示灯＋数码管的方式进行显示，室内机主板和显示板组件由一束 2 个插头共 13 根的引线连接。

室内机主板显示电路主要由 U6 串行移位寄存器 HC164、U5 反相驱动器 2003、6 个三极管和电阻等组成。

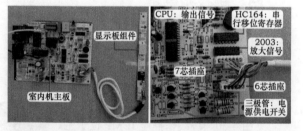

图 4-33　显示方式和室内机主板电路

2. 显示板组件

见图 4-34，显示板组件共设有 6 个指示灯：化霜、制热、制冷、电源/运行、除湿；使用 1 个 2 位数码管，可显示设定温度、房间温度、定时时间、故障代码等。

3. HC164 引脚功能

HC164 为 8 位串行移位寄存器，共有

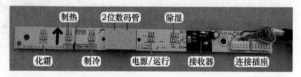

图 4-34　显示板组件主要元件

14 个引脚，其中⑭脚为 5V 供电、⑦脚为地；①脚和②脚为数据输入（DATA），2 个引脚连在一起接 CPU ㉑脚；⑧脚为时钟输入（CLK），接 CPU ⑰脚；⑨脚为复位，实接直流 5V；HC164 的③、④、⑤、⑥、⑩、⑪、⑫共 7 个引脚为输出，接反相驱动器（2003）U6 的输入侧⑦、⑥、⑤、④、③、②、①共 7 个引脚，U6 输出侧⑩、⑪、⑫、⑬、⑭、⑮、⑯共 7 个引脚经插座连接显示板组件上 2 位数码管和 6 个指示灯。

4.工作原理

见图 4-35，CPU ⑰脚向 U5（HC164）发送时钟信号，CPU ㉑脚向 HC164 发送显示数据的信息，HC164 处理后经反相驱动器 U6（2003）反相放大后驱动显示板组件上指示灯和数码管；CPU ㉘、㉙、㉚脚输出信号驱动 6 个三极管，分 3 路控制 2 个数码管和指示灯供电 12V 的接通与断开。

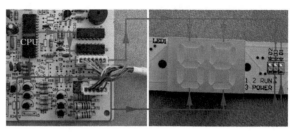

图 4-35　显示流程

二、蜂鸣器驱动电路

蜂鸣器驱动电路原理图见图 4-36，实物图见图 4-37。作用是 CPU 接收到遥控信号且已处理，驱动蜂鸣器发出"滴"声响一次予以提示。

CPU ③脚是蜂鸣器控制引脚，正常时为低电平；当接收到遥控信号时引脚变为高电平，三极管 Q8 基极（B）也为高电平，三极管深度导通，其集电极（C）相当于接地，蜂鸣器得到供电，发出预先录制的"滴"声或音乐。由于 CPU 输出高电平时间很短，万用表不容易测出电压。

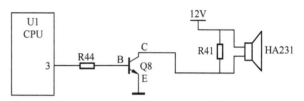

图 4-36　蜂鸣器驱动电路原理图

图 4-37　蜂鸣器驱动电路实物图

三、步进电机驱动电路

步进电机线圈驱动方式为 4 相 8 拍，共有 4 组线圈，电机每转一圈需要移动 8 次。线圈以脉冲方式工作，每接收到一个脉冲或几个脉冲，电机转子就移动一个位置，移动距离可以很小。

步进电机驱动电路原理图见图 4-38，实物图见图 4-39，CPU 引脚电压与步进电机状态的对应关系见表 4-7。

CPU ㉛、㉜、①、②脚输出步进电机驱动信号，至反相驱动器 U2 的输入端⑦、⑤、④、③脚，U2 将信号放大后在⑩、⑫、⑬、⑭脚反相输出，驱动步进电机线圈，步进电机按 CPU 控制的角度开始转动，带动导风板上下摆动，使房间内送风均匀，到达用户需要的地方。

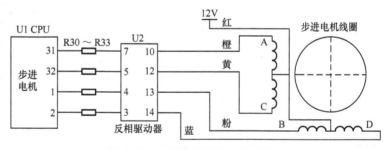

图 4-38　步进电机驱动电路原理图

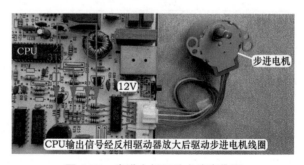

图 4-39　步进电机驱动电路实物图

表 4-7   CPU 引脚电压与步进电机状态对应关系

CPU：㉛-㉜-①-②	U2：⑦-⑤-④-③	U2：⑩-⑫-⑬-⑭	步进电机状态
1.8V	1.8V	8.6V	运行
0V	0V	12V	停止

室内机主板 CPU 经反相驱动器放大后将驱动脉冲加至步进电机线圈，如供电顺序为：A-AB-B-BC-C-CD-D-DA-A……电机转子按顺时针方向转动，经齿轮减速后传递到输出轴，从而带动导风板摆动；如供电顺序转换为：A-AD-D-DC-C-CB-B-BA-A……电机转子按逆时针转动，带动导风板朝另外一个方向摆动。

四、辅助电加热驱动电路

空调器使用热泵式制热系统，即吸收室外的热量转移到室内，以提高室内温度。如果室外温度低于 0℃ 以下时，空调器的制热效果将明显下降，辅助电加热就是为提高制热效果而设计的。

辅助电加热驱动电路原理图见图 4-40，实物图见图 4-41，CPU 引脚电压与辅助电加热状态的对应关系见表 4-8。本机主板辅助电加热电路使用 2 个继电器，分别接通电源 L 端和 N 端，CPU 只有 1 个辅助电加热控制引脚，控制方式为 2 个继电器线圈并联。

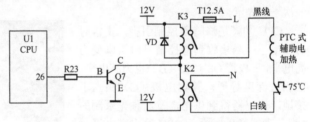

图 4-40 辅助电加热驱动电路原理图

当 CPU ㉖脚为高电平 5V 时，经电阻 R23 降压后送至三极 Q7 的基极（B），电压约 0.8V，Q7 集电极（C）和发射极（E）深度导通，（C）极电压约 0.1V，继电器 K3 和 K2 线圈下端接地，两端电压约 11.9V，产生电磁吸力使得触点闭合，接通 L 端和 N 端电源，辅助电加热发热开始工作；当 CPU ㉖脚为低电平 0V 时，Q7（B）极电压为 0V，（C）极和（E）极截止，继电器线圈下端不能接地，即构不成回路，K3 和 K2 线圈电压为直流 0V，触点断开，辅助电加热停止工作。

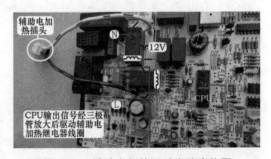

图 4-41 辅助电加热驱动电路实物图

表 4-8   CPU 引脚电压与辅助电加热状态对应关系

CPU ㉖脚	Q7：B	Q7：C	K3 和 K2 线圈电压	触点状态	负载
5V	0.8V	0.1V	11.9V	闭合	辅助电加热工作
0V	0V	12V	0V	断开	辅助电加热停止

五、室外机负载驱动电路

1. 电路组成

图 4-42 为室外机负载驱动电路原理图，图 4-43 为压缩机继电器触点闭合过程，图 4-44 为压缩机继电器触点断开过程，CPU 引脚电压与压缩机状态的对应关系见表 4-9，CPU 引脚电压与室外风机状态的对应关系见表 4-10，CPU 引脚电压与四通阀线圈状态的对应关系见表 4-11。

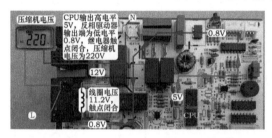

图 4-42　室外机负载驱动电路原理图

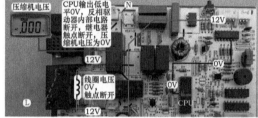

图 4-43　压缩机继电器触点闭合过程　　　　图 4-44　压缩机继电器触点断开过程

表 4-9　　　　　　　　　　　CPU 引脚电压与压缩机状态对应关系

CPU⑧脚	U2⑥脚	U2⑪脚	K1线圈电压	触点状态	负载
4.9V	4.9V	0.8V	11.2V	闭合	压缩机工作
0V	0V	12V	0V	断开	压缩机停止

表 4-10　　　　　　　　　　CPU 引脚电压与室外风机状态对应关系

CPU⑦脚	U2③脚	U2⑭脚	K114线圈电压	触点状态	负载
4.9V	4.9V	0.8V	11.2V	闭合	室外风机工作
0V	0V	12V	0V	断开	室外风机停止

表 4-11　　　　　　　　　　CPU 引脚电压与四通阀线圈状态对应关系

CPU㉓脚	U2②脚	U2⑮脚	K115线圈电压	触点状态	负载
4.9V	4.0V	0.8V	11.2V	闭合	四通阀线圈工作
0V	0V	12V	0V	断开	四通阀线圈停止

室外机负载驱动电路的作用是向压缩机、室外风机、四通阀线圈提供或断开交流 220V 电源，使制冷系统按 CPU 控制程序工作。

CPU ⑧脚、反相驱动器 U2 ⑥脚和⑪脚、二极管 VD11、继电器 K1 组成压缩机继电器驱动电路；CPU ⑦脚、U2 ③脚和⑭脚、二极管 VD13、继电器 K114 组成室外风机继电器驱动电路；CPU ㉓脚、电阻 R17、U2 ②脚和⑮脚、二极管 VD14、继电器 K115 组成四通阀线圈继电器驱动电路。

2. 压缩机继电器触点闭合和断开过程

压缩机、室外风机、四通阀线圈的继电器驱动电路工作原理完全相同，以压缩机继电器为例。

（1）触点闭合过程

当 CPU 的⑧脚为高电平 5V 时，见图 4-43，U2 的⑥脚输入端也为高电平 5V，内部电路翻转，对应输出端⑪脚为低电平约 0.8V，继电器 K1 线圈得到约直流 11.2V 供电，产生电磁力使触点闭合，接通压缩机 L 端电压，压缩机开始工作。

（2）触点断开过程

当 CPU 的⑧脚为低电平 0V 时，见图 4-44，U2 的⑥脚也为低电平 0V，内部电路不能翻转，其对应⑪脚输出端不能接地，K1 线圈两端电压为直流 0V，触点断开，压缩机停止工作。

六、室外机电路

1. 连接引线

室外机电控系统的负载有压缩机、室外风机、四通阀线圈共 3 个，室外机电路将 3 个负载连接在一起。

室外机接线端子共有 4 个端子，分别为：1 号为公用零线 N、2 号为压缩机、4 号为四通阀线圈、5 号为室外风机；其中 1 号公用零线 N 通过引线分别接压缩机线圈、室外风机线圈、四通阀线圈其中的 1 根引线，地线直接固定在室外机电控盒的铁皮上面。

2. 工作原理

室外机电气接线图见图 4-45，压缩机和四通阀线圈实物接线图见图 4-46 左图，室外风机实物接线图见图 4-46 右图。

（1）制冷模式

室内机主板的压缩机和室外风机继电器触点闭合，从而接通 L 端供电，与电容共同作用使压缩机和室外风机启动运行，系统工作在制冷状态，此时 4 号四通阀线圈的引线无供电。

（2）制热模式

室内机主板的压缩机、室外风机、四通阀线圈继电器触点闭合，从而接通 L 端供电，为 2 号压缩机、4 号四通阀线圈、5 号室外风机提供交流 220V 电源，压缩机、四通阀线圈、室外风机同时工作，系统工作在制热状态。

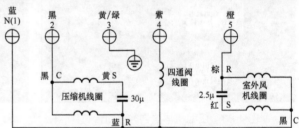

图 4-45　室外机电气接线图

图 4-46　室外机负载接线实物图

第 6 节　室内风机电路

一、室内风机形式

1. PG 电机

室内风机安装在室内机右侧，见图 2-36 左图，作用是驱动贯流风扇。制冷模式下，室内风机驱动贯流风扇运行，强制吸入房间内空气至室内机、经蒸发器降低温度后以一定的风速和流量吹出，来降低房间温度。

目前生产的定频、交流变频、直流变频的挂式空调器室内风机，基本上全部使用 PG 电机，实物外形见图 2-39，设有 2 个插头，大插头为线圈供电，小插头为霍尔反馈。本节内容主要介绍

PG 电机的室内风机电路。

2. PG 电机室内风机电路工作原理

室内风机电路由 2 个输入部分的单元电路（过零检测电路和霍尔反馈电路）和 1 个输出部分的单元电路（PG 电机驱动电路）组成。

室内机主板上电后，首先通过过零检测电路检查输入交流电源的零点位置，检查正常后，再通过 PG 电机驱动电路驱动电机运行；PG 电机运行后，内部输出代表转速的霍尔信号，送至室内机主板的霍尔反馈电路供 CPU 检测实时转速，并与内部数据相比较，如有误差（即转速高于或低于正常值），通过改变光耦晶闸管的导通角，改变 PG 电机工作电压，PG 电机转速也随之改变。

二、过零检测电路

1. 作用

过零检测电路可以理解成向 CPU 提供一个标准，起点是零电压，光耦晶闸管导通角的大小就是依据这个标准。也就是 PG 电机高速、中速、低速、超低速均对应一个光耦晶闸管导通角，而每个导通角的导通时间是从零电压开始计算，导通时间不一样，导通角度的大小就不一样，因此电机的转速就不一样。

2. 工作原理

过零检测电路原理图见图 4-47，实物图见图 4-48，关键点电压见表 4-12。

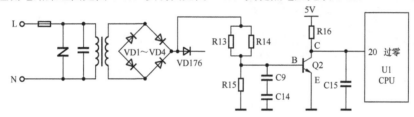

图 4-47　过零检测电路原理图

变压器二次绕组交流 11.5V 电压经 VD1 ~ VD4 桥式整流输出脉动直流电，其中 1 路经 R13/R14、R15 分压，送至三极管 Q2 基极。当正半周时基极电压高于 0.7V，Q2 集电极（C）和发射极（E）导通，CPU ⑳脚为低电平约 0.1V；当负半周基极电压低于 0.7V，Q2（C）极和（E）极截止，CPU ⑳脚为高电平约 5V；通过三极管 Q2 的反复导通、截止，在

图 4-48　过零检测电路实物图

CPU ⑳脚形成 100Hz 脉冲波形，CPU 通过计算，检测出输入交流电源电压的零点位置。

表 4-12　　　　　　　　　　　　　　　过零检测电路关键点电压

整流电路输出即VD176正极	Q2：B	Q2：C	CPU⑳脚
约直流10.5V	直流0.7V	直流0.5V	直流0.5V

三、PG 电机驱动电路

1. 晶闸管调速原理

晶闸管调速是用改变晶闸管导通角的方法来改变电机端电压的波形，从而改变电机端电压的有效值，达到调速的目的。

当晶闸管导通角 $\alpha_1=180°$ 时，电机端电压波形为正弦波，即全导通状态；当晶闸管导通角 α_1 <180°时，即非全导通状态，电压有效值减小；α_1 越小，导通状态越少，则电压有效值越小，所产生的磁场越小，则电机的转速越低。由以上的分析可知，采用晶闸管调速其电机转速可连续调节。

2. 工作原理

PG 电机驱动电路原理图见图 4-49，实物图见图 4-50。

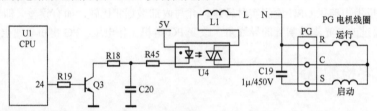

图 4-49 PG 电机驱动电路原理图

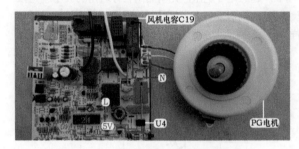

图 4-50 PG 电机驱动电路实物图

CPU ㉔脚为室内风机控制引脚，输出的驱动信号经电阻 R19 送至三极管 Q3 基极（B），Q3 放大后送至光耦晶闸管 U4 初级发光二极管的负极，U4 次级侧晶闸管导通，交流电源 L 端经扼流圈 L1 → U4 次级送至 PG 电机线圈的公共端，和交流电源 N 端构成回路，PG 电机转动，带动贯流风扇运行，室内机开始吹风。

四、霍尔反馈电路

霍尔反馈电路原理图见图 4-51，实物图见图 4-52，霍尔输出引脚电压与 CPU 引脚电压的对应关系见表 4-13。霍尔反馈电路作用是向 CPU 提供 PG 电机实际转速的参考信号。PG 电机内部霍尔电路板通过标号 PGF 的插座和室内机主板连接，共有 3 根引线，即供电直流 5V、霍尔反馈输出、地。

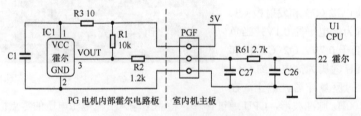

图 4-51 霍尔反馈电路原理图

PG 电机开始转动时，内部电路板霍尔 IC1 的③脚输出代表转速的信号（霍尔信号），经电阻 R2、R61 送至 CPU 的㉒脚，CPU 通过霍尔的数量计算出 PG 电机的实际转速，并与内部数据相比较，如转速高于或低于正常值即有误差，CPU（㉔脚、PG 电机驱动引脚）输出信号通过改变光耦晶闸管的导通角，改变 PG 电机线圈插座的供电电压，

图 4-52 霍尔反馈电路实物图

从而改变 PG 电机的转速，使实际转速与目标转速相同。

表 4-13　　　　　　　　　　霍尔输出引脚电压与 CPU 引脚电压对应关系

	IC1：①脚供电	IC1：③脚输出	PGF反馈引线	CPU：㉒脚霍尔
IC1输出低电平	5V	0V	0V	0V
IC1输出高电平	5V	4.98V	4.98V	4.98V
正常运行	5V	2.45V	2.45V	2.45V

待机状态下用手拨动贯流风扇时霍尔输出引脚会输出高电平或低电平，表 4-1 中数值为供电电压直流 5V 时测得。

第 7 节　遥控器电路

1. 供电

遥控器供电通常使用 2 节 AAA 电池，每节电池电压为直流 1.5V，见图 4-53，2 节电池电压共 3V；早期遥控器通常使用 5 号电池，目前则通常使用 7 号电池。

2. 晶振电路和键盘电路

见图 4-54 左图，品牌遥控器晶振电路通常使用 2 个晶振：1 个频率为 4MHz，产生的脉冲信号经 8 次分频，得出 38kHz 的载波脉冲频率，遥控器发射的信号就是调制在 38kHz 载波频率上向外发送；1 个频率为 32.768kHz，产生 32.768kHz 的脉冲信号，主要供 CPU 晶振（时钟）电路。

图 4-53　供电

见图 4-54 右图，键盘电路由按键和电路板上键盘矩阵电路组成；按键上面的黑点为导电橡胶，正常阻值 40 ～ 150Ω，常用的按键如"开关"、"温度加"、"温度减"等，通常会增加导电橡胶的个数或面积，以增加使用寿命；电路板上的键盘矩阵电路每个开关都有 2 根引线连接 CPU 的引脚；当按下按键时，导电橡胶使开关导通，也就是说 CPU 的其中 2 个引脚相通，CPU 根据相通引脚判断出按键的信息（如"开关"）。

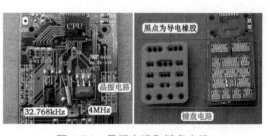

图 4-54　晶振电路和键盘电路

3. 显示流程

见图 4-55，电路板和 LCD 显示屏通过斑马线式导电胶相连，斑马线式导电胶是一种多个引线并联的导电橡胶；CPU 需要控制显示屏显示时，输出的控制信号经导电胶送至显示屏，从而控制显示屏按 CPU 的要求显示。

4. 发射二极管驱动电路

发射二极管驱动电路原理图和实物图见图 4-56。

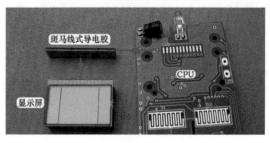

图 4-55　显示屏驱动流程

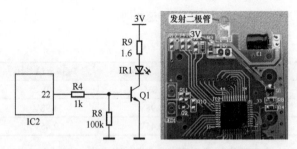

图 4-56　发射二极管驱动电路原理图和实物图

　　当按压按键时，CPU 通过引脚检测到相应的按键功能（如"开关"），经过指令编码器转换为相应的二进制数字编码指令（以便遥控信号被室内机主板 CPU 识别读出），再送至编码调制器，将二进制的编码指令调制在 38kHz 的载频信号上面，形成调制信号从 CPU ㉒脚输出，经 R4 送至三极管 Q1 的基极，Q1 的集电极和发射极导通，3V 电压正极经 1.6Ω 电阻、红外发光二极管（发射二极管）IR1、Q1 到 3V 电压负极，IR1 将调制信号发射出去，发射距离约 7m。

第 5 章
单相供电柜式空调器电控系统

第 1 节　常见主板分类和设计形式

一、主板分类

1. 按室外机有无主板分类
（1）室外机无主板：多见于 2P 或 3P 的空调器，是目前最常见的设计形式。
（2）室外机有主板：多见于 3P、5P 或早期的空调器。

2. 按供电分类
（1）供电电压为交流 220V：单相空调器（室外机通常不设主板）。
（2）供电电压为交流 380V：三相空调器（室外机通常设有主板）。

3. 按功能分类
同挂式空调器。

4. 按室内机 CPU 设计位置分类
（1）CPU 位于显示板：多见于早期空调器。
（2）CPU 位于室内机主板：是目前最常见的设计形式。

5. 按显示方式分类
（1）使用 VFD（真彩动态显示屏）方式：多见于早期空调器。
（2）使用 LED（指示灯）方式：多见于低档空调器。
（3）使用 LCD（显示屏）方式：是目前最常见的设计形式。

二、设计形式

1. 单相空调器、室外机无主板之一
　　见图 5-1，CPU 电路设在显示板，是整机电控系统的控制中心，并驱动显示屏显示，多见于早期空调器或格力空调器；室内机主板只是提供电源电路，并接受室内机主板的控制，驱动压缩机、同步电机、室内风机、室外风机、四通阀线圈继电器。

2. 单相空调器、无室外机主板之二

见图5-2，CPU控制电路设在室内机主板，是整机电控系统的控制中心，是目前空调器最常见的设计形式；室内机显示板接受室内机主板的控制，驱动显示屏显示。

3. 单相空调器、室外机有主板

见图5-3，多见于早期空调器或目前的高档空调器。CPU电路设在室内机主板，是整机电控系统的控制中心；室内机显示板接受室内机主板的控制，驱动显示屏显示；室外机主板接受室内机主板的控制，驱动压缩机、室外风机、四通阀线圈的3个继电器。

4. 三相空调器、室内机使用指示灯显示

见图5-4，室内机显示方式使用指示灯，多见于早期空调器，工作原理和定频空调器相同；室内机主板设有CPU电路，是整机电控系统的控制中心；室外机主板的主要作用是检测电流和检测相序等功能。

5. 三相空调器、室内机使用显示屏显示

见图5-5，室内机显示方式使用显示屏，多见于目前空调器的设计形式。室内机主板设有CPU电路，是室内机电控系统的控制中心；室内机显示板只是接受室内机主板的控制，驱动显示屏显示；室外机主板也设有CPU电路，是室外机电控系统的控制中心，和室内机主板通信，驱动压缩机、室外风机、四通阀线圈的继电器，并检测电流、相序等。

图 5-1　科龙 KFR-50LW/K2D1 柜式空调器电控系统

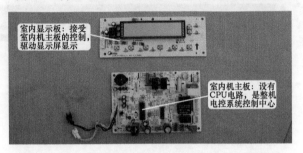

图 5-2　美的 KFR-51LW/DY-GA（E5）柜式空调器电控系统

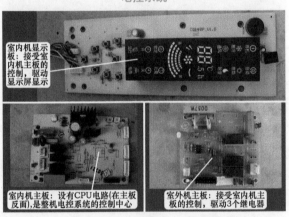

图 5-3　春兰 KFR-72LW/VH1d 柜机电控系统

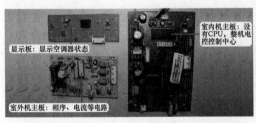

图 5-4　美的 KFR-120LW/K2SDY 柜式空调器电控系统

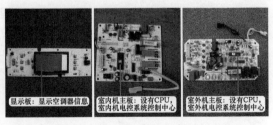

图 5-5　美的 KFR-72GW/SDY-GAA（E5）柜式空调器电控系统

三、柜式空调器和挂式空调器单元电路对比

虽然柜式空调器和挂式空调器的室内机主板单元电路基本相同，由电源电路、CPU 三要素电路、输入部分电路、输出部分电路组成，但根据空调器设计形式的特点，部分单元电路还有一些不同之处。

1. 按键电路

挂式空调器由于安装时挂在墙壁上，离地面较高，因此主要使用遥控器控制，按键电路通常只设 1 个应急开关，见图 5-6 左图；柜式空调器就安装在地面上，可以直接触摸得到，因此使用遥控器和按键双重控制，电路设有 6 个或以上按键，通常只使用按键即能对空调器进行全面的控制，见图 5-6 右图。

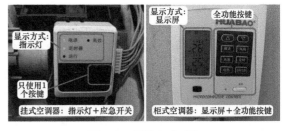

图 5-6　显示方式对比

2. 显示方式

见图 5-6，早期挂式空调器通常使用指示灯，柜式空调器通常使用显示屏，而目前的空调器（挂式和柜式）则通常使用显示屏或显示屏＋指示灯的形式。

3. 室内风机

挂式空调器室内风机普遍使用 PG 电机，见图 2-36，转速由光耦晶闸管通过改变交流电压有效值来改变，因此设有过零检测电路、PG 电机驱动电路、霍尔反馈电路共 3 个单元电路。

柜式空调器室内风机（离心电机）普遍使用抽头电机，见图 5-7，转速由继电器通过改变电机抽头的供电来改变，因此只设有继电器电路 1 个单元电路，取消了过零检测和霍尔反馈 2 个单元电路。

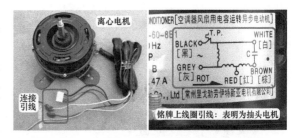

图 5-7　柜式空调器室内风机为抽头电机

4. 风向调节

见图 5-8 左图，挂式空调器通常使用步进电机控制导风板的上下转动，左右导风板只能手动调节，步进电机为直流 12V 供电，由反相驱动器驱动。

而柜式空调器则正好相反，见图 5-8 右图，使用同步电机控制导风板的左右转动，上下导风板只能手动调节，同步电机为交流 220V 供电，由继电器驱动。

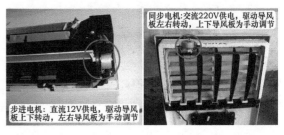

图 5-8　风向调节对比

5. 辅助电加热

见图 5-9，挂式空调器辅助电加热功率小，400～800W；而柜式空调器使用的辅助电加热通常功率比较大，1200～2500W。

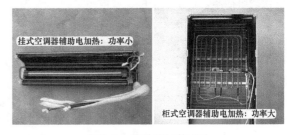

图 5-9　辅助电加热对比

第 2 节　电控系统组成和单元电路

本节主要以美的 KFR-51LW/DY-GA（E5）柜式空调器室内机主板为基础，简单介绍目前柜式空调器单元电路，如无特别说明，单元电路原理图和实物图均为美的 KFR-51LW/DY-GA（E5）室内机主板和显示板。

由于柜式空调器电控系统的主板单元电路和挂式空调器工作原理基本相同，因此本节只详细介绍与挂式空调器单元电路不同的地方。

一、电控系统组成和电路板主要元件

电控系统主要由室内机主板、显示板、传感器、变压器、室内风机、同步电机等主要元件组成。

1. 电控盒主要部件

见图 5-10，此机电控盒位于离心风扇上方，设有室内机主板、变压器、室内风机启动电容、压缩机继电器、辅助电加热继电器（2 个）、室内外机接线端子等。

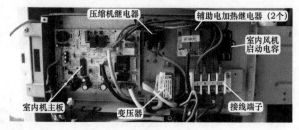

图 5-10　电控盒主要部件

> **说明**
>
> 压缩机继电器和辅助电加热继电器设计位置根据机型不同而不同，比如有些品牌空调器则安装在室内机主板上面。

2. 室内机主板主要元件和插座

见图 5-11。

主要元件：CPU、晶振、反相驱动器、7805、整流二极管、滤波电容、蜂鸣器、5A 保险管、压敏电阻、PTC 电阻、室外风机继电器、四通阀线圈继电器、同步电机继电器、室内风机高风和低风继电器。

插座：变压器一次绕组插座、变压器二次绕组插座、显示板插座、室内环温和管温传感器插座、室外管温传感器插座、压缩机继电器线圈插座、辅助电加热继电器线圈插座、室外风机接线端子、四通阀线圈接线端子、交流电源 L 输入接线端子、交流电源 N 输入接线端子、室内风机插座、同步电机插座。

3. 显示板主要元件和插座

见图 5-12。

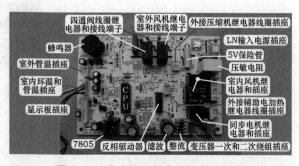

图 5-11　室内机主板主要元件和插座

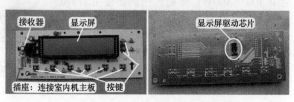

图 5-12　显示板主要元件和插座

主要元件：接收器、显示屏、按键、显示屏驱动芯片。

插座：只有 1 个，连接至室内机主板。

二、室内机主板方框图

柜式空调器室内机主板和挂式空调器主板一样，均由单元电路组成，图 5-13 为室内机主板电路方框图，主要分为四部分电路。

（1）电源电路和 CPU 三要素电路。

（2）输入部分单元电路：传感器电路（室内环温、室内管温、室外管温）、按键电路、接收器电路。

（3）输出部分单元电路：显示电路、蜂鸣器电路、继电器电路（室内风机、同步电机、辅助电加热、压缩机、室外风机、四通阀线圈）。

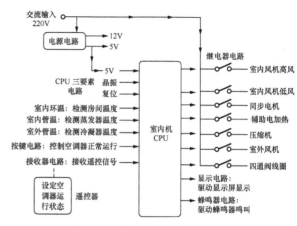

图 5-13　室内机主板电路方框图

　　单元电路根据空调器电控系统设计不同而不同，如部分柜式空调器室内机主板输入部分还设有电流检测电路、存储器电路等。

三、单元电路

1. 电源电路

电路原理图见图 5-14，实物图见图 5-15。工作原理和挂式空调器相同，主要为室内机主板提供直流 12V 和直流 5V 电压。

交流电源输入 L 端和 N 端分别经 5A 保险管和 PTC 电阻送至变压器一次绕组插座 CN5，变压器将交流 220V 降至约 12V 后，经二次绕组插座 CN2 送至室内机主板上由 D6 ～ D9 组成的桥式整流电路，成为脉动直流电，再经主滤波电容 E7（2200μF）滤波，成为纯净的直流 12V 电压，为 12V 负载供电；其中 1 个支路送至 IC1（7805）①脚的输入端，经内部电路稳压后，其③脚输出端输出稳定的直流 5V 电压为 5V 负载供电。R33 和 R32 并联，作为限流电流串接在直流 12V 正极供电回路。

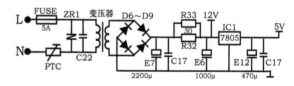

图 5-14　电源电路原理图

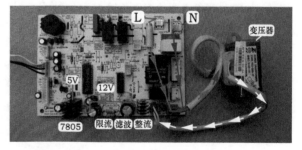

图 5-15　电源电路实物图

2. CPU 三要素电路

（1）CPU 引脚功能

CPU 型号：MC68HC908，美的厂家掩膜为 JL8CSPE6L39J，简称"JL8"，适用于单相或三相供电的柜式空调器电控系统，共有 32 个引脚，引脚功能见表 5-1。

表 5-1   JL8 引脚功能

输入引脚			输出引脚		
引脚	英文代号	功能	引脚	英文代号	功能
㉖	SW-KEY	按键开关	㉕、㉘、㉙	CS、CR、DATA	显示屏
㉗	REC	遥控器信号	⑯、⑲	BUZ	蜂鸣器
㉑	room	室内环温	②	STEP	同步电机
㉒	pipe	室内管温	⑥	FAN-IN-H	室内风机高风
⑳	outside	室外管温	⑧	FAN-IN-L	室内风机低风
14、15：机型选择			⑬	HEAT	辅助电加热
本机未用：23-24背景灯，12曲轴箱加热			⑨	COMP	压缩机
18：室外机保护，本机直接接地			⑩	FAN-OUT	室外风机
17接地，31空，1和32通过电容接地			⑪	VALVE	四通阀线圈
⑦	VDD	5V供电	④	X2	晶振
③	VSS	地	⑤	X1	晶振
			㉚	RST	复位

CPU三要素电路

（2）主板反面

见图 5-16，本机（或其他型号空调器目前的机型）室内机主板反面大量使用贴片元件，可降低成本并提高稳定性。

此处需要说明的是，在本节的单元电路实物图中，只显示正面的元件，如果实物图与单元电路原理图相比，缺少电阻、电容、二极管等元件，是这些元件使用贴片元件，安装在室内机主板反面。

（3）工作原理

电路原理图见图 5-17，实物图见图 5-18。工作原理和挂式空调器相同，为 CPU 提供必要的工作条件。

7805 输出的直流 5V 电压直供 CPU ⑦脚电源引脚，XT2 晶振和 CPU 内部电路共同产生稳定的 4MHz 晶振时钟信号，复位电路将 CPU 内部程序清零。

3. 遥控信号接收电路

（1）连接引线

见图 5-19，室内机主板和显示板使用 1 束 7 根的连接线连接，从右图可以看出，室内机主板插座上有 2 个引针未安装引线。

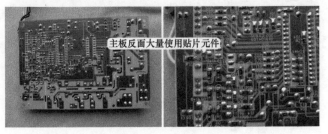

图 5-16   主板反面

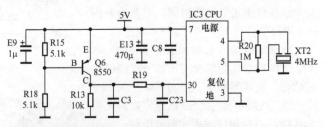

图 5-17   CPU 三要素电路原理图

图 5-18   CPU 三要素电路实物图

（2）插座引针功能

实物见图 5-20，室内机主板插座代号为 CN22，共有 9 个引针，其中有 2 个为空针不起作用；显示板插座代号为 CN1，共有 7 个引针，和 CN22 插座的引针一一对应，引针功能见表 5-2。

（3）工作原理

电路原理图见图 5-21，实物图见图 5-22。工作原理和挂式空调器相同，为 CPU 提供遥控信号。

遥控器发射含有经过编码的调制信号以 38kHz 为载波频率，发送至位于显示板上的接收器 REC，REC 将光信号转换为电信号，并进行放大、滤波、整形，经 R29 送至 CPU ㉗脚，CPU 内部电路解码后得出遥控器的按键信息，从而对电路进行控制；CPU 每接收到遥控信号后会控制蜂鸣器发出声音予以提示。

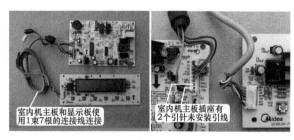

图 5-19 主板和显示板连接引线

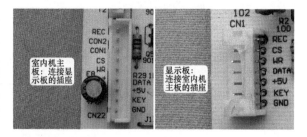

图 5-20 插座引针英文代号

表 5-2　　　　　　　　　　　　　插座引针功能

CN22	CN1	功能	CN22	CN1	功能
REC	REC	遥控信号，送至CPU㉗脚	WR	WR	晶振，连接CPU和驱动芯片
CON2		显示屏背景灯光	DATA	DATA	数据，连接CPU和驱动芯片
CON1		控制，本机未用	5V	5V	5V，主板为显示板供电正极
CS	CS	片选，连接CPU和驱动芯片	KEY	KEY	按键信号，送至CPU㉖脚
			GND	GND	地，主板为显示板供电负极

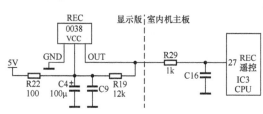

图 5-21 接收器电路原理图

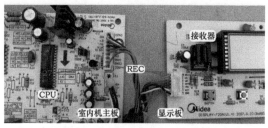

图 5-22 接收器电路实物图

4. 按键电路

（1）室内机操作面板按键

共有 8 个按键，见图 5-23，其中 6 个为主要功能按键，即开/关、模式、风速、上调、下调、辅助功能；2 个为辅助按键，即试运行和锁定。

（2）显示板按键

见图 5-24，相对应显示板也设有 8 个按键，和室内机操作面板一一对应，8 个按键实物外形相同。

图 5-23 操作面板按键

（3）工作原理

按键电路原理图见图 5-25，实物图见图 5-26，按键状态与 CPU 引脚电压的对应关系见表 5-3。

功能按键设有 8 个，而 CPU 只有㉖脚这 1 个引脚检测按键，基本工作原理为分压电路，上分压电阻为 R38，按键和串联电阻为下分压电阻，CPU ㉖脚根据电压值判断按下按键的功能，从而对整机进行控制。

比如㉖脚电压为 2.5V 时，CPU 通过计算，得出"上调"键被按压一次，控制显示屏的设定温度上升一度，同时与室内环温传感器温度相比较，控制室外机负载的工作与停止。

（4）常见故障

常见故障是按键触点内阻阻值变大，按键内阻阻值和串联电阻成为下分压电阻，按键按下时㉖脚电压改变，CPU 通过电压值计算出对应的按键，出现操作控制错误的故障。

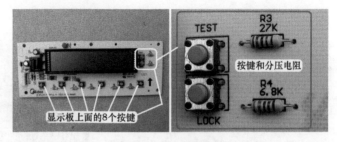
图 5-24　显示板按键

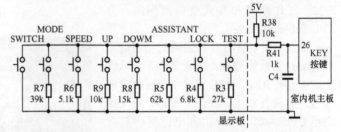
图 5-25　按键电路原理图

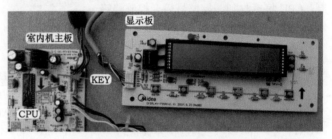
图 5-26　按键电路实物图

表 5-3　　　　　　　　　　　按键状态与 CPU 引脚电压对应关系

按键英文	中文名称	按下时CPU电压	按键英文	中文名称	按下时CPU电压
SWITCH	开/关	0V	DOWN	下调	3V
MODE	模式	3.96V	ASSISTANT	辅助功能	4.3V
SPEED	风速	1.7V	LOCK	锁定	2V
UP	上调	2.5V	TEST	试运行	3.6V
未按压任何按键，CPU㉖脚电压为直流5V					

比如风速（SPEEED）按键，按键时正常阻值为 0Ω，CPU ㉖脚电压为 1.7V；但当空调器使用一段时间以后，按键触点接触不良，即内阻阻值变大，假如内阻约为 5kΩ，按压风速按键时，下分压电阻 = 5kΩ（内阻阻值）+5.1kΩ（串联电阻阻值），㉖脚电压约为 2.5V，CPU 通过计算，判断按下的按键为"上调"键，出现控制错误的故障。

5. 显示电路

（1）显示屏驱动芯片 1621B

LCD 显示屏使用的驱动芯片为 1621B。1621B 是 128（32×4）点阵式存储器映射多功能 LCD 驱动集成电路，共有 48 个引脚，在本机应用时有许多为空脚，主要引脚见表 5-4。

1621B 的⑨脚为片选信号输入端，由 CPU ㉕脚控制，引脚为高电平时，数据不能读入和写出，并且串行数据接口电路复位；引脚为低电平时，室内机主板 CPU 和 1621B 之间可以传输数据和命令。

表 5-4　　　　　　　　　　　　1621B 主要引脚功能

⑨	CS	片选，接CPU（25）	供电引脚		输出端：㉑、㉒、㉓、㉔、⑧、⑥、④、②、
⑪	WR	晶振，接CPU（28）	⑯、⑰	5V	①、㊽、㊻、㊹、㊷、㊵、㊳、㊱、㉞、㉜
⑫	DATA	数据，接CPU（29）	⑬	地	共18个引脚，驱动显示屏

⑪脚为晶振信号输入端，由 CPU ㉘脚控制。⑫脚为串行数据的输入和输出，和 CPU ㉙脚相连，CPU 输出的显示命令就是由此脚发出。

（2）显示原理

见图 5-27，上电时，CPU 片选引脚为高电平，对 1621B 进行复位，显示屏字符全部显示，约 2s 后全灭，进入正常的待机状态；当 CPU 需要控制显示屏显示字符时，㉕脚片选 1621B ⑨脚，CPU ㉘向 1621B ⑪脚发送晶振信号，将需要显示字符的命令由 CPU ㉙脚输出，送至 1621B ⑫脚，1621B 处理后，驱动显示屏按 CPU 命令显示相应的字符。

6. 传感器电路

（1）传感器安装位置和实物外形

① 室内环温传感器

见图 5-28，室内环温传感器固定在离心风扇进风口的罩圈上面，作用是检测室内房间温度。

② 室内管温传感器

见图 5-29，室内管温传感器检测孔焊接在蒸发器的管壁上面，作用是检测蒸发器温度。

③ 室外管温传感器

见图 5-30，室外管温传感器检测孔焊在冷凝器管壁上面，作用是检测冷凝器温度。

④ 实物外形

见图 5-31，传感器均只有 2 根引线，不同的是，室内环温传感器使用塑封探头，室内管温和室外管温传感器使用铜头探头。

（2）工作原理

电路原理图见图 5-32，实物图见图 5-33，工作原理和挂式空调器相同，为 CPU 提供温度信号。

传感器为负温度系数的热敏电阻，与下偏置电阻（R7、R8、R6）组成分压电路，传感器温度变化时，阻值也随之变化，分压点电压即 CPU 引脚电压也随之改变，CPU 根据引脚（㉑、㉒、⑳）电压值计算出室内环温、室内管温、室外管温传感器的实际温度值，从而对整机电控系统进行控制。

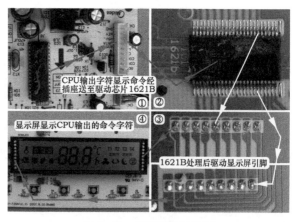

图 5-27　显示屏驱动流程

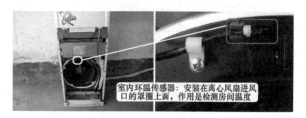

图 5-28　室内环温传感器安装位置

图 5-29　室内管温传感器安装位置

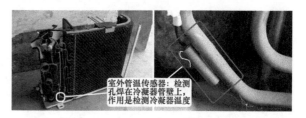

图 5-30　室外管温传感器安装位置

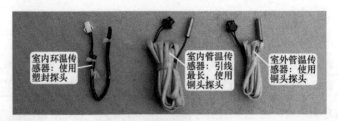

图 5-31　3 个传感器实物外形

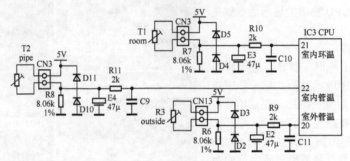

图 5-32　传感器电路原理图

7. 蜂鸣器驱动电路

电路原理图见图 5-34，实物图见图 5-35。

作用主要是提示已接收遥控信号或按键信号，并且已处理。和挂式空调器的蜂鸣器单元电路不同的是，本机使用蜂鸣器发出的声音为和弦音，而不是单调"滴"的一声。

CPU 设有 2 个引脚（⑯、⑲）输出信号，经过 Q3、Q2、Q1 共 3 个三极管放大后，驱动蜂鸣器发出预先录制的声音。

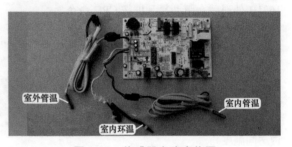

图 5-33　传感器电路实物图

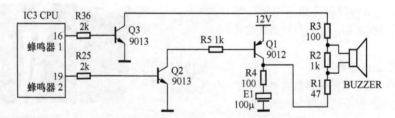

图 5-34　蜂鸣器驱动电路原理图

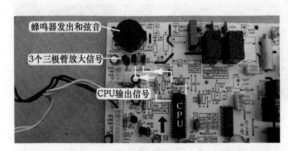

图 5-35　蜂鸣器驱动电路实物图

8. 同步电机驱动电路

电路原理图见图 5-36，实物图见图 5-37，CPU 引脚电压与同步电机状态的对应关系见表 5-5。

CPU ②脚为同步电机控制引脚，当 CPU 接收到信号需要控制同步电机运行时，引脚电压由低电平 0V 变为高电平 5V，送到反相驱动器 IC4 的⑦脚，IC4 内部电路翻转，⑩脚为低电平约 0.8V，继电器 RY6 线圈电压约 11.2V，产生电磁吸力使触点闭合，同步电机线圈接通交流电源 220V，电机转子开始转动，带动左右导风板旋转；如 CPU 需要控制停止运行时，②脚变为低电平 0V，反相驱动器停止工作，RY6 线圈电压为直流 0V，触点断开，同步电机因无供电也停止运行。

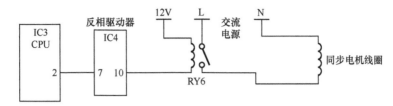

图 5-36　同步电机驱动电路原理图

9. 室内风机驱动电路

（1）调速原理

柜式空调器室内风机用于驱动离心风扇，通常使用抽头电机调速，本机室内风机型号为 YDK60-8E，2 挡风速即高速和低速，线圈同样由运行绕组 R 和启动绕组 S 组成，与单速电机线圈相比，启动绕组由 S1 和 S2 组成，S1 绕组又称为中间绕组，用来调节转速。线圈引线中灰线为高速，红线为低速。

图 5-37　同步电机驱动电路实物图

表 5-5　　　　　CPU 引脚电压与同步电机状态对应关系

CPU②脚	IC4⑦脚	IC4⑩脚	RY6线圈电压	触点状态	同步电机
5V	5V	0.8	11.2V	闭合	工作
0V	0V	12V	0V	断开	停止

① 高速

当交流电源 L 端为灰线抽头供电时，灰黑引线为运行绕组，灰棕引线为启动绕组，室内风机工作在高速状态。

② 低速

当交流电源 L 端为红线抽头供电时，红黑引线为运行绕组，红棕引线为启动绕组，相当于将启动绕组中 S1 部分串联至运行绕组、减少启动绕组线圈的匝数，使得定子与转子气隙中形成的旋转磁势幅值降低，引起电机输出的力矩下降，因此室内风机的转速下降，工作在低速状态。

（2）工作原理

电路原理图见图 5-38，实物图见图 5-39，CPU 引脚电压与室内风机状态的对应关系见表 5-6。

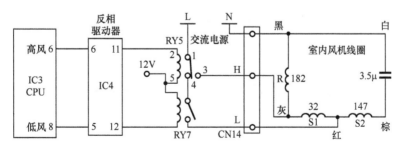

图 5-38　室内风机驱动电路原理图

由于室内风机只有 2 挡转速，相对应的室内机主板设有 2 个继电器，CPU 的室内风机控制引脚设有 2 个。

当 CPU 需要控制室内风机高速运行时，⑥脚变为高电平 5V（此时⑧脚电压为 0V），送至反相驱动器 IC4 的⑥脚，IC4 的⑪脚为低电平约 0.8V，继电器 RY5 线圈电压约为直流 11.2V，产生电磁吸力使常开触点（1-3）闭合，电源 L 端为灰线抽头供电，室内风机工作在高速状态。

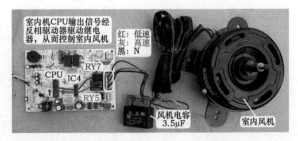

图 5-39　室内风机驱动电路实物图

表 5-6　　　　　　　　　　　　　　CPU 引脚电压与室内风机状态对应关系

CPU引脚	反相驱动器		继电器线圈	触点状态	室内风机状态
⑥脚：5V	⑥脚：5V	⑪脚：0.8V	RY5：11.2V	RY5：1-3闭合	L端为灰线抽头供电，高速运行
⑧脚：0V	⑤脚：0V	⑫脚：12V	RY7：0V	RY7：断开	
⑥脚：0V	⑥脚：0V	⑪脚：12V	RY5：0V	RY5：1-4闭合	L端为红线抽头供电，低速运行
⑧脚：5V	⑤脚：5V	⑫脚：0.8V	RY7：11.2V	RY7：闭合	
⑥脚：0V	⑥脚：0V	⑪脚：12V	RY5：0V	RY5：1-3断开	抽头无L端供电，电机停止运行
⑧脚：0V	⑤脚：0V	⑫脚：12V	RY7：0V	RY7：断开	

当 CPU 需要控制室内风机低速运行时，⑧脚变为高电平 5V（此时⑥脚电压为 0V），经反相驱动器放大后，使得继电器 RY7 触点闭合，电源 L 端经 RY5 常闭触点（1-4）、RY7 触点为红线抽头供电，室内风机工作在低速状态。

如果 CPU（⑥脚和⑧脚电压同时为 0V，室内风机停止运行；RY5 继电器设有常开和常闭触点，可防止 CPU 在控制风速转换的瞬间，同时为高速和低速抽头供电。

10. 辅助电加热驱动电路

作用是在冬季制热模式，控制电加热器的工作与停止，从而提高制热效果。由于电加热器功率比较大，因此使用 2 个继电器，并且单独设 1 个小板，位于电控盒上面。

（1）N 端继电器

2 个继电器触点分别控制交流电源 L 端和 N 端，其中 N 端继电器线圈和压缩机继电器线圈并联，也就是说，无论是制冷模式还是制热模式，只要 CPU 控制压缩机工作，N 端继电器也开始工作，但由于 L 端继电器未工作，辅助电加热同样处于停止状态。

N 端继电器线圈与压缩机继电器线圈并联，使辅助电加热工作在压缩机运行之后，并且可在制热防过载保护中关闭压缩机，同时关闭辅助电加热，相比之下多了一道保护功能。

（2）工作原理

电路原理图见图 5-40，实物图见图 5-41，CPU 引脚电压与辅助电加热状态对应关系见表 5-7。

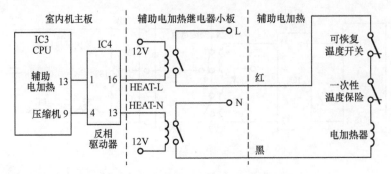

图 5-40　辅助电加热驱动电路原理图

图 5-41　辅助电加热驱动电路实物图

表 5-7　　　　　　　　　　　CPU 引脚电压与辅助电加热状态对应关系

CPU	反相驱动器		继电器线圈电压	触点状态	辅助电加热状态
⑬脚：5V	①脚：5V	⑯脚：0.8V	L端：11.2V	闭合	开启
⑨脚：5V	④脚：5V	⑬脚：0.8V	N端：11.2V	闭合	
⑬脚：5V	①脚：5V	⑯脚：0.8V	L端：11.2V	闭合	关闭
⑨脚：0V	④脚：0V	⑬脚：12V	N端：0V	断开	
⑬脚：0V	①脚：0V	⑯脚：12V	L端：0V	断开	关闭
⑨脚：5V	④脚：5V	⑬脚：0.8V	N端：11.2V	闭合	

空调器工作在制热模式，压缩机、室外风机、四通阀线圈首先工作，系统工作在制热状态，同时 N 端继电器触点闭合，接通 N 端电源。

当 CPU 接收到遥控器"辅助电加热开启"的信号或其他原因，需要控制辅助加热开启时，⑬脚变为高电平 5V，送到反相驱动器 IC4 的①脚输入端，其对应输出端⑯脚为低电平约 0.8V，L 端继电器线圈电压约为直流 11.2V，产生电磁吸力使触点闭合，接通 L 端电压，经可恢复温度开关、一次性温度保险、电加热器与 N 端电源组成回路，辅助电加热开始工作；当 CPU 需要控制辅助电加热停止工作时，⑬脚变为低电平 0V，使得 L 端继电器触点断开，辅助电加热停止工作；在某种特定情况如"制热防过载保护"，CPU 控制压缩机停机时，辅助电加热也同时停止工作。

11. 室外机负载驱动电路

室外机负载为压缩机、室外风机、四通阀线圈，室内机主板设有 3 路相同的继电器电路用于单独控制，压缩机由于功率较大因而运行电流也比较大，相对应的继电器未安装在室内机主板上面，而是固定在电控盒内。

电路原理图见图 5-42，实物图见图 5-43，CPU 引脚电压与室外机负载状态的对应关系见表 5-8。

3 路继电器工作原理相同，以压缩机继电器为例。当 CPU ⑨脚电压为高电平 5V 时，至反相驱动器 IC4 的④脚输入端，其对应输出端⑬脚为低电平约 0.8V，继电器 RY3 线圈电压约为直流 11.2V，产生电磁吸力使触点闭合，

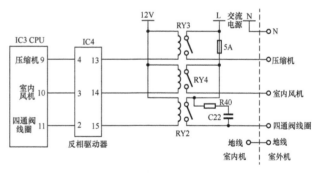

图 5-42　室外机负载驱动电路原理图

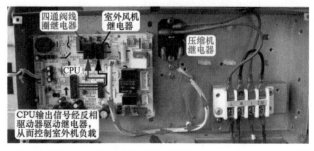

图 5-43　室外机负载驱动电路实物图

压缩机开始工作；当 CPU 需要控制压缩机停机时，其⑨脚变为低电平 0V，使得继电器 RY3 触点断开，压缩机因无交流电源而停机。

表 5-8　　　　　　　　CPU 引脚电压与室外机负载状态对应关系

CPU引脚	反相驱动器		继电器线圈电压	触点状态	负载状态
⑨脚：5V	④脚：5V	⑬脚：0.8V	RY3：11.2V	闭合	压缩机运行
⑨脚：0V	④脚：0V	⑬脚：0V	RY3：0V	断开	压缩机停止
⑩脚：5V	③脚：5V	⑭脚：0.8V	RY4：11.2V	闭合	室外风机运行
⑩脚：0V	③脚：0V	⑭脚：0V	RY4：0V	断开	室外风机停止
⑪脚：5V	②脚：5V	⑮脚：0.8V	RY2：11.2V	闭合	四通阀线圈开启
⑪脚：0V	②脚：0V	⑮脚：0V	RY2：0V	断开	四通阀线圈关闭

第 **6** 章
三相供电空调器电控系统

　　本章共分为 3 节，第 1 节介绍三相供电空调器电控系统基础知识，第 2 节分析相序电路，第 3 节分析压缩机电路的工作原理和检修流程。

　　部分 3P 和全部 5P 柜式空调器使用三相 380V 供电，相对于单相 220V 供电的空调器，其单元电路基本相同，只有部分电路不同，因此本章中相同单元电路不再重复分析，只对不同电路做简单介绍。三相供电的 3P 和 5P 空调器，单元电路和工作原理基本相同。

　　在本章中，如无特别说明，均以格力 KFR-120LW/E（1253L）V-SN5 三相空调器为基础进行分析。

第 1 节　三相柜式空调器

一、特点

1. 三相供电

　　1 ～ 3P 空调器通常为单相 220V 供电，见图 6-1 左图。供电引线共有 3 根：1 根相线（棕线）、1 根零线（蓝线）、1 根地线（黄绿线），相线和零线组成 1 相（单相 L-N）供电，即交流 220V。

　　部分 3P 或全部 5P 空调器为三相 380V 供电，见图 6-1 右图。供电引线共有 5 根：3 根相线、1 根零线、1 根地线。3 根相线组成三相（L1-L2、L1-L3、L2-L3）供电，即交流 380V。

2. 压缩机供电和启动方式

　　见图 6-2 左图，单相供电空调器 1 ～ 2P 压缩机通常由室内机主板上继电器触点供电、3P 压缩机由室外

单相220V供电：1相1零1地共3根引线　　三相380V供电：3相1零1地共5根引线

图 6-1　供电方式

单相3P：单触点交接供电　　三相5P：三触点交接供电，压缩机直接启动运行

压缩机：电容启动运行

图 6-2　启动方式

机单触点或双触点交流接触器（交接）供电，压缩机均由电容启动运行。

见图6-2右图，三相供电空调器均由三触点交流接触器供电，且为直接启动运行，不需要电容辅助启动。

二、三相供电和单相供电柜式空调器电控系统对比

常见三相供电柜式空调器制冷量为7000W（3P）或12000W（5P），其电控系统单元电路和单相供电的柜式空调器基本相同，室内机主板实物外形对比见图6-3。本节示例机型选用美的KFR-71LW/SDY-S3三相供电的柜式空调器，对比机型选用美的KFR-51LW/DY-GA（EA）单相供电的柜式空调器。

使用三相供电的柜式空调器，和使用单相供电的柜式空调器相比，虽然单元电路基本相同，但也具有独自的特点，区别如下。

1. 室外机

（1）压缩机启动方式

见图6-4。目前三相柜式空调器通常使用涡旋式压缩机，早期使用活塞式压缩机，均为直接启动运行；而单相供电空调器通常使用旋转式压缩机，由电容启动运行。

（2）交流接触器

见图6-5。三相空调器相线共有3根，直供压缩机线圈，因此使用三触点式交流接触器；而单相空调器交流电源共使用2根引线，且在实际应用时零线N直接连接压缩机运行绕组，只控制相线L的接通与断开，通常使用双极式或单极式交流接触器（只有2组触点）。

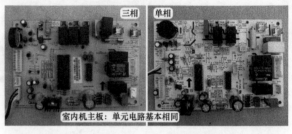

图6-3　三相供电和单相供电柜式空调器室内机主板对比

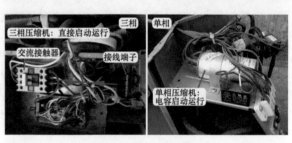

图6-4　启动方式对比

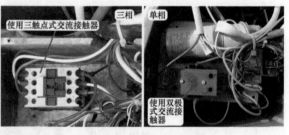

图6-5　交流接触器对比

图6-5右图为美的KFR-72LW/DY-F（E4）柜式空调器室外机电控系统，2P空调器室外机通常不设交流接触器。

（3）电路板

由于使用涡旋式压缩机的空调器三相供电相序不能错误，见图6-6，因此室外机必定设有电路板，最简单的电路板也得具有相序检测功能；而单相空调器室外机则通常未设计电路板，只有压缩机电容和室外风机电容。

单相空调器室外机通常不设电路板

图6-6　室外机电路板对比

2. 室内机主板

(1) 室外机电路板接口电路

见图 6-7。由于三相柜式空调器的室外机设有电路板，通常在室内机主板也设有室外机电路板的接口电路；而单相空调器由于没有设计室外机主板，因此未设计接口电路。

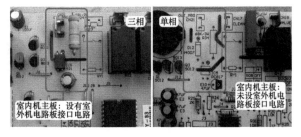

图 6-7　室内机主板上室外机接口电路对比

> 如果室外机电路板只具有相序检测功能，则室内机主板不用再设计接口电路。

(2) 压缩机继电器

三相柜式空调器压缩机由于功率大，使用交流接触器供电，见图 6-8。室内机主板的压缩机继电器只是为交流接触器的线圈供电，因此外观和室外风机使用的继电器相同；而单相空调器压缩机相对功率小，通常使用继电器触点直接供电，因此压缩机继电器比室外风机使用的继电器，体积要大一些。

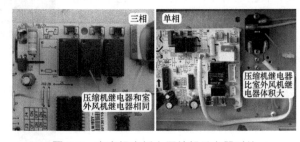

图 6-8　室内机主板上压缩机继电器对比

> 3P 单相柜式空调器，压缩机供电也使用交流接触器。

3. 三相压缩机

(1) 实物外形

部分 3P 和 5P 柜式空调器使用三相电源供电，对应压缩机有活塞式和涡旋式 2 种，实物外形见图 6-9。活塞式压缩机只使用在早期的空调器，目前空调器基本上全部使用涡旋式压缩机。

(2) 端子标号

见图 6-10，三相供电的涡旋式压缩机及变频空调器的压缩机，线圈均为三相供电，压缩机引出 3 个接线端子，标号通常为 T1-T2-T3、U-V-W、R-S-T 或 A-B-C。

(3) 测量接线端子阻值

三相供电压缩机线圈内置 3 个绕组，3个绕组的线径和匝数相同，因此 3 个绕组的阻值相等。

使用万用表电阻挡测量 3 个接线端子

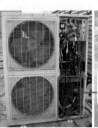

图 6-9　活塞式和涡旋式压缩机

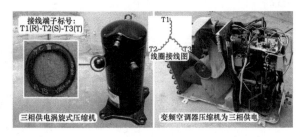

图 6-10　三相压缩机

之间阻值，见图 6-11，T1-T2、T1-T3、T2-T3 阻值相等，即 T1-T2=T1-T3=T2-T3，阻值均为 3Ω 左右。

4. 相序电路

因涡旋式压缩机不能反转运行，电控系统均设有相序保护电路。相序保护电路由于知识点较多，单设 1 节进行说明，见本章第 2 节。

5. 保护电路

由于三相供电空调器压缩机功率较大，为使其正常运行，通常在室外机设计了很多保护电路。

（1）电流检测电路

电流检测电路的作用是为了防止压缩机长时间运行在大电流状态，见图 6-12 左图，根据品牌不同，设计方式也不相同，如格力空调器通常检测 2 根压缩机引线，美的空调器检测 1 根压缩机引线。

（2）压力保护电路

压力保护电路的作用是为了防止压缩

图 6-11　测量接线端子阻值

图 6-12　电流检测和压力开关

机运行时高压压力过高或低压压力过低，见图 6-12 右图。根据品牌不同，设计方式也不相同，如格力或目前海尔空调器同时设有压缩机排气管压力开关（高压开关）和吸气管压力开关（低压开关），美的空调器通常只设有压缩机排气管压力开关。

（3）压缩机排气温度开关或排气传感器

见图 6-13。压缩机排气温度开关或排气传感器的作用是为了防止压缩机在温度过高时长时间运行。根据品牌不同，设计方式也不相同。美的空调器通常使用压缩机排气温度开关，在排气管温度过高时其触点断开进行保护；格力空调器通常使用压缩机排气传感器，CPU 可以实时监控排气管实际温度，在温度过高时进行保护。

图 6-13　排气管温度开关和排气传感器

6. 室外风机形式

见图 6-14。室外机通风系统中，1～3P 空调器通常使用单风扇吹风为冷凝器散热，5P 空调器通常使用双风扇散热，但部分品牌的 5P 室外机也使用单风扇散热。

图 6-14　室外风机形式

三、电控系统常见形式

1. 主控 CPU 位于显示板

见图 6-15，早期或目前格力空调器的电控系统中主控 CPU 位于显示板，CPU 和弱信号处理电路均位于显示板，是整个电控系统的控制中心；室内机主板只是提供电源电路、继电器电路、保护电路等。

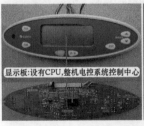

图 6-15　格力 KFR-120LW/E（1253L）V-SN5 空调器室内机主要器件

见图 6-16，室外机设有相序保护器（检测相序）、电流检测板（检测电流）、交流接触器（为压缩机供电）等器件。

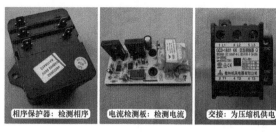

相序保护器：检测相序　　电流检测板：检测电流　　交接：为压缩机供电

图 6-16　格力 KFR-120LW/E（1253L）V-SN5 空调器室外机主要器件

2. 主控 CPU 位于主板

见图 5-4，电控系统中主控 CPU 位于主板，CPU 和弱信号电路、电源电路、继电器电路等均位于主板，是电控系统的控制中心。

显示板只是被动显示空调器的运行状态，根据品牌或机型不同，可使用指示灯或显示屏显示。

3. 主控 CPU 位于室内机主板和室外机主板

由于主控 CPU 位于室内机主板或室内机显示板时，室内机和室外机需要使用较多的引线（格力某型号 5P 空调器除电源线外还使用 9 根），来控制室外机负载和连接保护电路。

因此目前空调器通常在室外机主板设有 CPU，见图 5-5，且为室外机电控系统的控制中心；同时在室内机主板也设有 CPU，且为室内机电控系统的控制中心；室内机和室外机的电控系统只使用 4 根连接线（不包括电源线）。

第 2 节　相序电路

相序电路在三相供电的空调器是必备电路，本节以格力 KFR-120LW/E（1253L）V-SN5 空调器为基础，介绍三相供电和相序保护器的检测方法、更换原装相序保护器和代换通用相序保护器的步骤。

一、相序板工作原理

1. 应用范围

活塞式压缩机由于体积大、能效比低、振动大、高低压阀之间容易窜气等缺点，逐渐减少使用，多见于早期的空调器。因电机运行方向对制冷系统没有影响，使用活塞式压缩机的三相供电空调器室外机电控系统不需要设计相序保护电路。

涡旋式压缩机由于震动小、效率高、体积小、可靠性高等优点，使用在目前全部 5P 及部分 3P 的三相供电空调器。但由于涡旋式压缩机不能反转运行，其运行方向要与电源相位一致，因此使用涡旋式压缩机的空调器，均设有相序保护电路，所使用的电路板通常称为相序板。

2. 安装位置和作用

（1）安装位置

相序板在室外机的安装位置见图 6-17。

（2）作用

相序板的作用是在三相电源相序与压缩机运行供电相序不一致或缺相时断开控制电路，从而对压缩机进行保护。

相序板按控制方式一般有两种，见图 6-18 和图 6-19，即使用继电器触点和

格力空调器：相序保护器　　美的空调器：相序、电流检测电路板

图 6-17　安装位置

使用微处理器（CPU）控制光耦次级，输出端子一般串接在交流接触器的线圈供电回路或保护回路中，当遇到相序不一致或缺相时，继电器触点断开（或光耦次级断开），交流接触器的线圈供电随之被断开，从而保护压缩机；如果相序板串接在保护回路中，则保护电路断开，室内机CPU接收后对整机停机，同样可以保护压缩机。

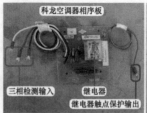

图 6-18 科龙和格力空调器相序板

3. 继电器触点式相序板工作原理

（1）电路原理图和实物图

相序保护器电路原理图见图 6-20，实物图见图 6-21，三相供电相序与压缩机状态的对应关系见表 6-1。

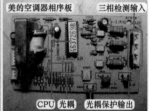

图 6-19 海尔和美的空调器相序板

表 6-1 三相供电相序与压缩机状态的对应关系

	RLY线圈交流电压	触点A-C状态	交流接触器线圈电压	压缩机状态
相序正常	195V	导通	交流220V	运行
相序错误	51V	断开	交流0V	停止
缺相	缺R：78V、缺S：94V、缺T：0V	断开	交流0V	停止

拆开格力空调器使用相序保护器的外壳，见图 6-21，可发现电路板由3个电阻、5个电容、1个继电器组成。外壳共有5个接线端子，R-S-T 为三相供电检测输入端，A-C 为继电器触点输出端。

当三相供电 L1-L2-L3 相序与压缩机工作相序一致时，继电器 RLY 线圈两端电压约为交流220V，线圈中有电流通过，产生吸力使触点 A-C 导通；当三相供电相序与压缩机工作相序不一致或缺相时，继电器 RLY 线圈电压低于交流 220V 较多，线圈通过的电流所产生的电磁吸力很小，触点 A-C 断开。

（2）相序保护器输入侧检测引线

见图 6-22，空气开关的电源引线送至室外机整机供电接线端子，通过5根引线与去室内机供电的接线端子并联，相序保护器输入端的引线接三相供电 L1-L2-L3 端子。

（3）相序保护器输出侧保护方式

涡旋式压缩机由交流接触器供电，三相供电触点的导通与断开由交流接触器线圈控制，交流接触器线圈工作电压为交流220V，见图 6-23。室内机主板输出相线 L 端压缩机黑线直供交流接触器线圈一端，交流接触器线圈 N 端引线接相序保护器，经内部继电器触点接室外机接线端子上 N 端。

当相序保护器检测三相供电顺序（相序）符合压缩机线圈供电顺序时，内部继电器触点闭合，

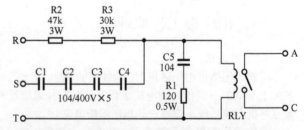

图 6-20 继电器触点式相序保护电路原理图

图 6-21 继电器触点式相序保护电路实物图

压缩机才能得电运行。

当相序保护器检测三相供电相序错误，内部继电器触点断开，即使室内机主板输出 L 端供电，但由于交流接触器线圈不能与 N 端构成回路，交流接触器线圈电压为交流 0V，三相供电触点断开，压缩机因无供电而不能运行，从而保护压缩机免受损坏。

图 6-22　输入侧检测引线

4. 微处理器（CPU）方式

美的 KFR-120LW/K2SDY 柜式空调器室外机相序板相序检测电路简图见图 6-24，电路由光耦、微处理器（CPU）、电阻等元件组成。

三相供电 U（A）、V（B）、W（C）经光耦（PC817）分别输送到 CPU 的 3 个检测引脚，由 CPU 进行分析和判断，当检测三相供电相序与内置程序相同（即符合压缩机运行条件）时，控制光耦（MOC3022）次级侧导通，相当于继电器触点闭合；当检测三相供电相序与内置程序不同时，控制光耦次级截止，相当于继电器触点断开。

5. 各品牌空调器出现相序保护时故障现象

三相供电相序与压缩机运行相序不同时，电控系统会报出相应的故障代码或出现压缩机不运行的故障，根

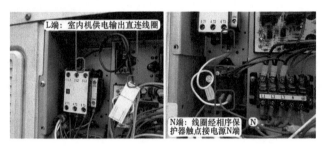

图 6-23　输出侧保护方式

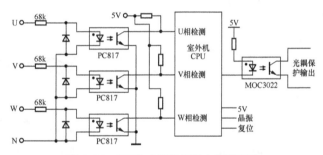

图 6-24　CPU 式相序保护电路原理图

据空调器设计不同所出现的故障现象也不相同，以下是几种常见品牌的空调器相序保护串接形式。

（1）海信、海尔、格力：相序保护电路大多串接在压缩机交流接触器线圈供电回路中，所以相序错误时室外风机运行，压缩机不运行，空调器不制冷，室内机不报故障代码。

（2）美的：相序保护电路串接在室外机保护回路中，所以相序错误时室外风机与压缩机均不运行，室内机报故障代码为"室外机保护"。

（3）科龙：早期柜式空调器相序保护电路串接在室内机供电回路中，所以相序错误时室内机主板无供电，上电后室内机无反映。

由此可见，同为相序保护，由于厂家设计不同，表现的故障现象差别也很大，实际检修时要根据空调器电控系统设计原理，检查故障根源。

二、三相供电检测方法

相序保护器具有检测三相供电缺相和相序功能，判断三相供电相序是否符合涡旋式压缩机线圈供电顺序时，应首先测量三相供电电压，再按压交流接触器强制按钮检测相序是否正常。

1. 测量接线端子三相供电电压

（1）测量三相相线之间电压

使用万用表交流电压挡，见图 6-25，分 3 次测量三相供电电压，即 L1-L2 端子、L1-L3 端

子、L2-L3 端子，3 次实测电压应均为交流 380V，才能判断三相供电正常。如实测时出现 1 次电压为交流 0V、交流 220V 或低于交流 380V 较多，均可判断为三相供电电压异常，相序保护器检测后可能判断相序异常或供电缺相，控制继电器触点断开。

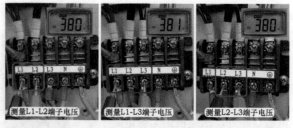

图 6-25　测量三相相线之间电压

（2）测量三相相线与 N 端电压

测量三相供电电压，除了测量三相 L1-L2-L3 端子之间电压，还应测量三相与 N 端子电压辅助判断，见图 6-26，即 L1-N 端子、L2-N 端子、L3-N 端子，3 次实测电压应均为交流 220V，才能判断三相供电及零线供电正常。如实测时出现 1 次电压为交流 0V、交流 380 或低于交流 220V 较多，均可判断三相供电电压或零线异常。

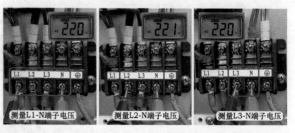

图 6-26　测量三相相线与 N 端电压

2. 判断三相供电相序

三相供电电压正常，为判断三相供电相序是否正确时，可使用螺丝刀头等物品按压交流接触器上强制按钮，强制为压缩机供电，根据压缩机运行声音、吸气管和排气管温度、系统压力来综合判断。

（1）相序错误

三相供电相序错误时，压缩机由于反转运行，因此并不做功，见图 6-27，主要故障现象如下。

● 压缩机运行声音沉闷。

● 手摸吸气管不凉、排气管不热，温度接近常温即无任何变化。

● 压力表指针轻微抖动，但并不下降，维持在平衡压力（即静态压力不变化）。

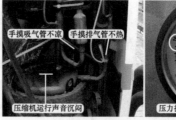

图 6-27　相序错误时故障现象

　　涡旋式压缩机反转运行时，容易击穿内部阀片（窜气故障）造成压缩机损坏，在反转运行时，测试时间应尽可能缩短。

（2）相序正常

由于供电正常，压缩机正常做功（运行），见图 6-28，主要故障现象如下。

● 压缩机运行声音清脆。

● 吸气管和排气管温度迅速变化，手摸吸气管很凉、排气管烫手。

● 系统压力由静态压力迅速下降至正常值约 0.45MPa。

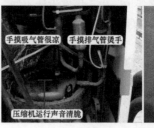

图 6-28　相序正常时现象

3. 相序错误时调整方法

常见有 2 种调整方法。

（1）对调电源接线端子引线顺序

见图 6-29，任意对调 2 根相线引线位置，对调 L1 和 L2 引线（黑线和棕线），三相供电相序即可符合压缩机运行相序。在实际维修时，或对调 L1 和 L3 引线，或对调 L2 和 L3 引线均可排除故障。

（2）对调压缩机和相序保护器引线

由于某种原因（如单位使用，找不到供电处的空气开关），不能断开空调器电

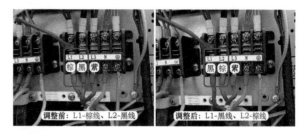

图 6-29　对调电源接线端子上引线顺序

源，此时在电源接线端子处对调引线有一定的危险性。实际维修时可同时对调压缩机引线和相序保护器输入侧引线，同样达到调整相序的目的。

调整前：见图 6-30 左图。交流接触器输出端子的压缩机引线顺序依次为：棕线、黑线、紫线，相序保护器输入侧引线依次为：棕线、黑线、紫线。

调整后的压缩机引线顺序：黑线、棕线、紫线，见图 6-30 中图。关闭空调器，此时交流接触器触点断开，下方的端子并无电压，相当于断开空调器电源。对调任意交流接触器输出端的 2 根引线顺序，使压缩机线圈供电顺序和电源供电顺序相同。

调整后的相序保护器引线顺序：黑线、棕线、紫线，见图 6-30 右图。对调压缩机引线使压缩机供电顺序和电源供电顺序相

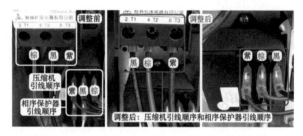

图 6-30　对调压缩机和相序保护器引线顺序

同后，压缩机可正常运行，但由于相序保护器检测错误，上电开机后依旧表现为室外风机运行但压缩机不运行，应再次对调相序保护器输入侧引线，使检测相序与电源供电顺序相同，输出侧的触点才会导通。注意：由于为通电状态，对调引线时应注意安全，可使用尖嘴钳子等辅助工具。

三、相序保护器检测方法和更换步骤

1. 相序保护器检测方法

判断相序保护器故障的前提是三相供电电压正常，并且三相供电相序符合压缩机供电相序。否则，判断相序保护器故障没有意义。三相供电相序正常时，相序保护器内部继电器触点闭合，在检修时可利用这一特性进行判断。常见有 3 种方法。

（1）使用万用表交流电压挡测量

见图 6-31 左图，红表笔接方形对接插头中压缩机黑线（L 端相线）、黑表笔接相序保护器输出侧触点前端蓝线即接线端子 N 端，正常电压为交流 220V，说明室内机主板已输出压缩机运行的控制电压。

见图 6-31 右图，接方形对接插头中黑线的红表笔不动，黑表笔改接相序保护器输出侧触点后端白线（接交流接触器线圈）。如实测电压为交流 220V，说明内部继电器触点闭合，可判断相序保护器正常；如实测电压为交流 0V，可判断相序保护器损坏。

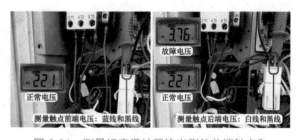

图 6-31　测量相序保护器输出侧的前端触点和后端触点电压

空调维修宝典（图解彩色版）

上述测量方法为正常开机时测量。如需要待机即上电不开机时测量，可将红表笔接室外机接线端子上 L1 端，黑表笔接相序保护器输出侧的蓝线和白线。

（2）使用万用表电阻挡测量

拔下相序保护器输出侧的蓝线和白线后，再将空调器通上电源，见图 6-32，红表笔和黑表笔接输出侧端子（A-C）。

正常阻值为 0Ω，说明内部触点闭合，可判断相序保护器正常。

故障阻值为无穷大，说明内部触点断开，可判断相序保护器损坏。

（3）短接相序保护器

图 6-32　测量相序保护器输出端触点阻值

在实际维修时，可将连接交流接触器线圈的白线直接连接至室外机接线端子上 N 端，见图 6-33，再次上电开机，如果压缩机开始运行，可确定相序保护器损坏。

此方法也可适用于确定相序保护器损坏，但暂时没有配件更换，而用户又着急使用空调器时的应急措施。并且应提醒用户，在更换配件前千万不能调整供电电源处的 3 根相线位置，否则会造成压缩机损坏。

2. 更换原装相序保护器步骤

（1）取下原机相序保护器，并将新相序保护器安装至原位置。

（2）查看相序保护器输入端共有 3 根引线，连接在接线端子上 L1-L2-L3。相序保护器输出侧端子共有 2 根引线，连接在接线端子 N 端和交流接触器线圈。

（3）见图 6-34，将 L1 端子棕线安装至输入侧 R 端子，将 L2 端子黑线安装至输入侧 S 端子，将 L3 端子紫线安装至输入侧 T 端子。

（4）见图 6-35 左图，输入侧 3 根引线插反时将引起压缩机不运行故障，出厂设计时这 3 根引线的长度也不相同，因此一般不会插错。

（5）见图 6-35 右图，将电源 N 端的蓝线和交流接触器线圈的白线插在输出侧端子，由于连接内部继电器触点，2 个端子不分正反。

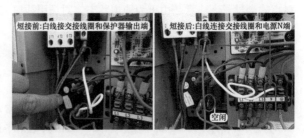

图 6-33　短接相序保护器

图 6-34　安装输入侧引线

四、使用通用相序保护器代换步骤

在实际维修中，如果原机相序保护器损坏，并且没有相同型号的配件更换时，可使用通用相序保护器代换，本节选用某品牌名称为"断相与相序保护继电器"，对代换步骤进行详细说明。

1. 通用相序保护器实物外形和接线图

通用相序保护器见图 6-36，由控制盒和接线底座组成，使用时将底座固定在室外机合适的位置，控制盒通过卡扣固定在底座上面。

图 6-37 左图为接线图，图 6-37 右图为接线底座上对应位置。输入侧 1-2-3 端子接三相供电 L1-L2-L3 端子，即检测引线。

输出侧 5-6 端子为继电器常开触点，相序正常时触点闭合；7-8 端子为继电器常闭触点，相序正常时触点断开。交流接触器线圈供电回路应串接在 5-6 端子。

2. 代换步骤

（1）输入侧引线

见图 6-38，将接线底座固定在室外机电控盒内合适的位置，由于 L1-L2-L3 端子连接原机相序保护器的引线较短，应准备 3 根引线，并将两端剥开适当的长度。

（2）安装输入侧引线

见图 6-39，将其中 1 根引线连接底座 1 号端子和 L1 端子、1 根引线连接底座 2 号端子和 L2 端子、1 根引线连接底座 3 号端子和 L3 端子，这样，输入侧引线全部连接完成。

注意：

接线端子上 L1-L2-L3 和底座上 1-2-3 的引线应使用螺丝刀拧紧固定螺丝。

（3）安装输出侧引线

见图 6-40 左图，原机交流接触器线圈的白线使用插头，因此将插头剪去，并剥开适合的长度接在底座 5 号端子；原机 N

图 6-35　安装输出侧引线

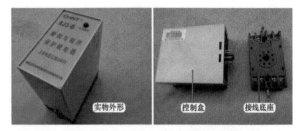

图 6-36　实物外形和组成

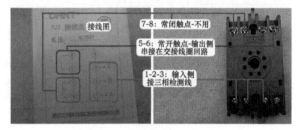

图 6-37　接线图和接线端子

图 6-38　安装底座和准备引线

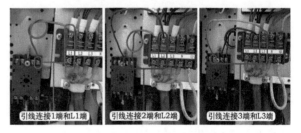

图 6-39　安装输入侧引线

端引线不够长，再使用另外 1 根引线连接底座 6 号端子和接线端子 N 端，这样输出侧引线也全部连接完成。注：底座 5 号和 6 号端子接继电器触点，连接引线时不分正反。

此时接线底座共有5根引线，见图6-40右图，1-2-3端子分别连接接线端子L1-L2-L3，5-6端子连接交流接触器线圈和接线端子N端子。

（4）固定控制盒和包扎未用接头

见图6-41，将控制盒安装在底座上并将卡扣锁紧，再使用防水胶布将未使用的原机L1、L2、L3、N共4个插头包好，防止漏电。

再将空调器通上电源，控制盒检测相序符合正常时，控制内部继电器触点闭合，并且顶部"工作指示"灯（红色）点亮；空调器开机后，交流接触器触点吸合，压缩机开始运行。

3. 压缩机不运行时调整方法

如果空调器上电后控制盒上"工作指示"灯不亮，开机后交流接触器触点不能吸合使得压缩机不能运行，说明三相供电相序与控制盒内部检测相序不相同。此时应当断开空调器电源，取下控制盒，见图6-42，对调底座接线端子输入侧的任意2根引线位置，即可排除故障，再次开机，压缩机开始运行。

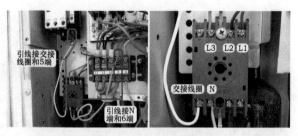

图6-40 安装输出侧引线

图6-41 固定控制盒和包扎引线

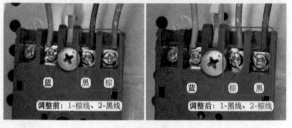

图6-42 相序错误时调整方法

原机只是相序保护器损坏，原机三相供电相序符合压缩机运行要求，因此调整相序时不能对调原机接线端子上引线，必须对调底座的输入侧引线。否则造成开机后压缩机反转运行，空调器不能制冷或制热，并且容易损坏压缩机。

第3节 压缩机单元电路

一、三相3P或5P空调器压缩机单元电路

1. 工作原理

格力KFR-120LW/E（1253L）V-SN5压缩机单元电路原理图见图6-43，实物图见图6-44，CPU引脚电压与压缩机状态的对应关系见表6-2。

CPU控制压缩机流程：CPU→反相驱动器→继电器→三触点交流接触器→压缩机。

当CPU需要控制压缩机运行时，显示板CPU⑰脚为高电平5V，经电阻R443和连接线送至COMP引针，再经主板上电阻R10送至反相驱动器IC1的③脚输入端，为高电平约2.4V，IC1内

部电路翻转，输出端⑭脚接地，电压约为 0.8V，继电器 RLY4 线圈电压约为直流 11.2V，产生电磁吸力使触点闭合，L1 端电压经 RLY4 触点至交流接触器线圈，与 N 构成回路，交流接触器线圈电压为交流 220V，产生电磁吸力使三端触点闭合，三相电源 L1、L2、L3 经交流接触器触点为压缩机线圈 T1、T2、T3 提供三相交流 380V 电压，压缩机运行。

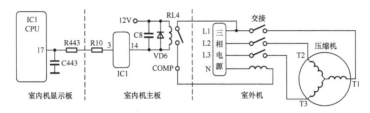

图 6-43　KFR-120LW/E（1253L）V-SN5 空调器压缩机单元电路原理图

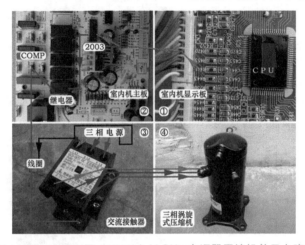

图 6-44　KFR-120LW/E（1253L）V-SN5 空调器压缩机单元电路实物图

表 6-2　　　　　　　　　　　CPU 引脚电压与压缩机状态对应关系

CPU	反相驱动器IC1		继电器RLY4		交流接触器		压缩机	
⑰脚	③脚	⑭脚	线圈电压	触点	线圈电压	触点	线圈电压	状态
DC 5V	DC 2.4V	DC 0.8V	DC 11.2V	闭合	AC 220V	闭合	AC 380V	运行
DC 0V	DC 0V	DC 12V	DC 0V	断开	AC 0V	断开	AC 0V	停止

当 CPU 的⑰脚为低电平 0V 时，IC1 的③脚也为低电平 0V，内部电路不能翻转，其对应⑭脚输出端不能接地，RLY4 线圈两端电压为直流 0V，触点断开，因而交流接触器线圈电压为交流 0V，其三路触点断开，压缩机停止工作。

2. **电路特点**

（1）压缩机由室外机的交流接触器触点供电，其室内机主板的继电器体积和室外风机、四通阀线圈继电器相同。

（2）室外机设有交流接触器，其主触点 3 路，有些品牌空调器的交流接触器还设有辅助触点。

（3）压缩机工作电压为 3 路交流 380V，供电直接送至室外机接线端子。

（4）压缩机线圈由供电直接启动运行，无须电容。

二、压缩机不运行时检修流程

1. **查看交流接触器按钮是否吸合**

压缩机线圈由交流接触器供电，在检修压缩机不运行故障时（见图 6-45），应首先查看交流接触器按钮是否吸合。

正常时交流接触器按钮吸合，说明控制电路正常，故障可能为交流接触器触点锈蚀或压缩机线圈开路故障，应进入第 2 检修流程。

故障时交流接触器按钮未吸合，说明室外机或室内机的电控系统出现故障，应检查控制电路，进入第 3 检修流程。

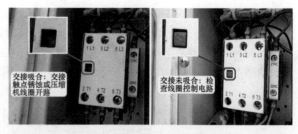

图 6-45　查看交流接触器按钮

2. 交流接触器按钮吸合时检修流程

如交流接触器按钮吸合，但压缩机不运行时，应使用万用表交流电压挡，见图 6-46，测量交流接触器输出端触点电压。

正常电压为 3 次测量均约为交流 380V，说明交流接触器正常，应检查压缩机线圈是否开路。三相压缩机线圈阻值正常时 3 次测量结果均相等。

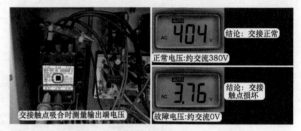

图 6-46　测量交流接触器输出端触点电压

故障电压为 3 次测量时有任意 1 次约为交流 0V，说明交流接触器触点锈蚀（开路），应更换同型号交流接触器。

3. 交流接触器触点未吸合时检修流程

（1）检查相序

相序保护器串接在交流接触器线圈回路，如果相序错误或缺相，也会引起交流接触器触点不能吸合的故障，见图 6-47。相序是否正常的简单判断方法是使用螺丝刀顶住交流接触器按钮并向里按压，听压缩机运行声音和手摸吸气管、排气管的温度来判断。

图 6-47　强制按压交流接触器按钮

正常时按下交流接触器按钮压缩机运行声音正常，手摸吸气管凉、排气管热，说明相序正常，应检查交流接触器线圈控制电路，进入下一检修流程。

故障时按下交流接触器按钮压缩机运行声音沉闷，手摸吸气管和排气管均为常温，为三相相序错误，对调三相供电中任意 2 根引线位置即可排除故障。

（2）区分室外机或室内机故障

使用万用表交流电压挡，见图 6-48，黑表笔接室外机接线端子上零线 N、红表笔接方形对接插头中压缩机黑线，测量电压。

正常电压为交流 220V，说明室内机主板已输出压缩机供电，故障在室外机电路，应进入第 4 检修流程。

故障电压为交流 0V，说明室内机未输出供电，故障在室内机电控系统或室内外机连接线，应进入第 5 检修流程。

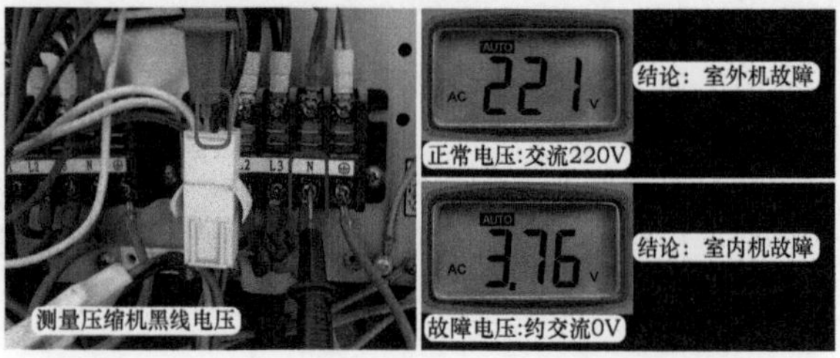

4. 室外机故障检修流程

（1）测量相序保护器电压

图 6-48　在室外机测量交流接触器线圈供电电压

使用万用表交流电压挡，见图 6-49，红表笔接方形对接插头中压缩机黑线、黑表笔接相序保护器输出侧的白线，相当于测量交流接触器线圈的 2 个端子电压。

正常电压为交流 220V，说明室内机主板输出的压缩机电压已送至交流接触器线圈端子，应测量交流接触器线圈阻值，进入下一检修流程。

故障电压为交流 0V，说明相序保护器未输出电压，故障为相序保护器损坏，应更换相序保护器。

（2）测量交流接触器线圈阻值

断开空调器电源，见图 6-50，使用万用表电阻挡测量交流接触器线圈阻值。

正常阻值约 550Ω，输出端无电压的原因为主触点锈蚀，即线圈通电时吸引动铁芯向下移动，但动触点和静触点不能闭合，输入端相线电压不能提供至压缩机线圈，此时应更换交流接触器。

故障阻值为无穷大，说明线圈开路损坏，此时应更换交流接触器。

图 6-49　测量交流接触器线圈电压

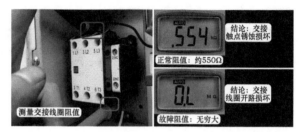

图 6-50　测量交流接触器线圈阻值

图 6-46 中为使图片表达清楚，直接测量交流接触器线圈端子，实际测量时不用取下交流接触器输入端和输出端的引线，表笔接相序保护器上白线和方形对接插头中黑线即可（见图 6-45）。

5. 室内机故障检修流程

（1）区分室内机故障和室内外机连接线故障

使用万用表交流电压挡，见图 6-51，黑表笔接室内机主板电源 N 端、红表笔接 COMP 端子黑线，测量电压。

正常电压为交流 220V，说明室内机主板已输出压缩机电压，故障在室内外机连接线中方形对接插头，应检查室内外机负载连接线。

故障电压为交流 0V，说明室内机主板未输出压缩机电压，故障在室内机主板或显示板，应进入下一检修流程。

（2）区分室内机主板和显示板故障

使用万用表直流电压挡，见图 6-52。黑表笔接室内机主板与显示板连接线插座中的 GND 引线、红表笔接 COMP 引线，测量电压。

图 6-51　测量室内机主板压缩机端子交流电压

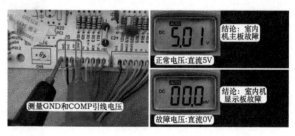

图 6-52　测量室内机主板压缩机引线直流电压

正常电压为直流 5V，说明显示板 CPU 已输出高电平的压缩机信号，故障在室内机主板，应更换室内机主板。

故障电压为直流 0V，说明显示板未输出高电平的压缩机信号，故障在显示板，应更换显示板。

第 7 章
变频空调器基础知识

第 1 节　变频空调器与定频空调器硬件区别

本节选用海信空调器两款机型，比较两类空调器硬件之间的相同点与不同点，使读者对变频空调器有初步的了解。定频空调器选用典型的机型 KFR-25GW，变频空调器选用 KFR-26GW/11BP，是一款最普通的交流变频空调器。

一、室内机

1. 外观

见图 7-1，两类空调器的进风格栅、进风口、出风口、导风板、显示板组件的设计形状和作用基本相同，部分部件甚至可以通用。

2. 主要部件设计位置

两类空调器的主要部件设计位置基本相同，见图 7-2，包括蒸发器、电控盒、接水盘、步进电机、导风板、贯流风扇和室内风机等。

3. 制冷系统

见图 7-3，两类空调器中设计相同，只有蒸发器。

4. 通风系统

两类空调器的通风系统使用相同形式的贯流风扇，见图 7-4，均由带有霍尔反馈功能的 PG 电机驱动，贯流风扇和 PG 电机在两类空调器中可以通用。

5. 辅助系统

接水盘和导风板在两类空调器中的设

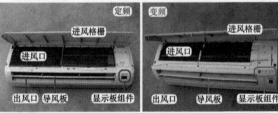

图 7-1　室内机

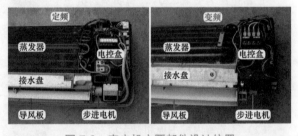

图 7-2　室内机主要部件设计位置

图 7-3　室内机制冷系统部件

计位置与作用相同。

6. 电控系统

两类空调器的室内机主板在控制原理方面的最大区别在于：定频空调器的室内机主板是整个电控系统的控制中心，对空调器整机进行控制，室外机不再设置电路板；变频空调器的室内机主板只是电控系统的一部分，工作时处理输入的信号，处理后传送至室外机主板，才能对空调器整机进行控制，也就是说室内机主板和室外机主板一起才能构成一套完整的电控系统。

（1）室内机主板

由于两类空调器的室内机主板单元电路相似，在硬件方面有许多相同的地方。不同之处在于（见图7-5）：定频空调器的室内机主板使用3个继电器为压缩机、室外风机、四通阀线圈供电；变频空调器的室内机主板只使用1个继电器为室外机供电，并增加通信电路与室外机主板传递信息。

（2）接线端子

从两类空调器接线端子上也能看出控制原理的区别，见图7-6，定频空调器的室内外机接线端子上共有5根引线，分别是地线、公用零线、压缩机引线、室外风机引线和四通阀线圈引线；而变频空调器只有4根引线，分别是相线、零线、地线和通信线。

二、室外机

1. 外观

见图7-7，从外观上看，两类空调器进风口、出风口、管道接口、接线端子等部件的位置与形状基本相同，没有明显的区别。

2. 主要部件设计位置

见图7-8，室外机的主要部件有冷凝器、室外风扇（轴流风扇）、室外风机（轴流电机）、压缩机、毛细管和四通阀等，电控盒的设计位置也基本相同。

3. 制冷系统

在制冷系统方面，两类空调器中的冷凝器、毛细管、四通阀、单向阀与辅助毛细管等部件设计的位置与工作原理基本相同，有些部件可以通用。

两类空调器在制冷系统方面最大的区

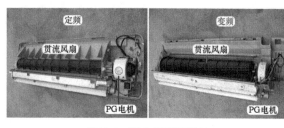

图 7-4　室内机通风系统

图 7-5　室内机主板

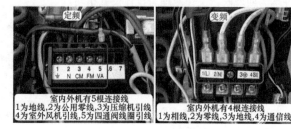

图 7-6　室内机接线端子

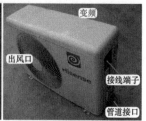

图 7-7　室外机

图 7-8　室外机主要部件设计位置

别在于压缩机，见图7-9，其设计位置和作用相同，但工作原理（或称为方式）不同：定频空调器供电为输入的市电交流220V，由室内机主板提供，转速、制冷量、耗电量均为额定值；而变频空调器压缩机的供电由模块提供，运行时转速、制冷量、耗电量均可连续变化。

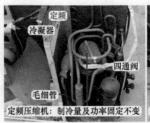

图7-9　室外机制冷系统主要部件

4. 通风系统

两类空调器的室外机通风系统部件为轴流风扇和室外风机，工作原理和外观基本相同，室外风机均使用交流220V供电；不同的地方是（见图7-10），定频空调器由室内机主板供电，变频空调器由室外机主板供电。

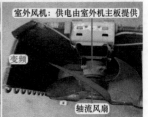

图7-10　室外机通风系统

5. 制冷/制热状态转换

两类空调器的制冷/制热状态转换部件均为四通阀，工作原理与设计位置相同，四通阀在两类空调器中也可以通用，四通阀线圈供电均为交流220V；不同的地方是（见图7-11），定频空调器中由室内机主板供电，变频空调器中由室外机主板供电。

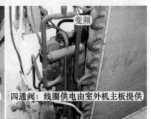

图7-11　室外机四通阀

6. 电控系统

两类空调器硬件方面最大的区别是室外机电控系统，区别如下。

（1）室外机主板和模块

见图7-12，定频空调器室外机未设置电控系统，只有压缩机电容和室外风机电容；而变频空调器则设计有复杂的电控系统，主要部件是室外机主板和模块等。

（2）压缩机启动方式

见图7-13，定频空调器的压缩机由电容直接启动运行，工作电压为交流220V、频率50Hz、转速约2 800r/min。交流变频空调器压缩机由模块供电，工作电压为交流30～220V、频率15～120Hz、转速1 500～9 000r/min。

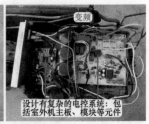

图7-12　室外机电控系统

（3）电磁干扰保护

变频空调器由于模块等部件工作在开关状态，电路中的电流谐波成分增加，功率因数降低，见图7-14，在电路中增加了滤波电感等元件，定频空调器则不需要设计此类元件。

图7-13　室外机压缩机工作状态

（4）温度检测

变频空调器为了对压缩机的运行进行最好的控制，见图7-15，设计了室外环温传感器、室外管温传感器、压缩机排气温度传感器；定频空调器一般没有设计此类器件（只有部分机型设置有室外管温传感器）。

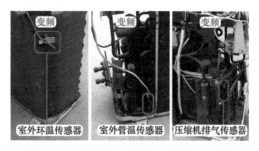

图 7-14 变频空调室外机电磁干扰保护　　　　图 7-15 变频空调室外机温度检测器件

三、结论

1. 通风系统

室内机均使用贯流式通风系统，室外机均使用轴流式通风系统，两类空调器相同。

2. 制冷系统

制冷系统均由压缩机、冷凝器、毛细管和蒸发器四大部件组成，区别是压缩机工作原理不同。

3. 主要部件设计位置

主要部件设计位置两类空调器基本相同。

4. 电控系统

两类空调器电控系统的工作原理不同，硬件方面室内机有相同之处，最主要的区别是室外机电控系统。

5. 压缩机

这是定频空调器与变频空调器最根本的区别。变频空调器的室外机电控系统就是为控制变频压缩机而设计的，也可以简单地理解为，将定频空调器的压缩机换成变频压缩机，并配备与之配套的电控系统（方法是增加室外机电控系统，更换室内机主板部分元器件），那么这台定频空调器就可以称为变频空调器。

第 2 节　变频空调器工作原理与分类

本节介绍变频空调器的节电原理、工作原理和分类，以及交流变频空调器与直流变频空调器的相同之处和不同之处。

由于直流变频空调器与交流变频空调器的工作原理、单元电路、硬件实物基本相似，且出现故障时维修方法也基本相同，因此本书重点介绍最普通但具有代表机型、社会保有量最大、大部分已进入维修期的交流变频空调器。

一、变频空调器节电原理

最普通的交流变频空调器与典型的定频空调器相比，只是压缩机的运行方式不同，定频空调器压缩机供电由市电直接提供，电压为交流 220V，频率为 50Hz，理论转速为 3 000r/min，运行时由于阻力等原因，实际转速约为 2 800r/min，因此制冷量也是固定不变的。

变频空调器压缩机的供电由模块提供，模块输出的模拟三相交流电，频率可以在 15～120Hz 变化，电压可以在 30～220V 变化，因而压缩机转速可以运行在 1 500～9 000r/min 的范围内。

压缩机转速升高时，制冷量随之加大，制冷效果加快，制冷模式下房间温度迅速下降，相对应的，此时空调器耗电量也随之上升；当房间内温度下降到设定温度附近时，电控系统控制压缩机转速降低，制冷量下降，维持房间温度，相对应的耗电量也随之下降，从而达到节电的目的。

二、变频空调器工作原理

图 7-16 为变频空调器工作原理方框图，图 7-17 为实物图。

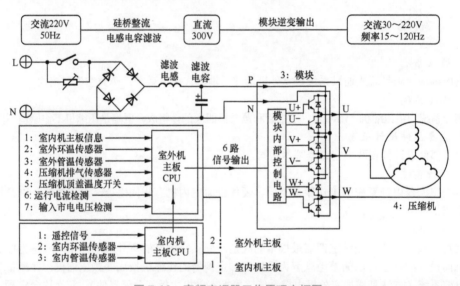

图 7-16　变频空调器工作原理方框图

室内机主板 CPU 接收遥控器发送的设定模式与设定温度信号，与环温传感器温度相比较，如达到开机条件，控制室内机主板主控继电器触点吸合，向室外机供电；室内机主板 CPU 同时根据蒸发器温度信号，结合内置的运行程序计算出压缩机目标运行频率，通过通信电路传送至室外机主板 CPU，室外机主板 CPU 再根据室外环温传感器、室外管温传感器、压缩机排气温度传感器和市电电压等信号，综合室内机主板 CPU 传送的信息，得出压缩机的实际运行频率，输出控制信号至功率模块（IPM）。

功率模块是将直流 300V 电转换为

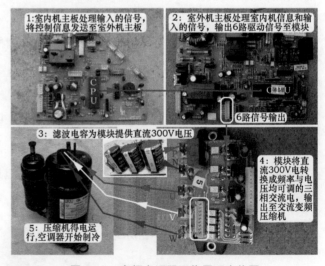

图 7-17　变频空调器工作原理实物图

频率与电压均可调的三相电的变频装置，内含 6 个大功率 IGBT 开关管，构成三相上下桥式驱动电路。室外机主板 CPU 输出的控制信号使每只 IGBT 导通 180°，且同一桥臂的两只 IGBT 一只导通时，另一只必须关断，否则会造成直流 300V 直接短路，且相邻两相的 IGBT 导通相位差为 120°，在任意 360° 内都有 3 只 IGBT 开关管导通，以接通三相负载。在 IGBT 导通与截止的过程中，输出的三相模拟交流电中带有可以变化的频率，且在一个周期内，如 IGBT 导通时间长而截止时间短，则输出三相交流电的电压相对应就会升高，从而达到频率与电压均可调的目的。

功率模块输出的三相模拟交流电加在压缩机的三相异步电机上，压缩机运行，系统工作在制冷或制热模式。如果室内温度与设定温度的差值较大，室内机主板 CPU 处理后送至室外机主板 CPU，室外机 CPU 综合输入信号处理后，输出控制信号，使功率模块内部的 IGBT 导通时间长而截止时间短，从而输出频率与电压均相对较高的三相模拟交流电加至压缩机，压缩机转速加快，单位制冷量也随之加大，达到快速制冷的目的；反之，当房间温度与设定温度的差值变小时，室外机主板 CPU 输出的控制信号使得功率模块输出较低的频率与电压，压缩机转速变慢，制冷量降低。

三、变频空调器分类

变频空调器根据压缩机工作原理和室内外风机的供电状况可分为 3 种类型，即交流变频空调器、直流变频空调器和全直流变频空调器。

1. 交流变频空调器

交流变频空调器是最早的变频空调器，见图 7-18，也是市场上拥有量最大的类型，现在一般已经进入维修期，它是本书重点介绍的机型。

图 7-18　交流变频空调器

变频空调器中的室内风机和室外风机与普通定频空调器中的相同，均为交流异步电机，由市电交流 220V 直接启动运行，只是压缩机转速可以变化，供电为功率模块提供的模拟三相交流电。

交流变频空调器中的制冷剂通常使用与普通定频空调器相同的 R22，一般使用常见的毛细管作节流元件。

2. 直流变频空调器

见图 7-19，直流变频空调器是在交流变频空调器基础上发展而来的，与之不同的是压缩机采用无刷直流电机，整机的控制原理与交流变频空调器基本相同，只是在室外机电路板上增加了位置检测电路。

图 7-19　直流变频空调器

直流变频空调器中的室内风机和室外风机与普通定频空调器中的相同，均为交流异步电机，由市电交流 220V 直接启动运行。

直流变频空调器中的制冷剂早期机型使用 R22，目前生产的机型多使用新型环保制冷剂 R410A，节流元件同样使用常见且价格低廉但性能稳定的毛细管。

3. 全直流变频空调器

全直流变频空调器属于目前的高档空调器，在直流变频空调器基础上发展而来（见图 7-20），与直流变频空调器相比最主要的区别是，室内风机和室外风机的供电为直流 300V 电压，而不是交流 220V，同时使用直流变转速压缩机。

全直流变频空调器中的制冷剂通常使用新型环保制冷剂 R410A，节流元件也大多使用毛细管，只有少数品牌的机型使用电子膨胀阀，或电子膨胀阀与毛细管相结合的方式。

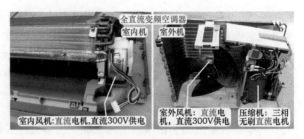

图 7-20　全直流变频空调器

四、交流变频空调器与直流变频空调器的相同和不同之处

1. 相同之处

（1）制冷系统：定频空调器、交流变频空调器、直流变频空调器的工作原理与实物基本相同，区别是压缩机工作原理与内部结构不同。

（2）电控系统：交流变频空调器与直流变频空调器的控制原理、单元电路和硬件实物基本相同，区别是室外机主控 CPU 对模块的控制原理不同［即脉冲宽度调制（PWM）方式或脉冲幅度调制（PAM）方式］，但控制程序内置在室外机 CPU 或存储器之中，实物看不到。

2. 不同之处

（1）压缩机：交流变频空调器使用三相异步电机，直流变频空调器使用无刷直流电机，两者的内部结构不同。

（2）模块输出电压：交流变频空调器模块输出频率与电压均可调的模拟三相交流电，频率与电压越高，转速就越快；直流变频空调器的模块输出断续、极性不断改变的直流电，在任何时候只有两相绕组有电流通过（余下绕组的感应电压用作位置检测信号），电压越高，转速就越快。

（3）位置检测电路：直流变频空调器设有位置检测电路，交流变频空调器则没有。

第3节　单元电路对比

本节介绍具有典型电控系统的控制电路方框图，并以早期电控系统代表机型海信 KFR-2601GW/BP 和目前电控系统代表机型海信 KFR-26GW/11BP 为基础，对交流变频空调器单元电路硬件部分的特点做简要分析。

注：本节内容不涉及全直流变频空调器。本书内容的重点也是以上述两种机型为基础，对早期代表机型电控系统和目前代表机型电控系统的控制原理进行分析。由于直流变频空调器和交流变频空调器电控系统基本相同，因此学习直流变频空调器时可以参考和借鉴。

一、控制电路方框图

图 7-21 为典型交流变频空调器的整机控制电路方框图，左半部分为室内机电路，右半部分为室外机电路。

从图 7-21 中可以看出，整机电路也是由许多单元电路组成的，且室内机单元电路同定频空调器电控系统相差不多，主要区别或称为"难点"在室外机电控系统，控制原理在以后的章节里介绍。

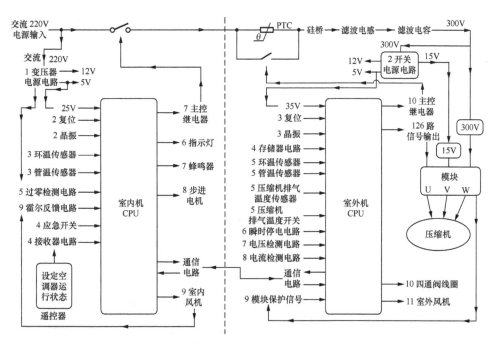

图 7-21　典型交流变频空调器整机控制电路方框图

二、室内机单元电路对比

1. 电源电路

电源电路见图 7-22，作用是为室内机主板提供直流 12V 和 5V 电压。

常见有两种形式的电路：使用变压器降压和使用开关电源。交流变频空调器或直流变频空调器室内风机使用 PG 电机（供电为交流 220V），普遍使用变压器降压形式的电源电路，也是目前最常见的设计形式，只有少数机型使用开关电源电路。

全直流变频空调器室内风机为直流电机（供电为直流 300V），普遍使用开关电源电路。

2. CPU 三要素电路

CPU 三要素电路见图 7-23，它是 CPU 正常工作的必备电路，包含直流 5V 供电电路、复位电路和晶振电路。

无论是早期还是目前的室内机主板，CPU 三要素电路的工作原理完全相同，即使不同也只限于使用元器件的型号。

3. 传感器电路

传感器电路见图 7-24，作用是为 CPU 提供温度信号，环温传感器检测房间温度，管温传感器检测蒸发器温度。

早期和目前的室内机主板传感器电

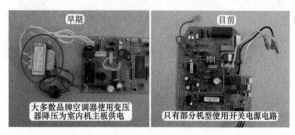

图 7-22　早期和目前的空调器电源电路之对比

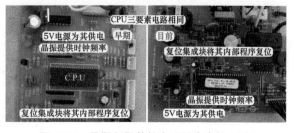

图 7-23　早期和目前的空调器室内机 CPU 三要素电路之对比

路相同，均是由环温传感器和管温传感器组成。

4.接收器电路、应急开关电路

接收器和应急开关电路见图7-25，接收器电路将遥控器发射的遥控信号传送至CPU，应急开关电路在无遥控器时可以操作空调器的运行。

早期和目前的室内机主板接收器和应急开关电路基本相同，即使不同也只限于应急开关的设计位置或型号，以及目前生产的接收器表面涂有绝缘胶（减小空气中水分引起的漏电概率）。

5.过零检测电路

进零检测电路见图7-26，作用是为CPU提供过零信号，以便CPU驱动光耦晶闸管（俗称光耦可控硅）。

使用变压器供电的主板，检测器件为NPN型三极管，取样电压取自变压器二次绕组整流电路；使用开关电源供电的主板，检测器件为光耦，取样电压取自交流220V输入电源。

6.指示灯电路

指示灯电路见图7-27，作用是显示空调器的运行状态。

早期和目前的指示灯电路工作原理相同，不同的是使用器件不同，早期多使用单色的发光二极管，目前多使用双色的发光二极管或LCD数码管和指示灯相组合的方式。

图 7-24　早期和目前的空调器传感器电路之对比

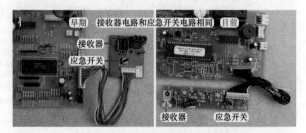

图 7-25　早期和目前的空调器接收器和应急开关电路之对比

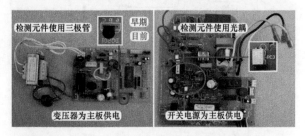

图 7-26　早期和目前的空调器过零检测电路之对比

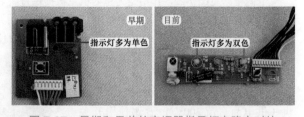

图 7-27　早期和目前的空调器指示灯电路之对比

　　有些空调器使用指示灯和数码管组合的方式，也有些空调器使用液晶显示屏或真空荧光显示屏（VFD）。

7.蜂鸣器电路、主控继电器电路

蜂鸣器和主控继电器电路见图7-28，蜂鸣器电路提示已接收到遥控信号或应急开关信号，并且已处理；主控继电器电路为室外机供电。

早期和目前的主板中蜂鸣器、主控继电器电路相同。有些空调器蜂鸣器发出的响声

图 7-28　早期和目前的空调器蜂鸣器和主控继电器电路之对比

为和弦音。

8. 步进电机电路

步进电机电路见图7-29，作用是带动导风板上下旋转运行。

早期和目前的主板步进电机电路相同。说明：有些空调器也使用步进电机驱动左右导风板。

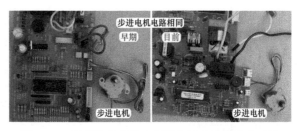

图 7-29　早期和目前的空调器步进电机电路之对比

9. 室内风机驱动电路、霍尔反馈电路

室内风机驱动电路和霍尔反馈电路见图7-30，室内风机驱动电路改变 PG 电机的转速，霍尔反馈电路向 CPU 输入代表 PG 电机实际转速的霍尔信号。

早期和目前的主板中 PG 电机驱动电路、霍尔反馈电路相同。

图 7-30　早期和目前的空调器室内风机驱动电路和霍尔反馈电路之对比

10. 通信电路

通信电路的作用是用于室内机主板 CPU 和室外机主板 CPU 交换信息。

早期主板的通信电路电源为直流 140V，见图7-31，设在室外机主板，并且较多使用 6 脚光耦。

目前主板的通信电路电源通常为直流 24V，见图7-32，设在室内机主板，一般使用 4 脚光耦。

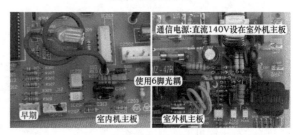

图 7-31　早期直流 140V 通信电路

三、室外机单元电路对比

1. 直流 300V 电压形成电路

直流 300V 电压形成电路见图7-33，作用是将输入的交流 220V 电压转换为平滑的直流 300V 电压，为模块和开关电源供电。

早期和目前的电控系统均是由 PTC 电阻、主控继电器、硅桥、滤波电感和滤波电容 5 个主要元器件组成的；不同之处在于滤波电容的结构形式。早期电控系统通常由 1 个容量较大的电容组成，目前的电控系统通常由 2～4 个容量较小的电容并联组成。

图 7-32　目前直流 24V 通信电路

2. 开关电源电路

开关电源电路见图7-34，变频空调器的室外机电源电路全部使用开关电源电路，为室外机主板提供直流 12V 和 5V 电压、为模块内部控制电路提供直流 15V 电压。

早期主板的开关电源电路通常由分离元器件组成，以开关管和开关变压器为核心，输出的直流 15V 电压通常为 4 路。

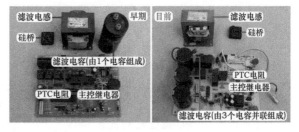

图 7-33　早期和目前的空调器直流 300V 电压形成电路之对比

目前主板的开关电源电路通常使用集成电路的形式，以集成电路和开关变压器为核心，直流15V电压通常为单路输出。

3. CPU 三要素电路

CPU 三要素电路见图7-35，CPU 三要素电路是 CPU 正常工作的必备电路，具体内容参见室内机 CPU 部分。

早期和目前的主板 CPU 三要素电路原理均相同，只是早期的主板 CPU 引脚较多，目前的主板 CPU 引脚较少。

4. 存储器电路

存储器电路见图7-36，作用是存储相关数据，供 CPU 运行时调取使用。

早期主板的存储器多使用 93C46，目前主板的存储器多使用 24CXX 系列（24C01、24C02、24C04 等）。

5. 传感器电路、压缩机顶盖温度开关电路

传感器电路和压缩机顶盖温度开关电路见图7-37，作用是为 CPU 提供温度信号。环温传感器检测室外环境温度，管温传感器检测冷凝器温度，压缩机排气温度传感器检测压缩机排气管温度，压缩机顶盖温度开关检测压缩机顶部温度是否过高。

早期和目前的主板中传感器电路和压缩机顶盖温度开关电路相同。

6. 瞬时停电检测电路

瞬时停电检测电路见图7-38，作用是向 CPU 提供输入市电电压是否接触不良的信号。

早期的主板使用光耦检测，目前的主板则不再设计此电路，通常由室内机 CPU 检测过零信号，通过软件计算得出输入的市电电压是否正常。

7. 电压检测电路

电压检测电路见图7-39，作用是向 CPU 提供输入市电电压的参考信号。

早期的主板多使用电压检测变压器，向 CPU 提供随市电变化而变化的电压，CPU 内部电路根据软件计算出相应的市电电压值。

目前的主板 CPU 通过检测直流 300V 电压，经软件计算出相应的交流市电电压值，起到间接检测市电电压的目的。

8. 电流检测电路

电流检测电路见图7-40，作用是提供

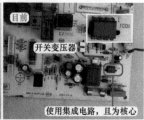

图 7-34　早期和目前的空调器开关电源电路之对比

图 7-35　早期和目前的空调器室外机 CPU
三要素电路之对比

图 7-36　早期和目前的空调器存储器电路之对比

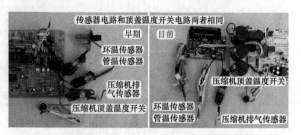

图 7-37　早期和目前的空调器传感器电路和压缩
机顶盖温度开关电路之对比

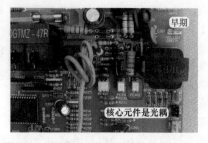

图 7-38　早期空调器瞬时停电检测电路

室外机运行电流信号或压缩机运行电流信号，由 CPU 通过软件计算出实际的运行电流值，以便更好地控制压缩机。

　　早期的主板通常使用电流检测变压器，向 CPU 提供室外机运行的电流参考信号。

　　目前的主板由模块其中的一个引脚，或模块电流取样电阻，输出代表压缩机运行的电流参考信号，由外部电路将电流信号放大后提供给 CPU，通过软件计算出压缩机的实际运行电流值。

　　早期和目前的主板还有另外一种常见形式，就是使用电流互感器。

9. 模块保护电路

　　模块保护电路见图 7-41，模块保护信号由模块输出，送至室外机 CPU。

　　早期模块输出的保护信号经光耦耦合送至室外机主板 CPU，目前模块输出的保护信号直接送至室外机主板 CPU。

10. 主控继电器电路、四通阀线圈电路

　　主控继电器和四通阀线圈电路见图 7-42，主控继电器电路控制主控继电器触点的导通与断开，四通阀线圈电路控制四通阀线圈的供电与失电。

　　早期和目前的主板中主控继电器电路和四通阀线圈电路相同。

11. 室外风机电路

　　室外风机电路见图 7-43，作用是控制室外风机运行。

　　早期的空调器室外风机一般为 2 挡风速或 3 挡风速，因此室外机主板有 2 个或 3 个继电器；目前的空调器室外风机转速一般只有 1 个挡位，因此室外机主板只设有 1 个继电器。

　　目前空调器部分品牌的机型也有使用 2 挡或 3 挡风速的室外风机；如果为全直流变频空调器，室外风机供电为直流 300V，不再使用继电器。

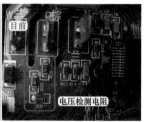

图 7-39　早期和目前的空调器电压检测电路之对比

图 7-40　早期和目前的空调器电流检测电路之对比

图 7-41　早期和目前的空调器模块保护电路之对比

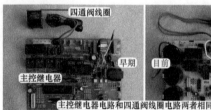

图 7-42　早期和目前的空调器主控继电器和四通阀线圈电路之对比

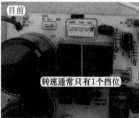

图 7-43　早期和目前的空调器室外风机电路之对比

12. 6路信号电路

6路信号电路见图7-44，6路信号由室外机CPU输出，通过控制模块内部6个IGBT开关管的导通与截止，将直流300V电转换为频率与电压均可调的模拟三相交流电，驱动压缩机运行。

早期主板CPU输出的6路信号不能直接驱动模块，需要使用光耦传递，因此模块与室外机CPU通常设计在两块电路板上，中间通过连接线连接。

目前主板CPU输出的6路信号可以直接驱动模块，因此通常做到一块电路板上，不再使用连接线和光耦。

图7-44 早期和目前的空调器6路信号电路之对比

四、常见室外机电控系统特点

变频空调器电控系统由室内机和室外机组成，由于室内机电控系统基本相同，因此不再进行说明，本节只对几种常见形式的室外机电控系统的特点作简单说明。

1. 海信KFR-4001GW/BP室外机电控系统

电控系统见图7-45，由室外机主板和模块两块电路板组成。

室外机主板处理各种输入信号，对负载进行控制，并集成开关电源电路，向模块板输出6路信号和直流15V电压，模块处理后输出频率与电压均可调的三相交流电，驱动压缩机运行。

图7-45 海信KFR-4001GW/BP室外机电控系统

2. 海信KFR-2601GW/BP室外机电控系统

电控系统见图7-46，由室外机主板和模块板两块电路板组成。

海信KFR-2601GW/BP电控系统的特点与海信KFR-4001GW/BP基本相同；不同之处在于开关电源电路设在模块板上，由模块板输出直流12V电压，为室外机主板供电。

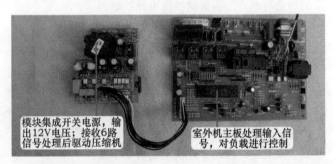

图7-46 海信KFR-2601GW/BP室外机电控系统

3. 海信KFR-26GW/11BP室外机电控系统

电控系统见图7-47，由模块板和室外机主板两块电路板组成。

海信KFR-26GW/11BP室外机电控系统与前两类电控系统相比最大的区别在于，CPU和弱信号处理电路

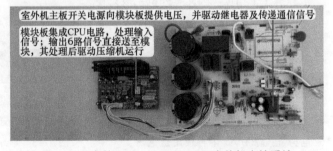

图7-47 海信KFR-26GW/11BP室外机电控系统

集成在模块板上，是室外机电控系统的控制中心。

室外机主板的开关电源电路为模块板提供直流5V和15V电压，并传递通信信号和驱动继电器，作用和定频空调器使用两块电路板中的强电板相同。

4. 美的 KFR-35GW/BP2DN1Y-H（3）室外机电控系统

电控系统见图7-48，由室外机主板一块电路板组成。

功率模块、硅桥、CPU和弱信号处理电路、通信电路等所有电路均集成在一块电路板上，从而提高了可靠性和稳定性，出现故障时维修起来也最简单，只需更换一块电路板，基本上就可以排除室外机电控系统的故障。

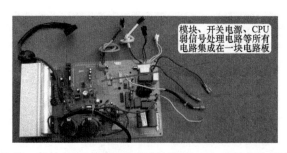

图 7-48　美的 KFR-35GW/BP2DN1Y-H（3）室外机电控系统

五、总结

（1）交流变频空调器室内机主板与定频空调器室内机主板的单元电路基本相同，大部分单元电路的工作原理也相同，因此学习或维修时可以参考定频空调器电控系统。

（2）室外机主板从整体看比较复杂，体积大且电路较多。如果细分到单元电路，可以看出其实也有规律可循，只有部分电路或电气元器件相对于定频空调器而言是没有接触过的，只要认真学习，相信大多数读者都可以学会。

第 **8** 章
变频空调器主要元器件

第1节　主要元器件

特殊电气元器件是变频空调器电控系统中比较重要的元器件，在定频空调器电控系统中没有使用。这类元器件工作在大电流下，比较容易损坏。本节将对特殊电气元器件的作用、实物外形、测量方法等作简单说明。

一、直流电机

注：本节的直流电机为三菱重工 KFR-35GW/AIBP 全直流变频空调器上所使用。

1. 作用

直流电机用于全直流变频空调器的室内风机和室外风机，安装位置见图 8-1，作用、安装位置和普通定频空调器室内机的 PG 电机、室外机的室外风机相同。

图 8-1　室内和室外直流电机实物外形和安装位置

室内直流电机带动贯流风扇运行，制冷时将蒸发器产生的冷量输送到室内。

室外直流电机带动轴流风扇运行，制冷时将冷凝器产生的热量排放到室外，吸入自然空气为冷凝器降温。

2. 引线作用和工作原理

（1）引线作用

直流电机实物外形和引线作用见图 8-2，室内直流电机、室外直流电机的工作原理和插头引线作用相同。

直流电机插头共有 5 根引线：1 号红线为直流 300V 电压正极引线，2 号黑线为直流电压公共端地线，3 号白线为直流 15V 电压正极引线，4 号黄线为驱动控制引线，5 号蓝

图 8-2　直流电机实物外形和引线作用

线为转速反馈引线。

（2）工作原理

直流电机内部结构由定子、控制电路板、转子、上盖等组成，见图 8-3，其工作原理与直流变频压缩机基本相同，只不过将变频模块和控制电路封装在电机内部，组成一块电路板，变频模块供电电压为直流 300V，控制电路供电电压为直流 15V，均由主板提供。

图 8-3　直流电机内部结构

主板 CPU 输出含有转速信号的驱动电压，经光耦耦合由 4 号黄线送入直流电机内部控制电路，处理后驱动变频模块，将直流 300V 电转换为绕组所需要的电压，直流电机开始运行，从而带动贯流风扇或轴流风扇旋转运行。

直流电机运行时 5 号蓝线输出转速反馈信号，经光耦耦合后送至主板 CPU，主板 CPU 适时监测直流电机的转速，与内部存储的目标转速相比较，如果转速高于或低于目标值，主板 CPU 调整输出的脉冲电压值，直流电机内部控制电路处理后驱动变频模块，改变直流电机绕组的电压，转速随之改变，使直流电机的实际转速与目标转速保持一致。

室内直流电机由交流 220V 整流滤波后直接提供，实际电压值一般恒为直流 300V；室外直流电机则取自功率模块的 P、N 端子，实际电压值随压缩机转速变化而变化，压缩机低频运行时电压高，高频运行时电压低，电压范围通常为直流 240～300V。

3. 测量方法

由于直流电机由电路板和电机绕组两部分组成，绕组引线与内部电路板连接，因此不能像交流电机那样，使用万用表电阻挡通过测量电机绕组线圈的阻值就可以判断是否正常，也就是说，依靠万用表电阻挡测量直流电机的方法不准确，容易引起误判。准确的方法是，在主板通电时测量插头引线之间电压，根据电压值判断。

（1）电阻法

使用万用表电阻挡测量直流电机 5 根引线之间的阻值，只有两组引线有阻值，见表 8-1，其余均为无穷大。如果实测阻值接近 0Ω，说明直流电机内部电路板短路损坏。

表 8-1　　　　　　　　　　　　　测量直流电机引线阻值

驱动控制黄线—地线	0.227MΩ（227kΩ）
15V供电白线—地线	37kΩ

（2）直流电压法

测量时使用万用表直流电压挡，由于直流电机的直流 300V 电压的地线与主板上直流 5V 电压的地线不相连（即不是同一个地线），因此在测量时要注意地线的选择。

室内直流电机和室外直流电机的测量方法和判断结果相同，本节以室内直流电机为例进行说明。

① 测量直流 300V 和直流 15V 电压

测量直流 300V 电压时，见图 8-4 左图，黑表笔接黑线地线，红表笔接红线 300V 引线，实测为直流 310V。

测量直流 15V 电压时，见图 8-4 右图，

图 8-4　测量直流 300V 和 15V 电压

黑表笔接黑线地线，红表笔接白线 15V 引线，实测为直流 15V。

由于直流电机供电由主板提供，如果主板未供电或供电电压不正常，即使直流电机正常也不能运行，因此应首先测量上述两个电压值。测量结果为直流 300V 和直流 15V，说明主板供电电路正常。如果电压值为 0V 或低于正常值较多，说明主板供电电路出现故障，可以更换主板试机。

②电机不运行故障，开机测量驱动控制引线电压

见图 8-5，黑表笔接黑线地线，红表笔接黄线驱动控制引线，使用遥控器开机，主板 CPU 输出的驱动电压经光耦耦合，由驱动控制引线（4 号黄线）送至直流电机内部电路板。4 号黄线正常电压：低风 2.7V，中风 3.3V，高风 3.7V；如果遥控器关机即处于待机状态，电压为 0V。

图 8-5　测量驱动控制引线电压

直流电机不运行时，如实测电压值与上述电压值相同，说明主板输出驱动电压正常，在直流 300V 和 15V 电压正常的前提下，可以判断为直流电机损坏。如在待机和开机状态下电压均为 0V，则说明是主板故障，可更换主板试机。

③电机运行正常，但开机后马上关机，报"室内风扇电机异常"的故障代码

关机但不拔下空调器电源插头，将手从出风口伸入室内机并慢慢拨动贯流风扇，见图 8-6，黑表笔接黑线地线，红表笔接蓝线转速反馈引线测量电压，正常为跳变电压，即 0V～24V～0V～24V 变化。正常的直流电机在运行时，转速反馈引线电压约为直流 11V。

图 8-6　测量转速反馈引线电压

如果测量结果符合上述特点，说明直流电机正常，故障为主板转速反馈电路损坏，可更换主板试机。

如果旋转贯流风扇时显示值一直为 0V、24V 或其他数值，则说明直流电机内部电路板上的转速反馈电路损坏，可更换直流电机试机。

说明 1

直流电机转速反馈故障的检查方法，和定频空调器室内风机为 PG 电机的检查方法一样，待机状态下拨动贯流风扇时均为跳变电压，运行时则恒为一定值。

说明 2

本机比较特殊，拨动贯流风扇时为 0-24V 的跳变电压，有些直流电机则为 0～15V 的跳变电压，电机运行时霍尔反馈为恒定的直流 7.5V。

二、电子膨胀阀

1. 作用

电子膨胀阀在制冷系统中的作用和毛细管相同，起到降压节流和调节流量的作用。CPU 输出

电压驱动电子膨胀阀线圈，带动阀体内阀针上下移动，改变阀孔的间隙，使阀体的流通截面发生变化，改变制冷剂流过时的压力，从而改变节流压力和流量，使进入蒸发器的流量与压缩机运行速度相适应，达到精确调节制冷量的目的。

2. 优点

压缩机在高频或低频运行时对进入蒸发器的制冷剂流量要求不同。在高频运行时要求进入蒸发器的流量大，以便迅速蒸发，提高制冷量，迅速降低房间温度；在低频运行时要求进入蒸发器的流量小，降低制冷量，以便维持房间温度。

使用毛细管作为节流元件的空调器，由于节流压力和流量为固定值，因而在一定程度上降低了变频空调器的优势；而使用电子膨胀阀作为节流元件则满足制冷剂流量变化的要求，从而最大限度地发挥了变频空调器的优势，提高了系统制冷量；同时具有流量控制范围大、调节精确、可以使制冷剂正反两个方向流动等优点。

3. 适用范围

如果电子膨胀阀的开度控制不好（即和压缩机转速不匹配），制冷量会下降甚至低于使用毛细管作为节流元件的变频空调器。

使用电子膨胀阀的变频空调器，由于在运行过程中需要同时调节两个变量，这也要求室外机主板上的 CPU 有很高的运算能力，同时电子膨胀阀与毛细管相比成本较高，因此一般使用在高档空调器中。

4. 实物外形和安装位置

电子膨胀阀安装位置和实物外形见图 8-7，通常是垂直安装在室外机制冷系统中。

5. 连接管走向

有两根铜管与制冷系统连接，与冷凝器出管连接的为电子膨胀阀的进管，与二通阀连接的为电子膨胀阀的出管。

见图 8-8 左图，制冷模式下冷凝器流出高压低温液体，经电子膨胀阀节流后变为低压低温液体，再经二通阀后由连接管送至室内机的蒸发器。

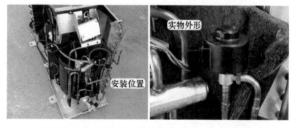

图 8-7　电子膨胀阀实物外形和安装位置

6. 引线

电子膨胀阀线圈供电通常为直流 12V。电子膨胀阀线圈根据引线数量分为两种：一种为 6 根引线，其中有 2 根引线连在一起为公共端，接电源直流 12V，余下 4 根引线接 CPU 控制部分；另一种为 5 根引线，

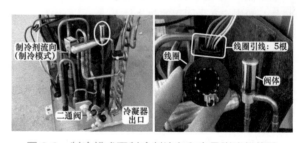

图 8-8　制冷模式下制冷剂流向和电子膨胀阀线圈

见图 8-8 右图，1 根为公共端，接直流 12V，余下 4 根接 CPU 控制部分。

三、PTC 电阻

1. 作用

PTC 电阻为正温度系数热敏电阻，阻值随温度上升而变大，其与室外机主控继电器触点并联。室外机初次通电时，主控继电器因无工作电压，触点断开，交流 220V 电压通过 PTC 电阻对滤波电容充电，PTC 电阻通过电流时由于温度上升阻值也逐渐变大，从而限制充电电流，防止由于电流过大造成空调器插头与插座间打火。在室外机供电正常后，CPU 控制主控继电器触点吸合，PTC 电阻便不起作用。

2. 实物外形和安装位置

PTC 电阻为黑色的长方体，见图 8-9，共有两个引脚，安装在室外机主板主控继电器附近，引脚与继电器触点并联。

3. 测量方法

PTC 电阻使用型号通常为 25℃/47Ω，常温下测量阻值为 50Ω 左右，表面温度较高时测量阻值为无穷大。其常见故障为开路，即常温下测量阻值为无穷大。

由于 PTC 电阻的两个引脚与室外机主控继电器的两个触点并联，见图 8-10，使用万用表电阻挡测量继电器的两个端子就相当于测量 PTC 电阻的两个引脚，实测阻值为 52Ω。

图 8-9　PTC 电阻安装位置和实物外形

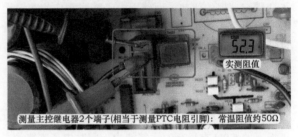

图 8-10　测量 PTC 电阻阻值

四、硅桥

1. 作用与常用型号

硅桥的内部为 4 个大功率整流二极管组成的桥式整流电路，将交流 220V 电压整流成为直流 300V 电压。

硅桥的常用型号为 S25VB60，"25" 的含义为最大正向整流电流 25A，"60" 的含义为最高反向工作电压 600V。

2. 安装位置

硅桥安装位置见图 8-11，工作时需要通过较大的电流，功率较大，有一定的热量，因此它与模块一起固定在大面积的散热片上。

3. 引脚

硅桥共有 4 个引脚，分别为两个交流输入端

图 8-11　硅桥安装位置

和两个直流输出端。两个交流输入端接交流 220V，使用时没有极性之分；两个直流输出端中的正极经滤波电感接滤波电容正极，负极直接与滤波电容负极连接。

4. 分类和引脚辨认方法

硅桥根据外观分类常见有两种：方形和扁形。

方形：见图 8-12 左图，其中的一角有豁口，对应引脚为直流正极，对角线引脚为直流负极，其他两个引脚为交流输入端。

扁形：见图 8-12 右图，其中一侧有一个豁口，对应引脚为直流正极，中间两个引脚为交流输入端，最后一个引脚为直流负极。

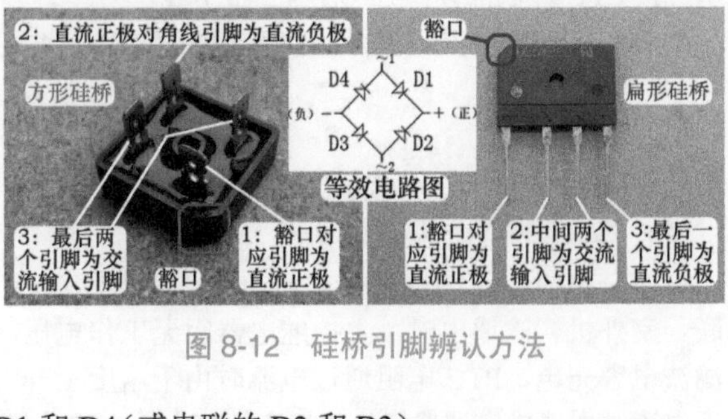

5. 测量方法

由于硅桥内部为 4 个大功率的整流二极管，因此测量时应使用万用表二极管挡。

（1）测量正、负端子

测量过程见图 8-13，相当于测量串联的 D1 和 D4（或串联的 D2 和 D3）。

红表笔接正极，黑表笔接负极，为反向测量，结果为无穷大；红表笔接负极，黑表笔接正极，

图 8-12　硅桥引脚辨认方法

为正向测量，结果为 823mV。

（2）测量正极、两个交流输入端

测量过程见图 8-14，相当于测量 D1、D2。

红表笔接正极，黑表笔接交流输入端，为反向测量，两次结果相同，应均为无穷大；红表笔接交流输入端，黑表笔接正极，为正向测量，两次结果应相同，均为 452mV。

（3）测量负极、两个交流输入端

测量过程见图 8-15，相当于测量 D3、D4。

红表笔接负极，黑表笔接交流输入端，为正向测量，两次结果相同，均为 452mV；红表笔接交流输入端，黑表笔接负极，为反向测量，两次结果相同，均为无穷大。

（4）测量交流输入端子

测量过程见图 8-16，相当于测量反方向串联的 D1 和 D2（或 D3 和 D4），由于为反向串联，因此正反向测量结果应均为无穷大。

6. 测量说明

（1）测量时应将 4 个端子的引线全部拔下。

（2）上述测量方法使用数字万用表。如果使用指针万用表，选择 R×1k 挡，测量时红、黑表笔所接端子与上述方法相反，得出的规律才会一致。

（3）不同的硅桥、不同的万用表正向测量时，得出结果的数值会不相同，但一定要符合内部 4 个整流二极管连接特点所构成的规律。

（4）同一硅桥、同一万用表正向测量内部二极管时，结果数值应相同（如本次测量为 452mV）。测量硅桥时不要只记得出的数值，要掌握规律。

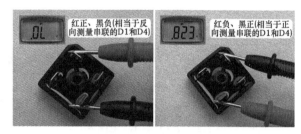

图 8-13　测量正、负端子

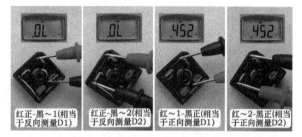

图 8-14　测量正极、两个交流输入端

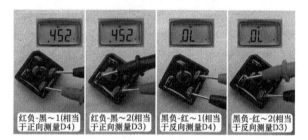

图 8-15　测量负极、两个交流输入端

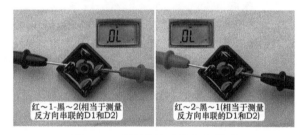

图 8-16　测量两个交流输入端子

（5）硅桥常见故障为内部 4 个二极管全部击穿或某个二极管击穿，开路损坏的比例相对较少。

五、滤波电感

1. 作用

电感线圈具有"通直流、隔交流"的特性，可阻止由硅桥整流后直流电压中含有的交流成分通过，使输送给滤波电容的直流电压更加平滑、纯净。

2. 引脚

将较粗的电感线圈按规律绕制在铁芯上，即组成滤波电感，见图 8-17 左图，其只有两个接线端子，没有正反之分。

3. 安装位置

滤波电感通电时会产生电磁频率且自身较重容易产生噪声，为防止对主板控制电路产生干扰，见图8-17右图，通常将滤波电感设计在室外机底座上面。

4. 测量方法

测量时使用万用表电阻挡，见图8-18，测量阻值约1Ω。由于滤波电感位于室外机底部，且外部有铁壳包裹，直接测量其接线端子不是很方便，检修时可以测量两个连接引线的插头阻值。

5. 常见故障

（1）滤波电感安装在室外机底部，在制热模式下化霜过程中产生的冷凝水将其浸泡，一段时间之后（安装5年左右）引起绝缘阻值下降，通常在低于2MΩ时，会出现空调器通上电源之后空气开关跳闸的故障。

图8-17　滤波电感实物外形和安装位置

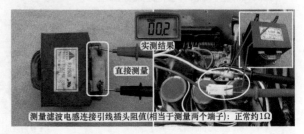

图8-18　测量滤波电感阻值

（2）由于绕制滤波电感线圈的线径较粗，很少有开路损坏的故障。而其工作时通过的电流较大，接线端子处容易产生热量，将连接引线烧断，出现室外机无供电的故障。

（3）滤波电感如果铁芯与线圈松动，在压缩机工作时会产生比较刺耳的噪声，有些故障表现为压缩机低频运行时噪声小，压缩机高频运行时噪声大，容易误判为压缩机故障，在维修时需要注意判断。

六、滤波电容

1. 作用

滤波电容实际为容量较大（约2 000μF）、耐压较高（约直流400V）的电解电容。根据电容"通交流、隔直流"的特性，对滤波电感输送的直流电压再次滤波，将其中含有的交流成分直接入地，使供给模块P、N端的直流电压平滑、纯净，不含交流成分。

2. 引脚

电容共有两个引脚，即正极和负极。正极接模块P端子，负极接模块N端子，负极引脚对应有"▯"状标志。

3. 分类

滤波电容按电容个数分类，有两种类型：单个电容或几个电容并联组成。

几个电容并联：见图8-19左图，由2～4个耐压400V、容量560μF左右的电解电容并联组成，对直流电压滤波后为模块供电，总容量为单个电容标注容量相加，常见于目前生产的变频空调器，直接焊在室外机主板上。

图8-19　两种滤波电容实物外形和容量计算方法

单个电容：见图8-19右图，是1个耐压400V、容量2 200μF左右的电解电容，对直流电压滤波后为模块供电，常见于早期生产的变频空调器，电控盒内设有专用安装位置。

4. 测量方法

由于滤波电容容量较大，使用万用表检测难以准确判断，通常直接代换试机。其常见故障为容量减小引发屡烧模块故障，在实际维修中损坏比例较小。

需要注意的是，由于滤波电容的容量较大，不能像检测定频空调器的压缩机电容一样，直接短路其两个引脚，否则滤波电容将会发出很大的放电声音，甚至能将螺丝刀杆打出一个豁口。

5. 注意事项

滤波电容正极连接模块 P 端子，负极连接 N 端子，引线不能接错。引线接反时，如滤波电容内存有直流 300V 电压，将直接加在模块内部与 IGBT 开关管并联的续流二极管两端，瞬间将模块炸裂。

如滤波电容未存有电压，不会损坏模块，但滤波电容正极经模块内部的续流二极管接滤波电容的负极，相当于直流 300V 电压短路，在室外机上电时，PTC 电阻由于后级短路电流过大，阻值变为无穷大，室外机无工作电源，室内机由于检测不到室外机发送的通信信号，2min 后断开室外机供电，报"通信故障"的故障代码。

七、变频压缩机

变频压缩机安装位置见图 8-17，实物外形见图 8-20 左图，铭牌标识内容见图 8-20 右图。

图 8-20　变频压缩机实物外形和铭牌

1. 作用

变频压缩机是制冷系统的心脏，通过运行使制冷剂在制冷系统中保持流动和循环，它由三相异步电机和压缩系统两部分组成，模块输出频率与电压均可调的模拟三相交流电为三相异步电机供电，电机带动压缩系统工作。

模块输出电压变化时电机转速也随之变化，转速变化范围为 1 500 ～ 9 000r/min，压缩系统的输出功率（即制冷量）也发生变化，从而达到在运行时调节制冷量的目的。

2. 引线作用

无论是交流变频压缩机还是直流变频压缩机，均有 3 个接线端子，见图 8-21，标号分别为 U、V、W，和模块上的 U、V、W 3 个接线端子对应连接。

图 8-21　变频压缩机引线

交流变频空调器在更换模块或压缩机时，如果 U、V、W 接线端子由于不注意插反导致不对应，压缩机则有可能反方向运行，引起不制冷故障，调整方法和定频空调器三相涡旋压缩机相同，即对调任意两根引线的位置。

直流变频空调器如果 U、V、W 接线端子不对应，压缩机启动后室外机 CPU 检测转子位置错误，报出"压缩机位置保护"或"直流压缩机失步"的故障代码。

3. 分类

根据工作方式主要分为直流变频压缩机和交流变频压缩机。

直流变频压缩机：又称直流变转速压缩机，使用无刷直流电机，工作电压为连续但极性不断改变的直流电。

交流变频压缩机：使用三相异步电机，工作电压交流 30 ～ 220V，频率 15 ～ 120Hz，转速 1 500 ～ 9 000r/min。

4. 测量方法

使用万用表电阻挡，见图 8-22，测量 3 个接线端子之间的阻值，UV、UW、VW 间的阻值相等，即 $R_{UV} = R_{UW} = R_{VW}$，阻值为 1.5Ω 左右。

图 8-22　测量线圈阻值

第 2 节　功率模块

功率模块是变频空调器电控系统中比较重要的器件之一，也是故障率较高的一个器件，由于知识点较多，因此单设一节进行详细说明。

一、基础知识

1. 作用

功率模块可以简单地看作是电压转换器。室外机主板 CPU 输出 6 路信号，经功率模块内部驱动电路放大后控制 IGBT 开关管的导通与截止，将直流 300V 电转换成与频率成正比的模拟三相交流电（交流 30 ～ 220V、频率 15 ～ 120Hz），驱动压缩机运行。

三相交流电压越高，压缩机转速和输出功率（即制冷效果）也越高；反之，三相交流电压越低，压缩机转速和输出功率（即制冷效果）也就越低。三相交流电压的高低由室外机 CPU 输出的 6 路信号决定。

2. 功率模块实物外形

严格意义的功率模块见图 8-23，它是一种智能模块，将 IGBT 连同驱动电路和多种保护电路封装在同一模块内，从而简化了设计，提高了稳定性。功率模块只有固定在外围电路的控制基板上，才能组成模块板组件。

3. 功率模块组成

在实际应用中，功率模块通常与控制基板组合在一起。如三菱一种型号为 PM20CTM60 的功率模块，与带开关电源功能的控制基板组合，即组成带开关电源功能的功率模块板组件。

图 8-23　常见的几种功率模块实物外形

本书所称的"模块"，就是由功率模块和控制基板组合而成的模块板组件。

4. 固定位置

由于模块工作时产生很高的热量，因此设有面积较大的铝制散热片，见图 8-24，并固定在上面，中间有绝缘垫片，设计在室外机电控盒里侧，室外风扇运行时带走铝制散热片表面的热量，间接

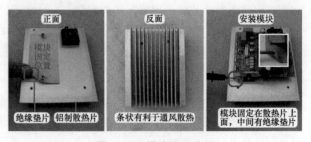
图 8-24　模块固定位置

为模块散热。

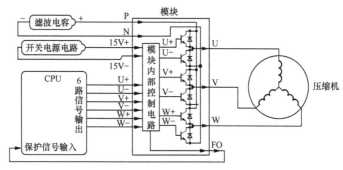

图 8-25　模块输入与输出电路方框图

二、输入与输出电路

图 8-25 为模块输入与输出电路的方框图，图 8-26 为实物图。

1. 输入部分

（1）P、N：由滤波电容提供直流 300V 电压，为模块内部开关管供电，其中 P 端外接滤波电容正极，内接上桥 3 个 IGBT 开关管的集电极；N 端外接滤波电容负极，内接下桥 3 个 IGBT 开关管的发射极。

（2）15V：由开关电源电路提供，为模块内部控制电路供电。

（3）6 路驱动信号：由室外机 CPU 提供，经模块内部控制电路放大后，按顺序驱动 6 个 IGBT 开关管的导通与截止。

2. 输出部分

（1）U、V、W：上桥与下桥的中点，输出与频率成正比的模拟三相交流电，驱动压缩机运行。

（2）FO（保护信号）：当模块内部控制电路检测到过热、过流、短路、15V 电压低 4 种故障时，输出保护信号至室外机 CPU。

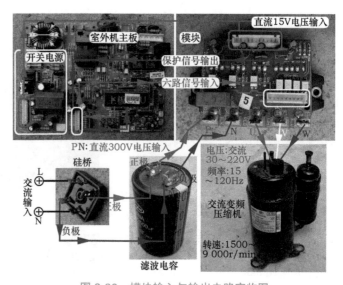

图 8-26　模块输入与输出电路实物图

直流 300V 供电回路中，在方框图上未显示 PTC 电阻、室外机主控继电器和滤波电感等元器件。

三、模块测量方法

无论何种类型的模块，使用万用表测量时，内部控制电路工作是否正常不能判断，只能对内部 6 个开关管做简单的检测。

从图 8-27 的模块内部 IGBT 开关管简图可知，万用表显示值实际为 IGBT 开关管并联 6 个续流二极管的测量结果，因此应选择二极管挡，且 P、N、U、V、W 端子之间应符合二极管的特性。

（1）测量 P、N 端子

测量过程见图 8-28，相当于 D1 和 D2（或 D3 和 D4、D5 和 D6）串联测量。

红表笔接 P 端、黑表笔接 N 端，为反向测量，结果为无穷大；红表笔接 N 端、黑表笔接 P 端，为正向测量，结果为 733mV。

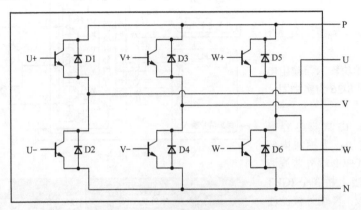

图 8-27　模块内部 IGBT 开关管简图

　　如果正反向测量结果均为无穷大，为
模块 P、N 端子开路；如果正反向测量接
近 0mV，为模块 P、N 端子短路。实际维
修中常见故障为 P、N 端子短路。

　　（2）测量 P 与 U、V、W 端子
相当于测量 D1、D3、D5。

　　红表笔接 P 端，黑表笔接 U、V、W 端，
测量过程见图 8-29，相当于反向测量 D1、
D3、D5，3 次结果相同，应均为无穷大。

　　红表笔接 U、V、W 端，黑表笔接 P 端，
测量过程见图 8-30，相当于正向测量 D1、
D3、D5，3 次结果相同，应均为 406mV。

　　如果反向测量或正向测量时 P 与 U、
V、W 端的结果接近 0mV，则说明模块
PU、PV、PW 端击穿。实际损坏时有可能
是 PU、PV 端正常，只有 PW 端击穿。

　　（3）测量 N 与 U、V、W 端子
相当于测量 D2、D4、D6。

　　红表笔接 N 端，黑表笔接 U、V、W 端，
测量过程见图 8-31，相当于正向测量 D2、
D4、D6，3 次结果相同，应均为 407mV。

　　红表笔接 U、V、W 端，黑表笔接 N 端，
测量过程见图 8-32，相当于反向测量 D2、
D4、D6，3 次结果相同，应均为无穷大。

图 8-28　测量 P、N 端子

图 8-29　反向测量 P 与 U、V、W 端子

图 8-30　正向测量 P 与 U、V、W 端子

　　如果反向测量或正向测量时，N 与 U、
V、W 端结果接近 0mV，则说明模块 NU、NV、NW 端击穿。实际损坏时有可能是 NU、NW 端正常，
只有 NV 端击穿。

　　（4）测量 U、V、W 端子

　　由于模块内部无任何连接，U、V、W 端子之间无论正反向测量（见图 8-33），结果相同应均
为无穷大。如果实测结果接近 0mV，则说明 UV、UW、VW 端击穿。实际维修时 U、V、W 端之

间击穿损坏的比例较小。

四、测量说明

（1）测量时应将模块上的 P、N 端子滤波电容供电引线，U、V、W 端子压缩机线圈引线全部拔下。

（2）上述测量方法使用数字万用表。如果使用指针万用表，选择 R×1k 挡，测量时红、黑表笔所接端子与上述方法相反，得出的规律才会一致。

（3）不同的模块、不同的万用表正向测量时得出的结果数值会不相同，但一定要符合内部 6 个续流二极管连接特点所组成的规律。同一模块、同一万用表正向测量 P 与 U、V、W 端或 N 与 U、V、W 端时，结果数值应相同（如本次测量为 406mV）。

（4）P、N 端子正向测量得出的结果数值应大于 P 与 U、V、W 端或 N 与 U、V、W 端得出的数值。

（5）测量模块时不要死记得出的数值，要掌握规律。

（6）模块常见故障为 PN、PU（或 PV、PW）、NU（或 NV、NW）端子击穿，其中 PN 端子击穿的比例最高。

图 8-31　正向测量 N 与 U、V、W 端子

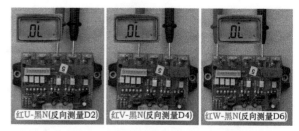

图 8-32　反向测量 N 与 U、V、W 端子

图 8-33　测量 U、V、W 端子

（7）纯粹的模块为一体化封装，如内部 IGBT 开关管损坏，维修时只能更换整个模块板组件。

（8）模块与控制基板（电路板）焊接在一起，如模块内部损坏，或电路板上的某个元器件损坏但检查不出来，维修时也只能更换整个模块板组件。

本章介绍海信 KFR-26GW/11BP 室内机电控系统硬件组成、实物外形、单元电路中的工作原理。

在本章内容中，如未标注空调器型号，均以海信 KFR-26GW/11BP 室内机电控系统为基础。

第1节　基础知识

一、室内机电控系统组成

图 9-1 为室内机电控系统电气接线图，图 9-2 为实物图（不含端子板）。从图 9-2 中可以看出，室内机电控系统由主板（控制基板）、室内管温传感器（蒸发器温度传感器）、显示板组件（显示基板组件）、PG 电机（室内风机）、步进电机（风门电机）、端子板等组成。

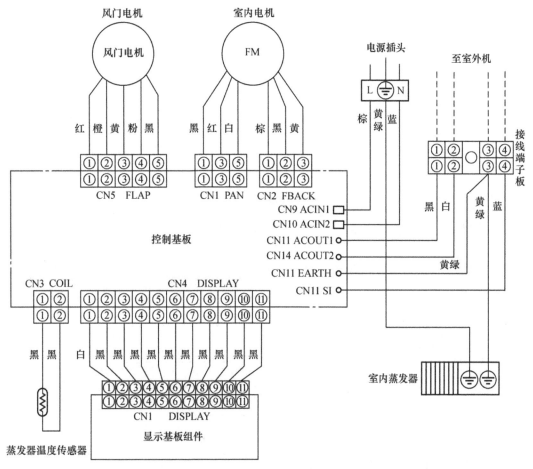

图 9-1　室内机电控系统电气接线图

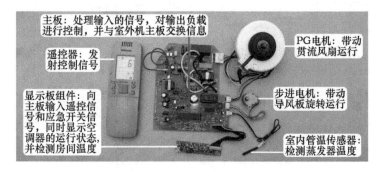

图 9-2　室内机电控系统实物图

图 9-3 为室内机主板电路原理图。

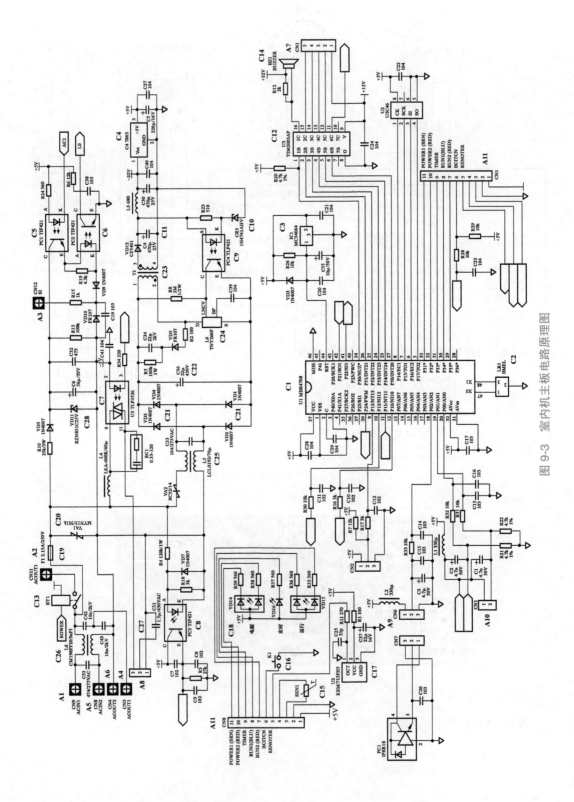

图 9-3　室内机主板电路原理图

二、室内机主板插座和外围元器件

表 9-1 为室内机主板插座和外围元器件明细，图 9-4 为室内机主板插座和外围元器件。

表 9-1　　　　　　　　　　　　　室内机主板插座和外围元器件明细

标号	插座/元器件	标号	插座/元器件	标号	插座/元器件	标号	插座/元器件
A1	电源L端输入	A5	电源N端输入	A9	霍尔反馈插座	B2	显示板组件
A2	电源L端输出	A6	电源N端输出	A10	管温传感器插座	B3	管温传感器
A3	通信线	A7	步进电机插座	A11	显示板组件插座		
A4	地线	A8	PG电机供电插座	B1	步进电机		

　　主板有供电才能工作，为主板供电有电源 L 端输入和电源 N 端输入两个端子。室内机主板外围的元器件有 PG 电机、步进电机、显示板组件和管温传感器，相对应的在主板上有 PG 电机供电插座、步进电机插座、霍尔反馈插座、管温传感器插座。由于室内机主板还为室外机供电和与室外机交换信息，因此还设有室外机供电端子和通信线。

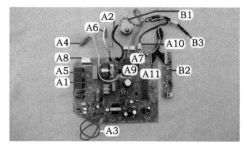

图 9-4　室内机主板插座和外围元器件

　　（1）插座引线的代号以"A"开头，外围元器件实物以"B"开头，主板和显示板组件上电子元器件以"C"开头。
　　（2）本机主板由开关电源提供直流 12V 和 5V 电压，因此没有变压器一次绕组和二次绕组插座。

三、室内机单元电路中的主要电子元器件

表 9-2 为室内机主板主要电子元器件明细，图 9-5 为室内机主板主要电子元器件。

表 9-2　　　　　　　　　　　　　室内机主板主要电子元器件明细

标号	元器件	标号	元器件	标号	元器件	标号	元器件
C1	CPU	C8	过零检测光耦	C15	环温传感器	C22	300V滤波电容
C2	晶振	C9	稳压光耦	C16	应急开关	C23	开关变压器
C3	复位集成电路	C10	11V稳压管	C17	接收器	C24	开关振荡集成电路
C4	7805稳压块	C11	12V滤波电容	C18	发光二极管	C25	扼流圈
C5	发送光耦	C12	反相驱动器	C19	保险管	C26	滤波电感
C6	接收光耦	C13	主控继电器	C20	压敏电阻	C27	风机电容
C7	光耦晶闸管	C14	蜂鸣器	C21	整流二极管	C28	24V稳压管

1. 电源电路

　　电源电路的作用是向主板提供直流 12V 和 5V 电压，由保险管（C19）、压敏电阻（C20）、滤波电感（C26）、整流二极管（C21）、直流 300V 滤波电容（C22）、开关振荡集成电路（C24）、开关变

压器（C23）、稳压光耦（C9）、11V 稳压管（C10）、12V 滤波电容（C11）、7805 稳压块（C4）等元器件组成。

交流滤波电路中使用扼流圈（C25），用来滤除电网中的杂波干扰。

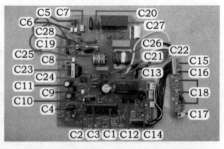

图 9-5　室内机主板主要电子元器件

2. CPU 和其三要素电路

CPU（C1）是室外机电控系统的控制中心，处理输入部分电路的信号，对负载进行控制；CPU 三要素电路是 CPU 正常工作的前提，由复位集成电路（C3）、晶振（C2）等元器件组成。

3. 通信电路

通信电路的作用是和室外机 CPU 交换信息，主要元器件为接收光耦（C6）和发送光耦（C5）。

4. 应急开关电路

应急开关电路的作用是在无遥控器时用其可以开启或关闭空调器，主要元器件为应急开关（C16）。

5. 接收器电路

接收器电路的作用是接收遥控器发射的信号，主要元器件为接收器（C17）。

6. 传感器电路

传感器电路的作用是向 CPU 提供温度信号。室内环温传感器（C15）提供房间温度信号，室内管温传感器（B3）提供蒸发器温度信号，5V 供电电路中使用了电感。

7. 过零检测电路

过零检测电路的作用是向 CPU 提供交流电源的零点信号，主要元器件为过零检测光耦（C8）。

8. 霍尔反馈电路

霍尔反馈电路的作用是向 CPU 提供转速信号，PG 电机输出的霍尔反馈信号直接送至 CPU 引脚。

9. 指示灯电路

指示灯电路的作用是显示空调器的运行状态，主要元器件为 3 个发光二极管（C18），其中的 2 个为双色二极管。

10. 蜂鸣器电路

蜂鸣器电路的作用是提示已接收到遥控信号，主要元器件为反相驱动器（C12）和蜂鸣器（C14）。

11. 步进电机电路

步进电机电路的作用是驱动步进电机运行，从而带动导风板上下旋转运行，主要元器件为反相驱动器和步进电机（B1）。

12. 主控继电器电路

主控继电器电路的作用是向室外机提供电源，主要元器件为反相驱动器和主控继电器（C13）。

13. PG 电机驱动电路

PG 电机驱动电路的作用是驱动 PG 电机运行，主要元器件为光耦晶闸管（C7）和 PG 电机。

第 2 节　电源电路和 CPU 三要素电路

电源电路和 CPU 三要素电路是主板正常工作的前提，并且电源电路在实际维修中故障率较高。

一、电源电路

1. 作用

电源电路的作用是将交流220V电压转换为直流12V和5V为主板供电，本机使用开关电源型电源电路，图9-6为室内机开关电源电路简图。

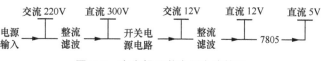

图 9-6　室内机开关电源电路简图

2. 工作原理

图9-7为开关电源电路原理图，图9-8为实物图。

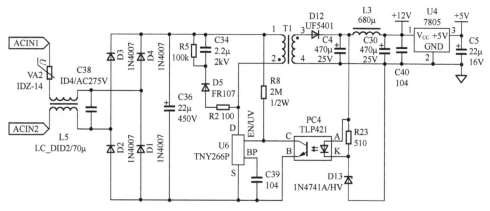

图 9-7　开关电源电路原理图

（1）交流滤波电路

电容 C33 为高频旁路电容，与滤波电感 L6 组成 LC 振荡电路，用以旁路电源引入的高频干扰信号；保险管 F1、压敏电阻 VA1 组成过压保护电路，输入电压正常时对电路没有影响，而当输入电压过高时，VA1 迅速击穿，将前端 F1 保险管熔断，从而保护主板后级电路免受损坏。

交流 220V 电压经过滤波后，其中一路分支送至开关电源电路，经过由 VA2、扼流圈 L5、电容 C38 组成的 LC 振荡电路，使输入的交流 220V 电压更加纯净。

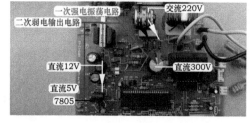

图 9-8　开关电源电路实物图

（2）整流滤波电路

二极管 D1 ～ D4 组成桥式整流电路，将交流 220V 电压整流成为直流 300V 电压，电容 C36 滤除其中的交流成分，变为纯净的直流 300V 电压。

（3）开关振荡电路

本电路为反激式开关电源，特点是 U6 内置振荡器和场效应开关管，振荡开关频率固定，通过改变脉冲宽度来调整占空比。开关频率固定，因此设计电路相对简单，但是受功率开关管最小导通时间限制，对输出电压不能做宽范围调节。由于采用反激式开关方式，电网的干扰就不能经开关变压器直接耦合至二次绕组，具有较好的抗干扰能力。

直流 300V 电压正极经开关变压器一次绕组接集成电路 U6 内部开关管的漏极 D，负极接开关管源极 S。高频开关变压器 T1 一次绕组与二次绕组极性相反，U6 内部开关管导通时一次绕组存储能量，二次绕组因整流二极管 D12 承受反向电压而截止，相当于开路；U6 内部开关管截止时，T1 一次绕组极性变换，二次绕组极性同样变换，D12 正向偏置导通，一次绕组向二次绕组释放能量。

U6 内部开关管交替导通与截止，开关变压器二次绕组得到高频脉冲电压，经 D12 整流，电容 C4、C30、C40 和电感 L3 滤波，成为纯净的直流 12V 电压为主板 12V 负载供电；其中一个支路送至 U4（7805）的①脚输入端，经内部电路稳压后在③脚输出端输出稳定的直流 5V 电压，为主板 5V 负载供电。

R2、D5、R5、C34 组成钳位保护电路，吸收开关管截止时加在漏极 D 上的尖峰电压，并将其降至一定的范围之内，防止过压损坏开关管。

C39 为旁路电容，实现高频滤波和能量储存，在开关管截止时为 U6 提供工作电压，由于容量仅为 0.1μF，因此 U6 上电时迅速启动并使输出电压不会过高。

电阻 R8 为输入电压检测电阻，开关电源电路在输入电压高于 100V 时，集成电路 U6 才能工作。如果 R8 阻值发生变化，将导致 U6 欠压阈值发生变化，将出现开关电源不能正常工作的故障。

（4）稳压电路

稳压电路采用脉宽调制方式，由电阻 R23、11V 稳压管 D13、光耦 PC4 和 U6 的④脚（EN/UV）组成。如因输入电压升高或负载发生变化引起直流 12V 电压升高，由于稳压管 D13 的作用，电阻 R23 两端电压升高，相当于光耦 PC4 初级发光二极管两端电压上升，光耦次级光电三极管导通能力增强，U6 的④脚电压下降，通过减少开关管的占空比，使开关管导通时间缩短而截止时间延长，开关变压器储存的能量变少，输出电压也随之下降。如直流 12V 输出电压降低，光耦次级导通能力下降，U6 的④脚电压上升，增加了开关管的占空比，开关变压器储存能量增加，输出电压也随之升高。

（5）输出电压直流 12V

输出电压直流 12V 的高低，由稳压管 D13 稳压值（11V）和光耦 PC4 初级发光二极管的压降（约 1V）共同设定。正常工作时实测稳压管 D13 两端电压为 10.5V，光耦 PC4 初级两端电压为 1V，输出电压为直流 11.5V。

3. 电源电路负载

（1）直流 12V

主要有 5 个支路：①5V 电压产生电路 7805 稳压块的输入端；②2003 反相驱动器；③蜂鸣器；④主控继电器；⑤步进电机。

（2）直流 5V

主要有 7 个支路：①CPU；②复位电路；③霍尔反馈；④传感器电路；⑤显示板组件上指示灯和接收器；⑥光耦晶闸管；⑦通信电路光耦和其他弱电信号处理电路。

二、CPU 及其三要素电路

1. CPU 简介

CPU 是主板上体积最大、引脚最多的器件，是一个大规模的集成电路，且为电控系统的控制中心，内部写入了运行程序。室内机 CPU 的作用是接收使用者的操作指令，结合室内环温、管温传感器等输入部分电路的信号进行运算和比较，确定运行模式（如制冷、制热、除湿和送风等），并通过通信电路传送至室外机主板 CPU，间接控制压缩机、室外风机、四通阀线圈等部件，使空调器按使用者的意愿工作。

海信 KFR-26GW/11BP 室内机 CPU 型号为 MB89P475，见图 9-9，主板代号 U1，共有 48 个引脚，表 9-3 为主要引脚功能。

图 9-9　MB89P475 实物外形

表 9-3 MB89P475 主要引脚功能

引　脚	英文符号	功　能	说　明
㊲、㉒	VCC或VDD	电源	CPU三要素电路
①、㉑	VSS或GND	地	
㊼	XIN或OSC1	8MHz晶振	
㊽	XOUT或OSC2		
㊹	RESET	复位	
㊶	SI或RXD	通信信号输入	通信电路
㊷	SO或TXD	通信信号输出	
⑲	ROOM	室内管温输入	输入部分电路
⑳	COIL	室内环温输入	
⑪	SPEED	应急开关输入	
⑫		遥控信号输入	
⑩	ZERO	过零信号输入	
⑨		霍尔反馈输入	
指示灯：㉙高效（红）、㉚运行（蓝）、㉛定时（绿）、㉜电源（红）、㉝电源（绿）			输出部分电路
㉓～㉖	FLAP	步进电机	
㉞	BUZZ	蜂鸣器	
㊴	FAN-DRV	PG电机	
㉗		主控继电器	

注：②、④～⑧、⑬～⑱、㉘、㉟、㊱、㊳、㊵、㊸、㊺脚均为空脚。

2. CPU 三要素电路工作原理

图 9-10 为 CPU 三要素电路原理图，图 9-11 为实物图。电源、复位、时钟振荡电路称为三要素电路，是 CPU 正常工作的前提，缺一不可，否则会死机，引起空调器上电后室内机主板无反应的故障。

（1）电源

CPU ㊲脚是电源供电引脚，电压由 7805 的③脚输出端直接供给。

CPU ㊻脚为接地引脚，和 7805 的②脚相连。

（2）复位电路

复位电路使内部程序处于初始状态。CPU 的㊹脚为复位引脚，外围元器件 IC1（HT7044A）、R26、C35、C201、D8 组成低电平复位电路。开机瞬间，直流 5V 电压在滤波电容的作用下逐渐升高，当电压低于 4.6V 时，IC1 的①脚为低电平约 0V，加至㊹脚，使 CPU 内部电路清零复位；当电压高于 4.6V 时，IC1 的①脚变为高电平 5V，加至 CPU ㊹脚，使其内部电路复位结束，开始工作。电容 C35 用来调整复位时间。

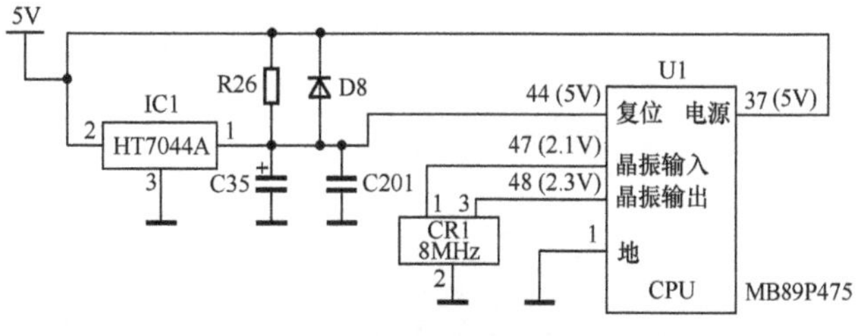

图 9-10 CPU 三要素电路原理图

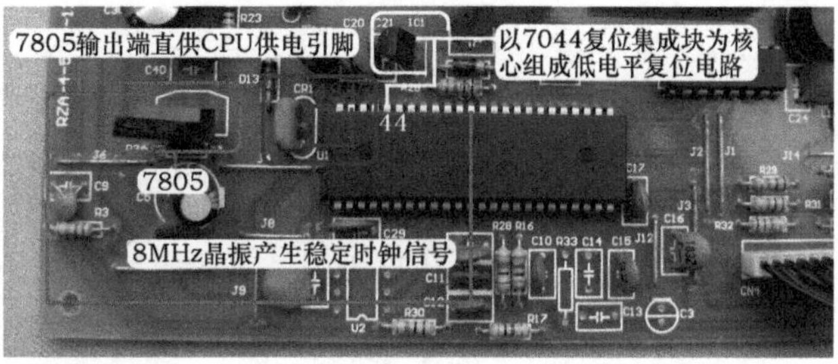

图 9-11 CPU 三要素电路实物图

（3）时钟振荡电路

时钟振荡电路提供时钟频率。CPU ㊼、㊽为时钟引脚，内部振荡器电路与外接的晶振 CR1 组成时钟振荡电路，提供稳定的 8MHz 时钟信号，使 CPU 能够连续执行指令。

第 3 节　单元电路

一、室内机单元电路方框图

图 9-12 为室内机主板单元电路方框图，图中左侧为输入部分电路，右侧为输出部分电路。

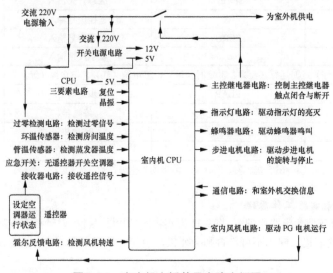

图 9-12　室内机主板单元电路方框图

二、输入部分电路

1. 应急开关电路

图 9-13 为应急开关电路原理图，图 9-14 为实物图，作用是无遥控器可以开启和关闭空调器。

CPU ⑪脚为应急开关信号输入引脚，正常即应急开关未按下时为高电平直流 5V；在无遥控器需要开启或关闭空调器时，按下应急开关的按键，⑪脚为低电平约 0.1V，CPU 根据低电平时间长短进入各种控制程序。

2. 遥控信号接收电路

图 9-15 为遥控信号接收电路原理图，图 9-16 为实物图，作用是处理遥控器发送的信号并送至 CPU 相关引脚。

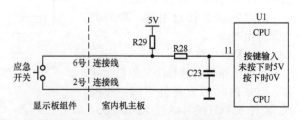

图 9-13　应急开关电路原理图

图 9-14　应急开关电路实物图

遥控器发射含有经过编码的调制信号，以 38kHz 为载波频率发送至接收器，接收器将光信号转换为电信号，并进行放大、滤波、整形，经电阻 R11 和 R16 送至 CPU ⑫ 脚，CPU 内部电路解码后得出遥控器的按键信息，从而对电路进行控制；CPU 每接收到遥控信号后会控制蜂鸣器响一声给予提示。

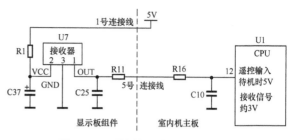

图 9-15　遥控信号接收电路原理图

3. 传感器电路

（1）安装位置

室内机传感器有两个，即环温传感器和管温传感器，图 9-17 为环温传感器安装位置和实物外形，图 9-18 为管温传感器安装位置和实物外形。

本机的环温传感器比较特殊，与常见机型不同，没有安装在蒸发器的进风面，而是直接焊接在显示板组件上面（相对应主板没有环温传感器插座），且实物外形和普通二极管相似；管温传感器与常见机型相同。

图 9-16　遥控信号接收电路实物图

（2）工作原理

图 9-19 为传感器电路原理图，图 9-20 为管温传感器信号流程。

室内机 CPU 的⑳脚检测室内环温传感器温度，⑲脚检测室内管温传感器温度，两路传感器工作原理相同，均为传感器与偏置电阻组成分压电路，传感器为负温度系数（NTC）的热敏电阻。以室内管温传感器电路为例，如蒸发器温度由于某种原因升高，室内管温传感器温度也相应升高，其阻值变小，根据分压电路原理，分压电阻 R22 分得的电压也相应升高，输送到 CPU ⑲脚的电压升高，CPU 根据电压值计算得出蒸发器的实际温度，并与内置的数据相比较，对电路进行控制。假如在制热模式下，计算得出的温度大于 78℃，则控制压缩机停机，并显示故障代码。

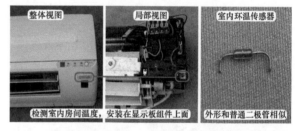

图 9-17　环温传感器安装位置和实物外形

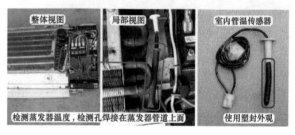

图 9-18　管温传感器安装位置和实物外形

4. 过零检测电路

（1）作用

过零检测电路作用是为 CPU 提供电源电压的零点位置信号，以便 CPU 在零点附近驱动光耦晶闸管的导通角，并通过软件计算出电源供电是否存在瞬时断电的故障。本机主板供电使用开关电源，过零检测电路的取样点为交流 220V。

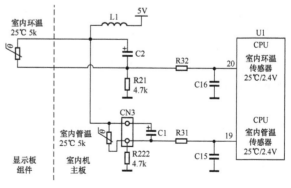

图 9-19　传感器电路原理图

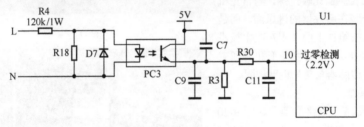

图 9-20　管温传感器信号流程

> 如果室内机主板使用变压器降压型电源电路，则过零检测电路取样点为变压器二次绕组整流电路的输出端。两者电路设计思路不同，使用的元器件和检测点也不相同，但工作原理类似，所起的作用是相同的。

（2）工作原理

图 9-21 为电路原理图，图 9-22 为实物图。电路主要由电阻 R4、光耦 PC3 等主要元器件组成。交流电源处于正半周即 L 正、N 负时，光耦 PC3 初级得到供电，内部发光二极管发光，使得次级光电三极管导通，5V 电压经 PC3 次级、电阻 R30 为 CPU ⑩脚供电，为高电平 5V；交流电源为负半周即 L 负、N 正时，光耦 PC3 初级无供电，内部发光二极管无电流通过不能发光，使得次级光电三极管截止，CPU ⑩脚经电阻 R30、R3 接地，引脚电压为低电平 0V。

图 9-21　过零检测电路原理图

图 9-22　过零检测电路实物图

交流电源正半周和负半周极性交替变换，光耦反复导通、截止，在 CPU ⑩脚形成 100Hz 脉冲波形，CPU 内部电路通过处理，检测电源电压的零点位置和供电是否存在瞬时断电。

交流电源频率为每秒 50Hz，每 1Hz 为一周期，一周期由正半周和负半周组成，也就是说 CPU ⑩脚电压每秒变化 100 次，速度变化极快，万用表显示值不为跳变电压而是稳定的直流电压，实测⑩脚电压为直流 2.2V，光耦 PC3 初级为 0.2V。

（3）常见故障

常见故障为电阻 R4 开路、光耦 PC3 初级发光二极管开路或内部光源传送不正常，次级一直处于截止状态，使 CPU ⑩脚恒为低电平 0V，开机后室内风机不能运行，整机也不工作，并报"瞬时停电"或"无过零信号"的故障代码。

5. 霍尔反馈电路

图 9-23 为霍尔反馈电路原理图，图 9-24 为实物图，作用是向 CPU 提供代表 PG 电机实际转速的霍尔信号，由 PG 电机内部霍尔、电阻 R7/R17、电容 C12 和 CPU 的⑨脚组成。PG 电

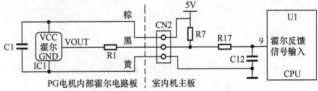

图 9-23　霍尔反馈电路原理图

机旋转一圈，内部霍尔会输出一个脉冲电压信号或几个脉冲电压信号（厂家不同，脉冲电压信号数量不同），CPU 根据脉冲电压信号数量计算出实际转速。

PG 电机内部设有霍尔，旋转时其输出端输出脉冲电压信号，通过 CN2 插座、电阻 R17 提供

给 CPU ⑨脚，CPU 内部电路计算出实际转速，与目标转速相比较，如有误差通过改变光耦晶闸管导通角，从而改变 PG 电机工作电压，使实际转速与目标转速相同。

PG 电机停止运行时，根据内部霍尔位置不同，霍尔反馈插座的信号引针电压即 CPU ⑨脚电压为 5V 或 0V；PG 电机运行时，不论高速还是低速，电压恒为 2.5V，即供电电压 5V 的一半。

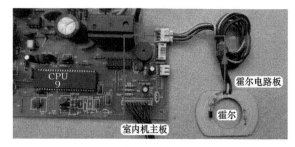

图 9-24　霍尔反馈电路实物图

三、输出部分电路

1. 指示灯电路

图 9-25 为指示灯电路原理图，图 9-26 为电源指示灯信号流程，作用是指示空调器的工作状态，或者出现故障时以指示灯的亮、灭、闪的组合显示代码。CPU ㉙～㉝脚分别是高效、运行、定时、电源指示灯控制引脚，运行 D15、电源 D14 指示灯均为双色指示灯。

定时指示灯 D16 为单色指示灯，正常情况下，CPU ㉛脚为高电平 4.5V，D16 因两端无电压差而熄灭；如遥控器开启"定时"功能，CPU 处理后开始计时，同时㉛脚变为低电平 0.2V，D16 两端电压为 1.9V 而点亮，显示绿色。

电源指示灯 D14 为双色指示灯，待机状态 CPU ㉜、㉝脚均为高电平 4.5V，指示灯为熄灭状态；遥控器开机后如 CPU 控制为制冷或除湿模式，㉝脚变为低电平 0.2V，D14 内部绿色发光二极管点亮，因此显示颜色为绿色；遥控器开机后如 CPU 控制为制热模式，㉜、㉝脚均为低电平 0.2V，D14 内部红色和绿色发光二极管全部点亮，红色和绿色融合为橙色，因此制热模式显示为橙色。

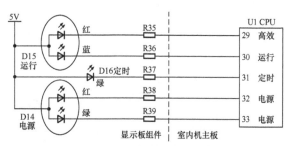

图 9-25　指示灯电路原理图

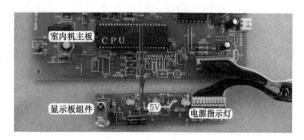

图 9-26　电源指示灯信号流程

运行指示灯 D15 也为双色指示灯，具有运行和高效指示功能，共同组合可显示压缩机运行频率。遥控器开机后如压缩机低频运行，CPU ㉚脚为低电平 0.2V，CPU ㉙脚为高电平 4.5V，D15 内部只有蓝色发光二极管点亮，此时运行指示灯只显示蓝色；如压缩机升频至中频状态运行，CPU ㉙脚也变为低电平 0.2V（即㉙和㉚脚同为低电平），D15 内部红色和蓝色发光二极管均点亮，此时 D15 同时显示红色和蓝色两种颜色；如压缩机继续升频至高频状态运行，或开启遥控器上的"高效"功能，CPU ㉚脚变为高电平，D15 内部蓝色发光二极管熄灭，此时只有红色发光二极管点亮，显示颜色为红色。

2. 蜂鸣器电路

图 9-27 为蜂鸣器电路原理图，图 9-28 为实物图，作用为提示（响一声）CPU 接收到遥控信号且已处理。

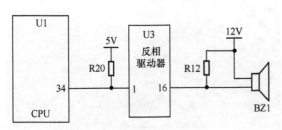

图 9-27　蜂鸣器电路原理图　　　　　图 9-28　蜂鸣器电路实物图

CPU ㉞脚是蜂鸣器控制引脚，正常时为低电平；当接收到遥控信号且处理后引脚变为高电平，反相驱动器 U3 的输入端①脚也为高电平，输出端⑯脚则为低电平，蜂鸣器发出预先录制的音乐。

3. 步进电机电路

图 9-29 为步进电机电路原理图，图 9-30 为实物图。

需要控制步进电机运行时，CPU ㉓～㉖脚输出步进电机驱动信号，送至反相驱动器 U3 的输入端⑤、④、③、②脚，U3 将信号放大后在⑫～⑮脚反相输出，驱动步进电机线圈，电机转动，带动导风板上下摆动，使房间内送风均匀，到达用户需要的地方。需要控制步进电机停止转动时，CPU ㉓～㉖脚输出低电平 0V，线圈无驱动电压，使得步进电机停止运行。

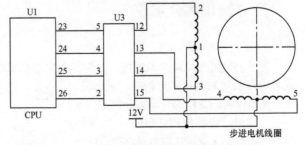

图 9-29　步进电机电路原理图

图 9-30　步进电机电路实物图

4. 主控继电器电路

图 9-31 为主控继电器电路原理图，图 9-32 为实物图，作用是为室外机供电，CPU ㉗脚为控制引脚。

当 CPU 处理输入的信号，需要为室外机供电时，㉗脚变为高电平 5V，送至反相驱动器 U3 的输入端⑥脚，⑥脚为高电平 5V，U3 内部电路翻转，使得输出端引脚接地，其对应输出端⑪脚为低电平 0.8V，继电器 RY1 线圈得到 11.2V 供电，产生电磁吸力使触点 3-4 吸合，电源电压由 L 端经主控继电器 3-4 触点去接线端子，与 N 端组合为交流 220V 电压，为室外机供电。

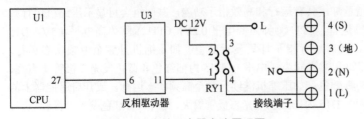

图 9-31　主控继电器电路原理图

当 CPU 处理输入的信号，需要断开室外机供电时，㉗脚为低电平 0V，U3 输入端⑥脚也为低电平 0V，内部电路不能翻转，对应输出端⑪脚为高电平 12V，继电器 RY1 线圈电压为 0V，触点 3-4 断开，室外机也就停止供电。

5. PG 电机驱动电路

图 9-33 为 PG 电机电路原理图，图 9-34 为实物图，作用是驱动 PG 电机运行，从而带动贯流风扇运行。

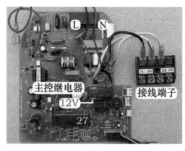

图 9-32　主控继电器电路实物图

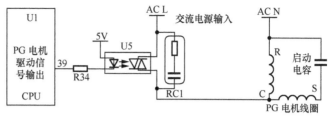

图 9-33　PG 电机电路原理图

CPU ㉟脚输出驱动信号，经 R34 送至 U5（光耦晶闸管）初级发光二极管的负极，次级晶闸管导通，PG 电机开始运行。

CPU 通过霍尔反馈电路计算出实际转速，并与内置数据相比较，如有误差通过改变㉟脚输出信号，改变光耦晶闸管的导通角，从而改变风机供电电压，使实际转速与目标转速相同。为了控制光耦晶闸管在零点附近导通，主板设有过零检测电路，向 CPU 提供参考依据。

图 9-34　PG 电机电路实物图

第 4 节　通信电路

变频空调器一般采用单通道半双工异步串行通信方式，室内机与室外机之间通过以二进制编码形式组成的数据组，进行各种数据信号的传递。

一、通信电路数据结构、编码及通信规则

1. 通信数据结构

室内机（主机）、室外机（副机）的通信数据均由 16 个字节组成，每个字节由一组 8 位二进制编码构成，进行通信时，首字节先发送一个代表开始识别码的字节，然后依次发送第 1～16 字节数据信息，最后发送一个结束识别码字节，至此完成一次通信。每组的通信数据见表 9-4。

表 9-4　　　　　　　　　　　　　通信数据结构

命令位置	数据内容	备　注
第1字节	通信源地址（自己地址）	室内机地址——0、1、2……255
第2字节	通信目标地址（对方地址）	室外机地址——0、1、2……255
第3字节	命令参数	高4位：要求对方接收参数的命令 低4位：向对方传输参数的命令
第4字节	参数内容1	
第5字节	参数内容2	

续表

命令位置	数据内容	备　注
⋮	⋮	
第15字节	参数内容12	
第16字节	校验和	校验和=［∑（第1字节＋第2字节＋第3字节+……第13字节＋第14字节＋第15字节）］＋1

2. 编码规则

① 命令参数

第三字节为命令参数，见图9-35，由"要求对方接收参数的命令"和"向对方传输参数的命令"两部分组成，在8位编码中，高4位是要求对方接收参数的命令，低4位是向对方传输参数的命令，高4位和低4位可以自由组合。

图 9-35　命令参数

② 参数内容

第4字节至第15字节分别可表示12项参数内容，每1个字节室内机（主机）、室外机（副机）所表示的内容略有差别。参数内容见表9-5。

表 9-5　　　　　　　　　　　参数内容

命令位置	室内机向室外机发送内容	室外机向室内机发送内容
第4字节	当前室内机的机型	当前室外机的机型
第5字节	当前室内机的运行模式	当前压缩机的实际运行频率
第6字节	要求压缩机运行的目标频率	当前室外机保护状态1
第7字节	强制室外机输出端口的状态	当前室外机保护状态2
第8字节	当前室内机保护状态1	当前室外机冷凝器的温度值
第9字节	当前室内机保护状态2	当前室外机环境温度值
第10字节	当前室内机的设定温度	当前压缩机的排气温度值
第11字节	当前室内风机转速	当前室外机的运行总电流值
第12字节	当前室内的环境温度值	当前室外机的电压值
第13字节	当前室内机的蒸发器温度值	当前室外机的运行模式
第14字节	当前室内机的能级系数	当前室外机的状态
第15字节	当前室内机的状态	预留

3. 通信规则

空调器通电后，由室内机向室外机发送信号或由室外机向室内机发送信号时，均在收到对方信号处理完50ms后进行。通信以室内机为主，正常情况室内机发送信号之后等待接收，如500ms仍未接收到反馈信号，则再次发送当前的命令，如果2min内仍未收到室外机的应答（或应答错误），则出错报警，同时发送信息命令给室外机。以室外机为副机，室外机未接收到室内机的信号时，则一直等待，不发送信号。

图9-36为通信电路简图，RC1为室内机发送光耦、RC2为室内机接收光耦、

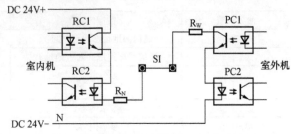

图 9-36　通信电路简图

PC1 为室外机发送光耦、PC2 为室外机接收光耦。

空调器通电后，室内机和室外机主板就会自动进行通信，按照既定的通信规则，用脉冲序列的形式将各自的电路状况发送给对方，收到对方正常信息后，室内机和室外机电路均处于待机状态。当进行开机操作时，室内机 CPU 把预置的各项工作参数及开机指令送到 RC1 的输入端，通过通信回路进行传输；室外机 PC2 输入端收到开机指令及工作参数内容后，由输出端将序列脉冲信息送给室外机 CPU，整机开机，按照预定的参数运行。室外机 CPU 在接收到信息 50ms 后输出反馈信息到 PC1 的输入端，通过通信回路传输到室内机 RC2 输入端，RC2 输出端将室外机传来的各项运行状况参数送至室内机 CPU，根据收集到的整机运行状况参数确定下一步对整机的控制。

由于室内机和室外机之间相互传递的通信信息，产生于各自的 CPU，其信号幅度小于 5V。而室内机与室外机的距离比较远，如果直接用此信号进行室内机和室外机的信号传输，很难保证信号传输的可靠度。因此，在变频空调器中，通信回路一般都采用单独的电源供电，供电电压多数使用直流 24V，通信回路采用光耦传送信号，通信电路与室内机和室外机的主板上电源完全分开，形成独立的回路。

4. 常见通信电路专用电源设计形式

通信电路的作用是室内机主板 CPU 和室外机主板 CPU 交换信息。根据常见通信电路专用电源的设计位置和电压值可以分为 3 种。

（1）直流 24V、设在室内机主板

直流 24V 通信电源是目前变频空调器中通信电路最常见的设计形式，见图 7-32，设计在室内机主板，一般使用 4 脚光耦。

（2）直流 56V、设在室外机主板

通常见于格力变频空调器，见图 9-37。通信电路电源为直流 56V，设在室外机主板，一般使用 4 脚光耦。

（3）直流 140V、设在室外机主板

直流 140V 通信电源通常见于早期的交流变频空调器，见图 7-31。在多个品牌（如海信、海尔等）中使用，设在室外机主板，并且多使用 6 脚光耦。

图 9-37　直流 56V 通信电路

二、通信电路

1. 电路组成

完整的通信电路由室内机主板 CPU、室内机通信电路、室内外机连接线、室外机主板 CPU、室外机通信电路组成。

（1）主板

见图 9-38，室内机主板 CPU 的作用是产生通信信号，该信号通过通信电路传送至室外机主板 CPU，同时接收由室外机主板 CPU 反馈的通信信号并做处理。室外机主板 CPU 的作用与室内机主板 CPU 相同，也是发送和接收通信信号。

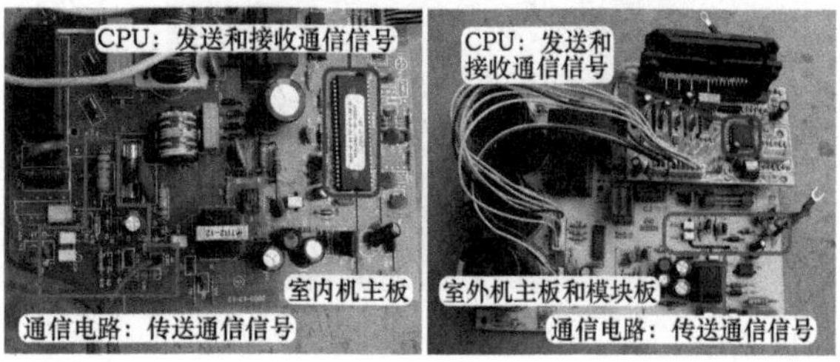

图 9-38　海信 KFR-26GW/11BP 主板通信电路

（2）室内外机连接线

变频空调器室内机和室外机共有 4 根连接线，见图 9-39，作用分别是：1 号 L 为相线、2 号 N 为零线、3 号为地线、4 号 SI 为通信线。

L 与 N 接交流 220V 电压，由室内机输出为室外机供电，此时 N 为零线；S 与 N 为室内机和室外机的通信电路提供回路，SI 为通信信号引线，此时 N 为通信电路专用电源（直流 24V）的负极，因此 N 同时有双重作用。在接线时室内机 L 与 N 和室外机接线端子应相同，不能接反，否则通信电路不能构成回路，造成通信故障。

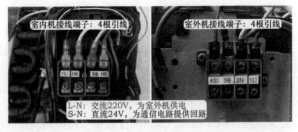

图 9-39 室内外机连接线

2. 通信电路工作原理

图 9-40 为通信电路原理图。从图中可知，室内机 CPU ㊷脚为发送引脚、㊶脚为接收引脚，PC1 为发送光耦、PC2 为接收光耦；室外机 CPU ㉓脚为发送引脚、㉒脚为接收引脚，PC02 为发送光耦、PC03 为接收光耦。

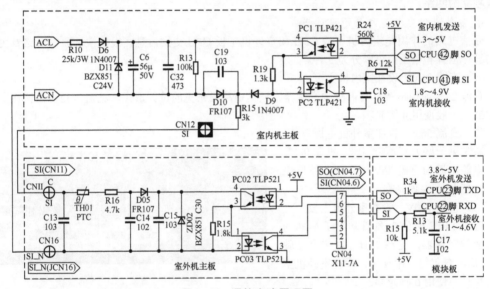

图 9-40 通信电路原理图

（1）直流 24V 电压形成电路

通信电路电源使用专用的直流 24V 电压，见图 9-41，设在室内机主板，电源电压经相线 L 由电阻 R10 降压、D6 整流、C6 滤波，在稳压管 D11（稳压值 24V）两端形成直流 24V 电压，为通信电路供电，N 为直流 24V 电压的负极。

图 9-41 直流 24V 电压形成电路实物图

（2）室内机发送信号、室外机接收信号过程

信号流程见图 9-42。

通信电路处于室内机 CPU 发送信号、室外机 CPU 接收信号状态时，首先室外机 CPU ㉓脚为低电平，发送光耦 PC02 初级发光二极管两端的电压约 1.1V，使得次级光电三极管一直处于导通状态，为室内机 CPU 发送信号提供先决条件。

若室内机 CPU ㊷脚为低电平信号，发送光耦 PC1 初级发光二极管得到电压，使得次级侧光电三极管导通，整个通信环路闭合。信号流程如下：直流 24V 电压正极 → PC1 的④脚 → PC1 的③脚 → PC2 的①脚 → PC2 的②脚 → D9 → R15 → 室内外机通信引线 SI → PTC 电阻 TH01 → R16 →

D05 → PC02 的④脚→ PC02 的③脚
→ PC03 的①脚→ PC03 的②脚→ N
构成回路，室外机接收光耦 PC03 初
级在通信信号的驱动下得电，次级光
电三极管导通，室外机 CPU ㉒脚经
电阻 R13、PC03 次级接地，电压为
低电平。

若室内机 CPU ㊷脚为高电平信
号，PC1 初级无电压，使得次级光电
三极管截止，通信环路断开，室外
机接收光耦 PC03 初级无驱动信号，
使得次级光电三极管截止，5V 电压
经电阻 R15、R13 为 CPU ㉒脚供电，
电压为高电平。

由此可以看出，室外机接收光
耦 PC03 所输出至 CPU ㉒脚的脉冲
信号，就是室内机 CPU ㊷脚经发送

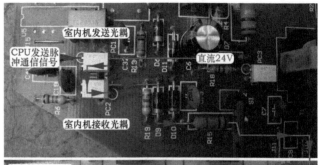
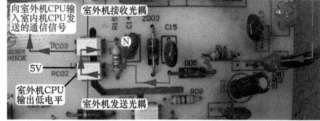

图 9-42　室内机 CPU 发送、室外机 CPU 接收信号流程

光耦 PC1 输出的驱动脉冲。根据以上原理，实现了由室内机发送信号、室外机接收信号的过程。

一旦室外机出现异常状况，在相应的字节中就会出现与故障内容相对应的编码内容，通过通
信电路传至室内机 CPU，室内机 CPU 针对故障内容立即发出相应的控制指令，整机电路就会出现
相应的保护动作。同样，当室内机电路检测到异常时，室内机 CPU 也会及时发出相对应的控制指
令至室外机 CPU，以采取相应的保护措施。

（3）室外机发送信号、室内机接
收信号过程

信号流程见图 9-43。

通信电路处于室外机 CPU 发送
信号、室内机 CPU 接收信号状态时，
首先室内机 CPU ㊷脚为低电平，使
PC1 次级光电三极管一直处于导通状
态，室内机接收光耦 PC2 的①脚恒
为直流 24V，为室外机 CPU 发送信
号提供先决条件。

若室外机 CPU 发送的脉冲通信
信号为低电平，发送光耦 PC02 初级
发光二极管得到电压，使得次级光电
三极管导通，通信环路闭合，室内机
接收光耦 PC2 初级也得到驱动电压，
次级光电三极管导通，室内机 CPU
㊶脚经 PC2 次级接地，电压为低电平。

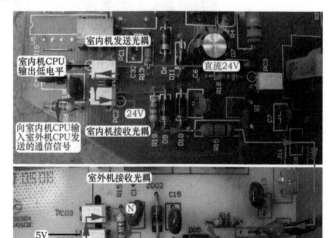

图 9-43　室外机 CPU 发送、室内机 CPU 接收信号流程

当室外机 CPU 发送的脉冲通信信号为高电平时，PC02 初级两端的电压为 0V，次级光电三极
管截止，通信环路断开，室内机接收光耦 PC2 初级无驱动电压，次级截止，5V 电压经电阻 R6 为
CPU ㊶脚供电，电压为高电平。

由此可见，室内机 CPU ㊶脚即通信信号接收引脚电压的变化，由室外机 CPU ㉓脚即通信信
号发送引脚的电压决定。这样就实现了室外机 CPU 发送信号、室内机 CPU 接收信号的过程。

3. 通信电压跳变范围

室内机和室外机 CPU 输出的通信信号均为脉冲电压，通常在 0 ～ 5V 变化。光耦初级发光二极管的电压也是时有时无，有电压时次级光电三极管导通，无电压时次级光电三极管截止，通信回路由于光耦次级光电三极管的导通与截止，工作时也是时而闭合时而断开，因而通信回路工作电压为跳动变化的电压。

测量通信电路电压时，使用万用表直流电压挡，黑表笔接 N 端子、红表笔接 SI 端子。根据图 9-36 的通信电路简图，可得出以下结果。

（1）室内机发送光耦 RC1 次级光电三极管截止、室外机发送光耦 PC1 次级光电三极管导通，直流 24V 电压供电断开，此时 N 与 SI 端子电压为直流 0V。

（2）RC1 次级导通、PC1 次级导通，此时相当于直流 24V 电压对串联的 R_N 和 R_W 电阻进行分压。在海信 KFR-26GW/11BP 的通信电路中，$R_N = R_{15} = 3\text{k}\Omega$，$R_W = R_{16} = 4.7\text{k}\Omega$，此时测量 N 与 SI 端子的电压相当于测量 R_W 两端的电压，根据分压公式 $R_W/(R_N + R_W) \times 24\text{V}$ 可计算得出，约等于 15V。

（3）RC1 次级导通、PC1 次级截止，此时 N 与 SI 端子电压为直流 24V。

根据以上结果得出的结论是：测量通信回路电压即 N 与 SI 端子，理论的通信电压变化范围为 0 ～ 15 ～ 24V，但是实际测量时，由于光耦次级光电三极管导通与截止的转换频率非常快，见图 9-44，万用表显示值通常在 0 ～ 22V 变化。

图 9-44 测量通信电路 N 与 SI 端子电压

第 ⑩ 章
典型变频空调器室外机电控系统

本章介绍海信 KFR-26GW/11BP 室外机电控系统硬件组成、实物外形、单元电路中的工作原理。

说明

在本章内容中，如未标注空调器型号，均以海信 KFR-26GW/11BP 室外机电控系统为基础。

第 1 节 基础知识

一、室外机电控系统组成

图 10-1 为室外机电控系统的电气接线图，图 10-2 为实物图（不含端子排、电感线圈 A、压缩机、室外风机、滤波器等体积较大的元器件）。

从图 10-2 上可以看出，室外机电控系统由室外机主板（控制板）、模块板（IPM 模块板）、滤波器、整流硅桥、电感线圈 A、电容、滤波电感（电感线圈 B）、压缩机、压缩机顶盖温度开关（压缩机热保护器）、室外风机（风扇电机）、四通阀线圈、室外环温传感器（外气）、室外管温传感器（盘管）、压缩机排气温度传感器（排气）和端子排组成。

图 10-3 为室外机主板电路原理图，图 10-4 为模块板电路原理图。

空调**维修宝典**（图解彩色版）

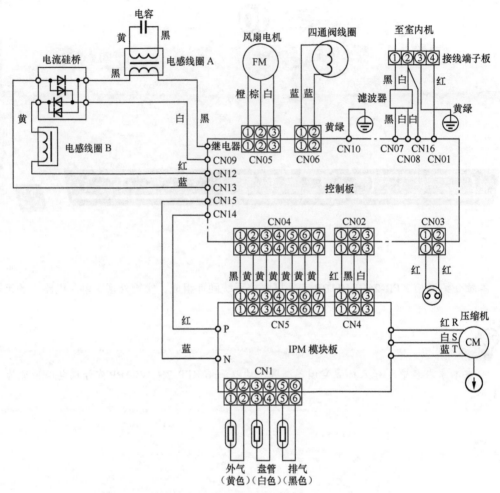

图 10-1　室外机电控系统电气接线图

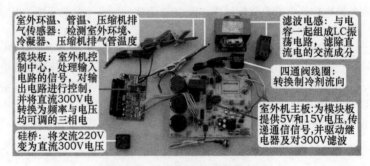

图 10-2　室外机电控系统实物图

空调维修宝典（图解彩色版）

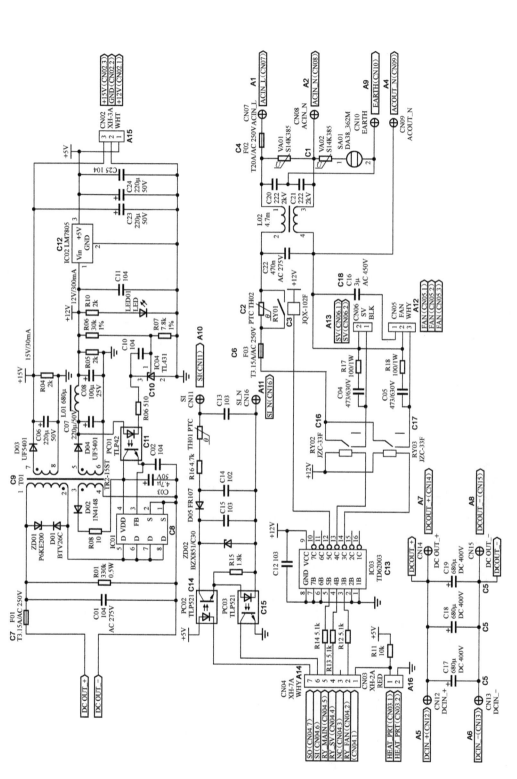

图 10-3 室外机主板电路原理图

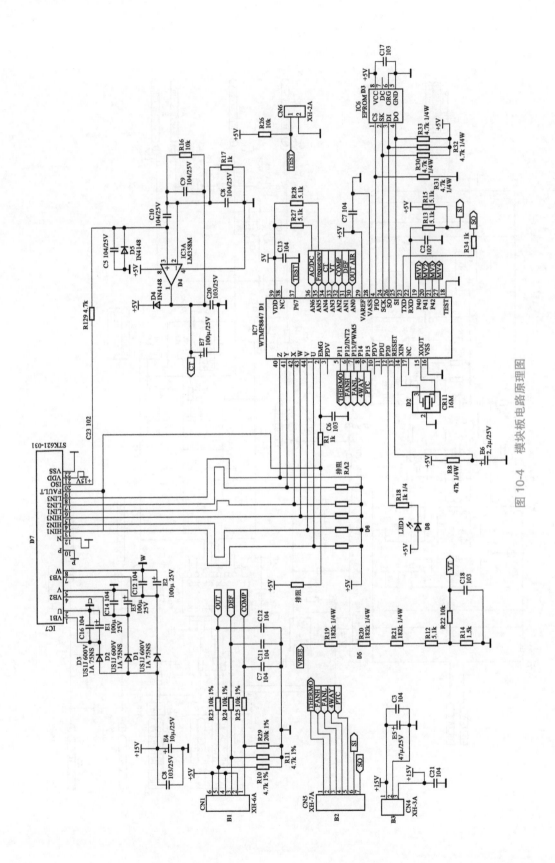

图 10-4 模块板电路原理图

二、室外机主板和模块板插座

表 10-1 为室外机主板和模块板插座明细，图 10-5 为室外机主板和模块板插座。

表 10-1　　　　　　　　　　　室外机主板和模块板插座明细

标号	插座	标号	插座	标号	插座	标号	插座
A1	电源L输入	A6	接硅桥负极输出	A11	通信N线	A16	压缩机顶盖温度开关插座
A2	电源N输入	A7	滤波电容正极输出	A12	室外风机插座	B1	3个传感器插座
A3	L端去硅桥	A8	滤波电容负极输出	A13	四通阀线圈插座	B2	信号连接线插座
A4	N端去硅桥	A9	地线	A14	信号连接线插座	B3	直流15V和5V插座
A5	接硅桥正极输出	A10	通信线	A15	直流15V和5V插座	B4	应急启动插座
P、N：直流300V电压输入				U、V、W：连接压缩机线圈引线			

1. 室外机主板插座

室外机主板有供电才能工作，为其供电的端子有电源 L 输入、电源 N 输入、地线 3 个；外围负载有室外风机、四通阀线圈、模块板、压缩机顶盖温度开关等，相对应有室外风机插座、四通阀线圈插座、为模块板提供直流 15V 和 5V 电压的插座、压缩机顶盖温度开关插座；为了接收模块板的控制信号和传递通信信号，设有连接插座；为了和室内机主板交换信息，设有通信线；同时还要输出交流电为硅桥供电，相应设有两个输出端子；由于滤波电容设在室外机主板上，相应有两个直流 300V 输入端子和两个直流 300V 输出端子。

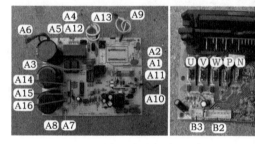

图 10-5　室外机主板和模块板插座

2. 模块板插座

CPU 设计在模块板上，其有供电才能工作，弱电有直流 15V 和 5V 电压插座，强电有直流 300V 供电电压接线端子；为和室外机主板交换信息，设有连接插座；外围负载有室外环温、室外管温、压缩机排气温度 3 个传感器，因此设有传感器插座；还有模块输出的 U、V、W 端子，和带有强制启动室外机电控系统的插座。

> 说明
>
> （1）室外机主板插座代号以"A"开头，模块板插座以"B"开头，室外机主板电子元器件以"C"开头，模块板电子元器件以"D"开头。
>
> （2）室外机主板设计的插座，由模块板和主板功能决定，也就是说，室外机主板的插座没有固定规律，插座的设计由机型决定。

三、室外机单元电路中的主要电子元器件

表 10-2 为室外机主板和模块板上主要电子元器件明细，图 10-6 左图为室外机主板主要电子元器件，图 10-6 右图为模块板主要电子元器件。

1. 直流 300V 电压形成电路

该电路的作用是将交流 220V 电压变为纯净的直流 300V 电压，由 PTC 电阻（C2）、主控继电器（C3）、硅桥、滤波电感、滤波电容（C5）和 20A 保险管（C4）等元器件组成。

表 10-2   室外机主板、模块板主要电子元器件明细

标号	元器件	标号	元器件	标号	元器件	标号	元器件
C1	压敏电阻	C8	开关振荡集成电路	C15	接收光耦	D4	LM358
C2	PTC电阻	C9	开关变压器	C16	室外风机继电器	D5	取样电阻
C3	主控继电器	C10	TL431	C17	四通阀线圈继电器	D6	排阻
C4	20A保险管	C11	稳压光耦	C18	风机电容	D7	模块
C5	滤波电容	C12	7805稳压块	D1	CPU	D8	发光二极管
C6	3.15A保险管	C13	反相驱动器	D2	晶振	D9	二极管
C7	3.15A保险管	C14	发送光耦	D3	存储器	D10	电容

2. 交流 220V 输入电压电路

交流 220V 输入电压电路的作用是过滤电网带来的干扰，以及在输入电压过高时保护后级电路，由交流滤波器、压敏电阻（C1）、20A 保险管（C4）、电感线圈和电容等元器件组成。

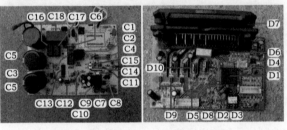

图 10-6　模块板主要电子元器件

3. 开关电源电路

开关电源电路的作用是将直流 300V 电压转换成直流 15V、直流 12V、直流 5V 电压，其中直流 15V 为模块内部控制电路供电（模块还设有 15V 自举升压电路，主要元器件为二极管 D9 和电容 D10），直流 12V 为继电器和反相驱动器供电，直流 5V 为 CPU 等供电。

开关电源电路设计在室外机主板上，主要由 3.15A 保险管（C7）、开关振荡集成电路（C8）、开关变压器（C9）、稳压光耦（C11）、稳压取样集成电路 TL431（C10）和 5V 电压产生电路 7805（C12）等元器件组成。

4. CPU 和其三要素电路

CPU（D1）是室外机电控系统的控制中心，处理输入部分电路的信号后对负载进行控制；CPU 三要素电路是 CPU 正常工作的前提，由复位电路和晶振（D2）等元器件组成。

5. 存储器电路

存储器电路存储相关参数，供 CPU 运行时调取使用，主要元器件为存储器（D3）。

6. 传感器电路

传感器电路为 CPU 提供温度信号。环温传感器检测室外环境温度，管温传感器检测冷凝器温度，压缩机排气温度传感器检测压缩机排气管温度，压缩机顶盖温度开关检测压缩机顶部温度是否过高。

7. 电压检测电路

电压检测电路向 CPU 提供输入市电电压的参考信号，主要元器件为取样电阻（D5）。

8. 电流检测电路

电流检测电路向 CPU 提供压缩机运行电流信号，主要元器件为电流放大集成电路 LM358（D4）。

9. 通信电路

通信电路与室内机主板交换信息，主要元器件为发送光耦（C14）和接收光耦（C15）。

10. 主控继电器电路

滤波电容充电完成后，主控继电器（C3）触点吸合，短路 PTC 电阻。驱动主控继电器线圈的器件为 2003 反相驱动器（C13）。

11. 室外风机电路

室外风机电路控制室外风机运行，主要由风机电容（C18）、室外风机继电器（C16）和室外风机等元器件组成。

12. 四通阀线圈电路

四通阀线圈电路控制四通阀线圈供电与失电，主要由四通阀线圈继电器（C17）等元器件组成。

13. 6 路信号电路

6 路信号控制模块内部 6 个 IGBT 开关管的导通与截止，使模块产生频率与电压均可调的模拟三相交流电，6 路信号由室外机 CPU 输出，直接连接模块的输入引脚，设有排阻（D6）。

14. 模块保护信号电路

模块保护信号由模块输出，直接送至室外机 CPU 相关引脚。

15. 指示灯电路

该电路的作用是指示室外机的工作状态，主要元器件为发光二极管（D8）。

第 2 节　电源电路和 CPU 三要素电路

电源电路和 CPU 三要素电路是主板正常工作的前提，并且电源电路在实际维修中故障率较高。

一、电源电路

1. 作用

本机使用开关电源型电源电路，开关电源电路也可称为电压转换电路，就是将输入的直流 300V 电压转换为直流 12V 和 5V 为主板 CPU 等负载供电，以及转换为直流 15V 电压为模块内部控制电路供电。图 10-7 为室外机开关电源电路简图。

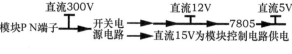

图 10-7　室外机开关电源电路简图

2. 工作原理

图 10-8 为开关电源电路原理图，图 10-9 为实物图，作用是为室外机主板和模块板提供直流 15V、12V、5V 电压。

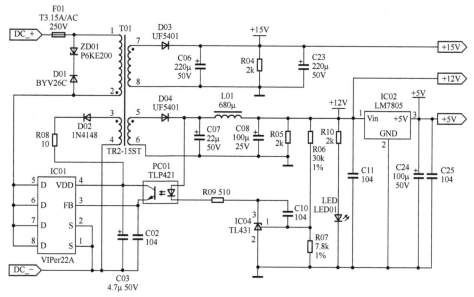

图 10-8　开关电源电路原理图

（1）直流 300V 电压

交流滤波电感、PTC 电阻、主控继电器触点、硅桥、滤波电感和滤波电容组成直流 300V 电压产生电路，输出的直流 300V 电压主要为模块 P、N 端子供电，开关电源工作所需的直流 300V 电压就是取自模块 P、N 端子。

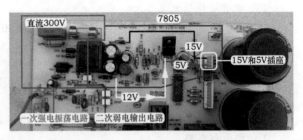

图 10-9　开关电源电路实物图

模块输出供电，使压缩机工作，处于低频运行时模块 P、N 端电压约直流 300V；

压缩机如升频运行，P、N 端子电压会逐步下降，压缩机在最高频率运行时 P、N 端子电压实测约 240V，因此室外机开关电源供电为直流 240～300V。

（2）开关振荡电路

该电路以开关振荡集成电路 VIPer22A（主板代号 IC01）为核心，内置振荡电路和场效应开关管，振荡开关频率固定，通过改变脉冲宽度来调整占空比。其采用反激式开关方式，电网的干扰就不能经开关变压器直接耦合至二次绕组，具有较好的抗干扰能力。

直流 300V 电压正极经开关变压器一次供电绕组送至集成电路 IC01 的⑤～⑧脚，接内部开关管漏极 D；负极接 IC01 的①、②脚即内部开关管源极 S。IC01 内部振荡器开始工作，驱动开关管的导通与截止，由于开关变压器 T01 一次供电绕组与二次绕组极性相反，IC01 内部开关管导通时一次绕组存储能量，二次绕组因整流二极管 D03、D04 承受反向电压而截止，相当于开路；U6 内部开关管截止时，T01 一次绕组极性变换，二次绕组极性同样变换，D03、D04 正向偏置导通，一次绕组向二次绕组释放能量。

ZD01、D01 组成钳位保护电路，吸收开关管截止时加在漏极 D 上的尖峰电压，并将其降至一定的范围之内，防止过压损坏开关管。

开关变压器一次反馈绕组的感应电压经二极管 D02 整流、电阻 R08 限流、电容 C03 滤波，得到约直流 20V 电压，为 IC01 的④脚内部电路供电。

（3）输出部分电路

IC01 内部开关管交替导通与截止，开关变压器二次绕组得到高频脉冲电压。一路经 D03 整流，电容 C06、C23 滤波，成为纯净的直流 15V 电压，经连接线送至模块板，为模块的内部控制电路和驱动电路供电。另一路经 D04 整流，电容 C07、C08、C11 和电感 L01 滤波，成为纯净的直流 12V 电压，为室外机主板的继电器和反相驱动器供电；其中一个支路送至 7805 的①脚输入端，其③脚输出端输出稳定的 5V 电压，由 C24、C25 滤波后，经连接线送至模块板，为模块板上的 CPU 和弱电信号处理电路供电。

注：本机使用单电源功率模块（型号为三洋 STK621-031），因此开关电源只输出一路直流 15V 电压；而海信 KFR-2601GW/BP 使用三菱第二代模块，需要 4 路相互隔离的直流 15V 电压，因此其室外机开关电源电路输出 4 路直流 15V 电压。

（4）稳压电路

稳压电路采用脉宽调制方式，由分压精密电阻 R06 和 R07、三端误差放大器 IC04（TL431）、光耦 PC01 和 IC01 的③脚组成。

如因输入电压升高或负载发生变化引起直流 12V 电压升高，分压电阻 R06 和 R07 的分压点电压升高，TL431 的①脚参考极电压也相应升高，内部三极管导通能力加强，TL431 的③脚阴极电压降低，光耦 PC01 初级两端电压上升，使得次级光电三极管导通能力加强，IC01 的③脚电压上升，IC01 通过减少开关管的占空比，开关管导通时间缩短而截止时间延长，开关变压器储存的能量变小，输出电压也随之下降。

如直流 12V 输出电压降低，TL431 的①脚参考极电压降低，内部三极管导通能力变弱，

TL431 的③脚阴极电压升高，光耦 PC01 初级发光二极管两端电压降低，次级光电三极管导通能力下降，IC01 的③脚电压下降，IC01 通过增加开关管的占空比，开关变压器储存能量增加，输出电压也随之升高。

（5）输出电压直流 12V

输出电压直流 12V 的高低，由分压电阻 R06、R07 的阻值决定，调整分压电阻阻值即可改变直流 12V 输出端电压，直流 15V 也作相应变化。

3. 电源电路负载

（1）直流 12V

直流 12V 主要有 3 个支路：见图 10-10 左图，① 5V 电压产生电路 7805 稳压块的输入端；② 2003 反相驱动器；③继电器线圈。

（2）直流 15V

直流 15V 主要为模块内部控制电路供电，见图 10-10 右图中黑线箭头。

（3）直流 5V

直流 5V 主要有 6 个支路：① CPU；②复位电路；③传感器电路；④存储器电路；⑤通信电路光耦；⑥其他弱电信号处理电路，见图 10-10 右图中粉红箭头。

图 10-10　开关电源电路负载

二、CPU 及三要素电路

1. CPU 简介

CPU 是主板上体积最大、引脚最多、功能最强大的集成电路，也是整个电控系统的控制中心，内部写入了运行程序（或工作时调取存储器中的程序）。

室外机 CPU 工作时与室内机 CPU 交换信息，并结合温度、电压、电流等输入部分的信号，处理后输出 6 路信号驱动模块控制压缩机运行，输出电压驱动继电器对室外风机和四通阀线圈进行控制，并控制指示灯显示室外机的运行状态。

海信 KFR-26GW/11BP 室外机 CPU 型号为 88CH47FG，主板代号 IC7，共有 44 个引脚在四面引出，采用贴片封装。图 10-11 为 88CH47FG 的实物外形，表 10-3 为其主要引脚功能。

图 10-11　88CH47FG 实物外形

表 10-3　　　　　　　　　　　88CH47FG 主要引脚功能

引　　脚	英 文 符 号	功　　能	说　　明
㊴	VDD	电源	CPU三要素电路
⑯	VSS	地	
⑭	OSC1	16MHz晶振	
⑮	OSC2		
⑬	RESET	复位	
④	CS	片选	存储器电路（93C46）
㉔	SCK	时钟	
㉖	SO	命令输出	
㉕	SI	数据输入	

续表

引　脚	英文符号	功　能	说　明
㉒	SI或RXD	接收信号	通信电路
㉓	SO或TXD	发送信号	
㉚	GAIKI	室外环温传感器输入	
㉛	COIL	室外管温传感器输入	
㉜	COMP	压缩机排气温度传感器输入	输入部分电路
⑤	THERMO	压缩机顶盖温度开关	
㉝	VT	过/欠压检测	
㉞	CT	电流检测	
㊲	TEST	应急检测端子	
②	FO	模块保护信号输入	
㊵～㊹、①	U、V、W、X、Y、Z	模块6路信号输出	输出部分电路
⑨		主控继电器	
⑧	SV或4V	四通阀线圈	
⑥、⑦	FAN	室外风机	
⑫	LED	指示灯	

本机CPU安装在模块板上面，相应的弱电信号处理电路也设计在模块板上面，主要原因是模块内部的驱动电路改用专用芯片，无需绝缘光耦，可直接接收CPU输出的控制信号。

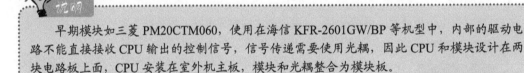

说明　早期模块如三菱PM20CTM060，使用在海信KFR-2601GW/BP等机型中，内部的驱动电路不能直接接收CPU输出的控制信号，信号传递需要使用光耦，因此CPU和模块设计在两块电路板上面，CPU安装在室外机主板，模块和光耦整合为模块板。

2. CPU三要素电路工作原理

图10-12为CPU三要素电路原理图，图10-13为实物图。电源、复位、时钟振荡电路称为三要素电路，是CPU正常工作的前提，缺一不可，否则会死机，引起空调器上电后室外机主板无反应的故障。

（1）电源电路

开关电源电路设计在室外机主板，直流5V和15V电压由三芯连接线通过CN4插座为模块板供电。CN4的1针接红线为5V，2针接黑线为地，3针接白线为15V。

CPU㊴脚是电源供电引脚，供电由CN4的1针直接提供。

CPU⑯脚为接地引脚，和CN4的2针相连。

（2）复位电路

复位电路使CPU内部程序处于初始

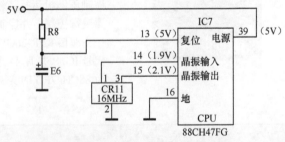

图10-12　CPU三要素电路原理图

图10-13　CPU三要素电路实物图

状态。本机未使用复位集成电路，而使用简单的 RC 元件组成复位电路。CPU ⑬脚为复位引脚，电阻 R8 和电容 E6 组成低电平复位电路。

室外机上电，开关电源电路开始工作，直流 5V 电压经电阻 R8 为 E6 充电，开始时 CPU ⑬脚电压较低，使 CPU 内部电路清零复位；随着充电的进行，E6 电压逐渐上升，当 CPU ⑬脚电压上升至供电电压 5V 时，CPU 内部电路复位结束开始工作。改变电容 E6 的容量可调整复位时间。

（3）时钟振荡电路

时钟振荡电路提供时钟频率。CPU ⑭、⑮脚为时钟引脚，内部振荡器电路与外接的晶振 CR11 组成时钟振荡电路，提供稳定的 16MHz 时钟信号，使 CPU 能够连续执行指令。

第 3 节　单元电路

一、室外机单元电路方框图

图 10-14 为室外机单元电路方框图，左侧为输入部分电路，右侧为输出部分电路。

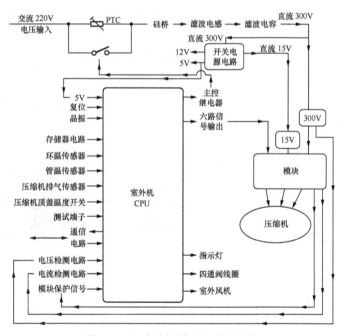

图 10-14　室外机单元电路方框图

二、输入部分电路

1. 存储器电路

图 10-15 为存储器电路原理图，图 10-16 为实物图，该电路的作用是向 CPU 提供工作时所需要的数据。

存储器内部存储室外机运行程序、压缩机 U/f 值、电流和电压保护值等数据，CPU 工作时调取存储器的数据对室外机电路进行控制。

CPU 需要读写存储器的数据时，④脚变为高电平 5V，片选存储器 IC6 的①脚，㉔脚向 IC6 的②脚发送时钟信号，㉖脚将需要查询数据的指令输入到 IC6 的③脚，㉕脚读取 IC6 ④脚反馈的数据。

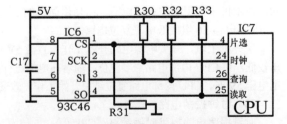

图 10-15　存储器电路原理图

2. 传感器电路

传感器电路向室外机 CPU 提供室外环境温度、室外冷凝器温度和压缩机排气管温度 3 种温度信号。

（1）室外环温传感器安装位置和电路作用

图 10-17 为室外环温传感器安装位置和实物外形。

① 该电路的作用是检测室外环境温度，由室外环温传感器（25℃/5kΩ）和分压电阻 R213（4.7kΩ 精密电阻、1% 误差）等元器件组成。

② 在制冷和制热模式，决定室外风机转速。

③ 在制热模式，与室外管温传感器温度组成进入除霜的条件。

（2）室外管温传感器安装位置和电路作用

图 10-18 为室外管温传感器安装位置和实物外形。

① 该电路的作用是检测室外冷凝器温度，由室外管温传感器（25℃/5kΩ）和分压电阻 R211（4.7kΩ 精密电阻、1% 误差）等元器件组成。

② 在制冷模式，判定冷凝器过载。室外管温≥70℃，压缩机停机；当室外管温≤50℃时，3min 后自动开机。

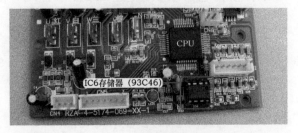

图 10-16　存储器电路实物图

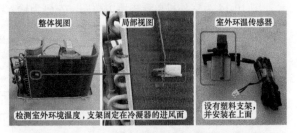

图 10-17　室外环温传感器安装位置和实物外形

图 10-18　室外管温传感器安装位置和实物外形

③ 在制热模式，与室外环温传感器温度组成进入除霜的条件。空调器运行一段时间（约40min），室外环温＞3℃时，室外管温≤-3℃，且持续 5min；或室外环温＜3℃时，室外环温 - 室外管温≥7℃，且持续 5min。

④ 在制热模式，判断退出除霜的条件。当室外管温＞12℃时或压缩机运行超过 8min。

（3）压缩机排气温度传感器安装位置和电路作用

图 10-19 为压缩机排气温度传感器安装位置和实物外形。

① 该电路的作用是检测压缩机排气管温度，由压缩机排气温度传感器（25℃/65kΩ）和分压电阻 R208（20kΩ 精密电阻、1% 误差）等元器件组成。

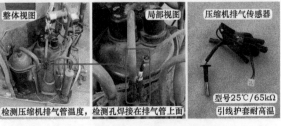

图 10-19　压缩机排气温度传感器安装位置和实物外形

② 在制冷和制热模式，压缩机排气温度≤93℃，压缩机正常运行；93℃＜压缩机排气温度＜115℃，压缩机运行频率被强制设定在规定的范围内或者降频运行；压缩机排气温度＞115℃，压缩机停机；只有当压缩机排气温度下降到≤90℃时，才能再次开机运行。

（4）工作原理

图 10-20 为传感器电路原理图，图 10-21 为实物图，该电路的作用是向室外机 CPU 提供温度信号，室外环温传感器检测室外环境温度，室外管温传感器检测冷凝器温度，压缩机排气温度传感器检测压缩机排气管温度。

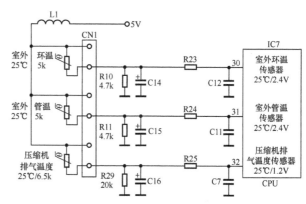

图 10-20　传感器电路原理图

CPU 的㉚脚检测室外环温传感器温度，㉛脚检测室外管温传感器温度，㉜脚检测压缩机排气温度传感器温度。

传感器为负温度系数（NTC）的热敏电阻，室外机 3 路传感器工作原理相同，均为传感器与偏置电阻组成分压电

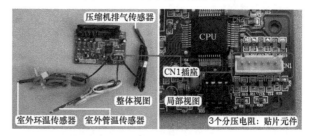

图 10-21　传感器电路实物图

路。以压缩机排气温度传感器电路为例，如压缩机排气管由于某种原因温度升高，压缩机排气温度传感器温度也相应升高，其阻值变小，根据分压电路原理，分压电阻 R29 分得的电压也相应升高，输送到 CPU ㉜脚的电压升高，CPU 根据电压值计算出压缩机排气管的实际温度，与内置的程序相比较，对室外机电路进行控制，假如计算得出的温度大于 100℃，则控制压缩机降频，如大于 115℃则控制压缩机停机，并将故障代码通过通信电路传送到室内机主板 CPU。

3．压缩机顶盖温度开关电路

（1）作用

压缩机运行时壳体温度如果过高，内部机械部件会加剧磨损，压缩机线圈绝缘层容易因过热击穿发生短路故障。室外机 CPU 检测压缩机排气温度传感器温度，如果高于 90℃则会控制压缩机降频运行，使温度降到正常范围以内。

为防止压缩机过热，室外机电控系统还设有压缩机顶盖温度开关作为第二道保护，安装位置和实物外形见图 10-22，作用是即使压缩机排气温度传感器损坏，压缩机运行时如果温度过高，室外机 CPU 也能通过顶盖温度开关检测。

顶盖温度开关检测压缩机顶部温度，正常情况温度开关闭合，对室外机运行

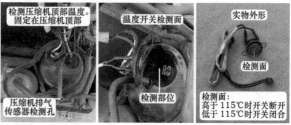

图 10-22　压缩机顶盖温度开关安装位置和实物外形

没有影响；当压缩机顶部温度超过 115℃时，温度开关断开，室外机 CPU 检测后控制压缩机停止运行，并通过通信电路将信息传送至室内机主板 CPU，报出"压缩机过热"的故障代码。

（2）工作原理

图 10-23 为压缩机顶盖温度开关电路原理图，图 10-24 为实物图，该电路的作用是检测压缩机顶盖温度开关状态。温度开关安装在压缩机顶部接线端子附近，用于检测顶部温度，作为压缩机的第二道保护。

温度开关插座设计在室外机主板上，CPU安装在模块板上，温度开关通过连接线的1号线连接至CPU的⑤脚，CPU根据引脚电压为高电平或低电平，检测温度开关的状态。

制冷系统工作正常时温度开关为闭合状态，CPU⑤脚接地，为低电平0V，对电路没有影响；如果运行时压缩机排气温度传感器失去作用或其他原因，使得压缩机顶部温度大于115℃，温度开关断开，5V经R11为CPU⑤脚供电，电压由0V变为高电平5V，CPU检测后立即控制压缩机停机，并将故障代码通过通信电路传送至室内机CPU。

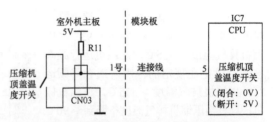

图10-23　压缩机顶盖温度开关电路原理图

图10-24　压缩机顶盖温度开关电路实物图

4. 测试端子

（1）测试功能

模块板上的CN6为测试端子插座，作用是在无室内机电控系统时，可以单独检测室外机电控系统运行是否正常。方法是在室外机接线端子处断开室内机的连接线，使用连接线（或使用螺丝刀头等金属物）短路插座的两个端子，然后再通上电源，室外机电控系统不再检测通信信号，压缩机定频运行，室外风机运行，四通阀线圈上电，空调器工作在制热模式；如果断开CN6插座的短接线，四通阀线圈断电，压缩机延时50s后运行，室外风机不间断运行，空调器改为制冷模式；断开电源，空调器停止运行。

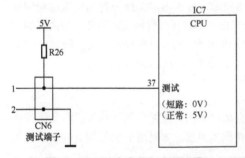

图10-25　测试端子电路原理图

（2）工作原理

图10-25为测试端子电路原理图，图10-26为实物图。

CPU㉟脚为测试引脚，正常时由5V电压经电阻R26供电，为高电平5V；如果使用测试功能短路CN6两个引针时，引脚接地，为低电平0V。

室外机上电，CPU上电复位结束开始工作，首先检测㉟脚电压，如果为高电平5V，则控制处于待机状态，根据通信信号接收引脚的信息，按室内机CPU输出的命令对室外机进行控制；如果为低电平0V，则不再检测通信信号，按测试功能控制室外机。

5. 电压检测电路

（1）工作原理

图10-27为电压检测电路原理图，图10-28为实物图，表10-4为交流输入电压与CPU引脚电压对应关系。该电路的作用是检测输入的交流电源电压，当电压高于交流260V或低于160V时停机，以保护压缩机和模块等部件。

本机电路未使用电压检测变压

图10-26　测试端子电路实物图

器等元器件检测输入的交流电压，而是通过电阻检测直流300V母线电压，通过软件计算出实际的交流电压值，参照的原理是交流电压经整流和滤波后，乘以固定的比例（近似1.36）即为输出直流电压，即交流电压乘以 1.36 即等于直流电压数值。CPU 的㉝脚为电压检测引脚，根据引脚电压值计算出输入的交流电压值。

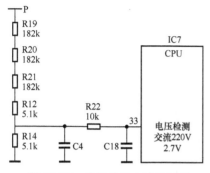

图 10-27　电压检测电路原理图　　　　　　　图 10-28　电压检测电路实物图

表 10-4　　　　　　　　　　　　CPU 引脚电压与交流输入电压对应关系

CPU㉝脚直流电压（V）	对应P接线端子上直流电压（V）	对应输入的交流电压（V）	CPU㉝脚直流电压（V）	对应P接线端子上直流电压（V）	对应输入的交流电压（V）
1.87	204	150	2	218	160
2.12	231	170	2.2	245	180
2.37	258	190	2.5	272	200
2.63	286	210	2.75	299	220
2.87	312	230	3	326	240
3.13	340	250	3.23	353	260

电压检测电路由电阻 R19 ～ R22、R12、R14 和电容 C4、C18 组成，从图 10-68 可以看出，基本工作原理就是分压电路，取样点就是 P 接线端子上的直流 300V 母线电压，R19 ～ R21、R12 为上偏置电阻，R14 为下偏置电阻，R14 的阻值在分压电路所占的比例为 $1/109[R_{14}/(R_{19} + R_{20} + R_{21} + R_{12} + R_{14})$，即 $5.1/(182 + 182 + 182 + 5.1 + 5.1)]$，R14 两端电压经电阻 R22 送至 CPU ㉝脚，也就是说，CPU ㉝脚电压值乘以 109 等于直流电压值，再除以 1.36 就是输入的交流电压值。比如 CPU ㉝脚当前电压值为 2.75V，则当前直流电压值为 299V（2.75V×109），当前输入的交流电压值为 220V（299V/1.36）。

压缩机高频运行时，即使输入电压为标准的交流 220V，直流 300V 电压也会下降至直流 240V 左右；为防止误判，室外机 CPU 内部数据设有修正程序。

　　室外机电控系统使用热地设计，直流 300V "地" 和直流 5V "地" 直接相连。

（2）常见故障

电阻 R19 ～ R21 受直流 300V 电压冲击，且由于贴片元件功率较小，阻值容易变大或开路，室外机 CPU 检测后判断为 "输入电源过压或欠压"，控制室外机停止运行进行保护，并将故障代码通过通信电路传送至室内机 CPU。

6. 电流检测电路

（1）工作原理

图 10-29 为电流检测电路原理图，图 10-30 为实物图，表 10-5 为压缩机运行电流与 CPU 引

脚电压对应关系。该电路的作用是检测压缩机运行电流，当CPU检测值高于设定值（制冷10A、制热11A）时停机，以保护压缩机和模块等部件。

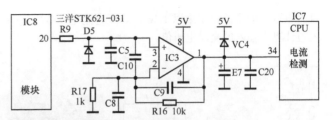

图10-29　电流检测电路原理图

本机电路未使用电流检测变压器或电流互感器检测交流供电引线的电流，而是模块内部取样电阻输出的电压，将电流信号转化为电压信号并放大，供CPU检测。

电流检测电路由模块⑳脚、IC3（LM358）、滤波电容E7等主要元器件组成，CPU的㉞脚检测电流信号。

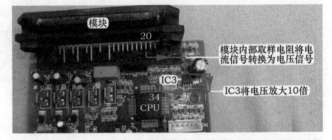

图10-30　电流检测电路实物图

表10-5　　　　　　CPU引脚电压与压缩机运行电流对应关系

运行电流	CPU㉞脚电压	运行电流	CPU㉞脚电压
1A	0.2V	3A	0.6V
6A	1.2V	8A	1.6V

模块内部设有取样电阻（阻值小于1Ω），将模块工作电流（可以理解为压缩机运行电流）转化为电压信号由⑳脚输出，由于电压值较低，没有直接送至CPU处理，而是送至运算放大器IC3的③脚同相输入端进行放大，IC3将电压放大10倍（放大倍数由电阻R16/R17阻值决定），由①脚输出至CPU的㉞脚，CPU内部软件根据电压值计算出对应的压缩机运行电流，对室外机进行控制。假如CPU根据电压值计算出当前压缩机运行电流在制冷模式下大于10A，判断为"过流故障"，控制室外机停机，并将故障代码通过通信电路传送至室内机CPU。

本机模块由日本三洋公司生产，型号为STK621-031，内部⑳脚集成取样电阻，将模块运行的电流信号转化为电压信号，万用表电阻挡实测⑳脚与N接线端子的阻值小于1Ω（近似0Ω）。

（2）模块电流取样电阻

图10-31为外置模块电流取样电阻的电流检测电路原理图，图10-32为实物图。

目前变频空调器常用的还有日本三菱公司或美国飞兆（或译作仙童）公司的模块，内部没有集成电流取样电阻，改在外部设计，使用5W无感电阻，阻值通常在0.02Ω左右，串接在直流300V电压负极N接线端子和模块N引脚之间。

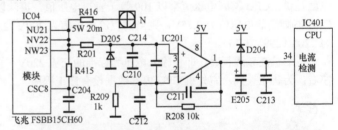

图10-31　外置模块电流取样电阻的电流检测电路原理图

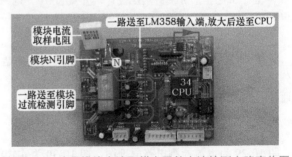

图10-32　外置模块电流取样电阻的电流检测电路实物图

该电阻的作用有两个：一是作为模块电流的取样电阻，将电流转化为电压信号由 LM358 放大后，输送至 CPU 作为检测压缩机运行电流的参考信号；二是作为模块短路的过流检测电阻，将电流经 RC 阻容元件送至模块的 CSC 引脚，当压缩机运行电流过大或模块内部 IGBT 开关管短路时，取样电阻两端电压超过 CSC 引脚的阈值电压，内部 SC（过流）保护电路控制驱动电路不再处理 6 路信号，由模块的 FO 端子输出保护信号至室外机 CPU 引脚，室外机 CPU 检测后停机进行保护，并将故障代码通过通信电路传送至室内机 CPU。

说明

电路原理图和实物图选用海信 KFR-26GW/11BP 后期模块板。早期的模块板模块选用三洋 STK621-031，由于 2008 年左右不再生产，替代的模块板模块改为飞兆 FSBB15CH60，电路只改动模块的相关部分和元器件编号。

7. 模块保护电路

（1）作用

当模块内部控制电路检测到直流 15V 电压过低、基板温度过高、运行电流过大或内部 IGBT 短路引起电流过大故障时，均会关断 IGBT，停止处理 6 路信号，同时 FO 引脚变为低电平，室外机 CPU 检测后判断为"模块故障"，停止输出 6 路信号，控制室外机停机，并将故障代码通过通信电路传送至室内机 CPU。

（2）工作原理

图 10-33 为模块保护电路原理图，图 10-34 为实物图。

本机模块⑲脚为 FO 保护信号输出引脚，CPU 的②脚为模块保护信号检测引脚。模块保护输出引脚为集电极开路型设计，正常情况下此脚与外围电路不相连，CPU ②脚和模块⑲脚通过排阻 RA2 中代号 R1 的电阻（4.7kΩ）连接至 5V，因此模块正常工作即没有输出保护信号时，CPU ②脚和模块⑲脚的电压均为 5V。

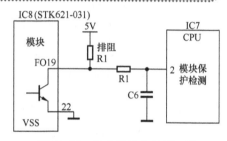

图 10-33　模块保护电路原理图

图 10-34　模块保护电路实物图

如果模块内部电路检测到上述 4 种故障，停止处理 6 路信号，同时⑲脚接地，CPU ②脚经电阻 R1、模块⑲脚与地相连，电压由高电平 5V 变为低电平 0V，CPU 内部电路检测后停止输出 6 路信号，停机进行保护，并将故障代码通过通信电路传送至室内机 CPU。

（3）电路说明

三洋 STK621-031 模块内部保护电路工作原理和三菱 PM20CTM60 模块基本相同，只不过本机模块内部接口电路使用专用芯片，可以直接连接 CPU 引脚，中间不需要光耦；而三菱 PM20CTM60 属于第二代模块，引脚不能和 CPU 相连，中间需要光耦传递信号。

三菱第三代和后续系列模块内部接口电路也使用专用芯片，同样可以直接连接 CPU 引脚，和本机模块相同。

三、输出部分电路

1. 指示灯电路

（1）作用

该电路的作用是显示室外机电控系统的工作状态，本机设计一个指示灯，只能以闪烁的次数表示相关内容。室外机指示灯控制程序：待机状态下以指示灯闪烁的次数表示故障内容，如闪烁 1 次为室外环温传感器故障，闪烁 5 次为通信故障；运行时以闪烁的次数表示压缩机限频因素，如闪烁 1 次表示正常运行（无限频因素），闪烁 2 次表示电源电压限制，闪烁 5 次表示压缩机排气温度限制。

> **说明**
>
> 一个指示灯显示故障代码时，上一个显示周期和下一个显示周期中间有较长时间的间隔，而闪烁时的间隔时间则比较短，可以看出指示灯闪烁的次数；如果室外机主板设有两个或两个以上指示灯，则以亮、灭、闪的组合显示故障代码。

（2）工作原理

图 10-35 左图为指示灯电路原理图，图 10-35 右图为实物图。

CPU 的⑫脚驱动指示灯点亮或熄灭，引脚为高电平 4.5V 时，指示灯熄灭；引脚为低电平 0.1V，指示灯 LED1 两端电压为 1.7V，处于点亮状态；CPU ⑫脚电压为 0.1V-4.5V-0.1V-4.5V 交替变化时，指示灯表现为闪烁显示，闪烁的次数由 CPU 决定。

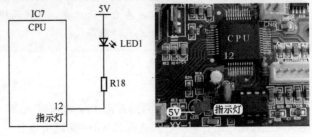

图 10-35 指示灯电路原理图和实物图

2. 主控继电器电路

（1）作用

主控继电器为室外机供电，并与 PTC 电阻组成延时防瞬间大电流充电电路，对直流 300V 滤波电容充电。上电初期，交流电源经 PTC 电阻、硅桥为滤波电容充电，两端的直流 300V 电压为开关电源供电，开关电源工作后输出电压，其中的一路直流 5V 为室外机 CPU 供电，CPU 工作后控制主控继电器触点导通，由主控继电器触点为室外机供电。

（2）工作原理

图 10-36 为主控继电器电路原理图，图 10-37 为实物图，电路由 CPU ⑨脚、限流电阻 R14、反相驱动器 IC03 的⑤和⑫脚以及主控继电器 RY01 组成。

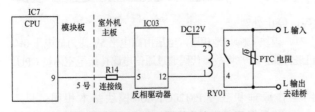

图 10-36 主控继电器电路原理图

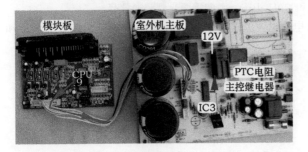

图 10-37 主控继电器电路实物图

CPU 需要控制 RY01 触点闭合时，⑨脚输出高电平 5V 电压，经电阻 R14 限流后电压为直流 2.5V，送到 IC03 的⑤脚，使反相驱动器内部电路翻转，⑫脚电压变为低电平（约 0.8V），主控继电器 RY01 线圈两端电压为直流 11.2V，产生电磁吸力，使触点 3-4 闭合。

CPU 需要控制 RY01 触点断开时，⑨脚为低电平 0V，IC03 的⑤脚电压也为 0V，内部电路不能翻转，⑫脚为高电平 12V，RY01 线圈两端电压为直流 0V，由于不能产生电磁吸力，触点 3-4 断开。

3. 室外风机电路

（1）工作原理

图 10-38 为室外风机电路原理图，图 10-39 为实物图。该电路的作用是驱

动室外风机运行，为冷凝器散热。

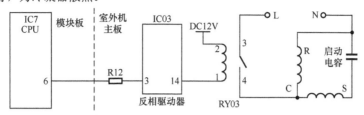

图 10-38　室外风机电路原理图

室外机 CPU 的⑥脚为室外风机高风控制引脚，⑦脚为低风控制引脚，由于本机室外风机只有一个转速，实际电路只使用 CPU ⑥脚，⑦脚空闲。电路由限流电阻 R12、反相驱动器 IC03 的③和⑭脚、继电器 RY03 组成。

该电路的工作原理和主控继电器驱动电路基本相同，需要控制室外风机运行时，CPU 的⑥脚输出高电平 5V 电压，经电阻 R12 限流后为直流 2.5V，送至 IC03 的③脚，反相驱动器内部电路翻转，⑭脚电

图 10-39　室外风机电路实物图

压变为低电平（约 0.8V），继电器 RY03 线圈两端电压为直流 11.2V，产生电磁吸力使触点 3-4 闭合，室外风机线圈得到供电，在启动电容的作用下旋转运行，为冷凝器散热。

室外机 CPU 需要控制室外风机停止运行时，⑥脚变为低电平 0V，IC03 的③脚也为低电平 0V，内部电路不能翻转，⑭脚为高电平 12V，RY03 线圈两端电压为直流 0V，由于不能产生电磁吸力，触点 3-4 断开，室外风机因失去供电而停止运行。

（2）室外风机主要参数

室外风机主要参数见表 10-6。室外风机只有一个转速，共有 3 根引线，分别是白线（公共端 C）、棕线（运行绕组 R）、橙线（启动绕组 S），电机绕组阻值测量方法和引线辨认方法与室内机的 PG 电机相同。

表 10-6　　　　　　　　　　　　　　　室外风机主要参数

功率	极数	电流	电容容量	绕组阻值
33W	6极	0.39A	3μF	RS：446Ω、CS：242Ω、CR：204Ω

4．四通阀线圈电路

图 10-40 为四通阀线圈电路原理图，图 10-41 为实物图，该电路的作用是控制四通阀线圈的供电与否，从而控制空调器工作在制冷或制热模式。控制电路由 CPU ⑧脚、限流电阻 R13、反相驱动器 IC03 的④和⑬脚、继电器 RY02 组成。

室内机 CPU 根据遥控器输入信号或应急开关信号，处理后需要空调器工作在制热模式时，将控制命令通过通信电路传送至室外机 CPU，其⑧脚输出高电平 5V 电压，经电阻 R13 限流后约为直流 2.5V，送到 IC03 的④脚，反相驱动器内部电路翻转，⑬脚电压变为低电平（约 0.8V），

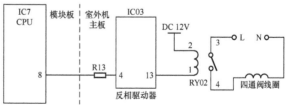

图 10-40　四通阀线圈电路原理图

继电器 RY02 线圈两端电压为直流 11.2V，产生电磁吸力使触点 3-4 闭合，四通阀线圈得到交流 220V 电源，吸引四通阀内部磁铁移动，在压力的作用下转换制冷剂流动的方向，使空调器工作在

制热模式。

当空调器需要工作在制冷模式时，室外机 CPU ⑧脚为低电平 0V，IC03 的④脚电压也为 0V，内部电路不能翻转，IC03 ⑬脚为高电平 12V，RY02 线圈两端电压为直流 0V，由于不能产生电磁吸力，触点 3-4 断开，四通阀线圈两端电压为交流 0V，对制冷系统中制冷剂流动方向的改变不起作用，空调器工作在制冷模式。

图 10-41　四通阀线圈电路实物图

5. 6 路信号电路

图 10-42 为 6 路信号电路原理图，图 10-43 为实物图。

室外机 CPU 输出有规律的控制信号，直接送至模块内部电路，驱动内部 6 个 IGBT 开关管有规律地导通与截止，将直流 300V 转换为频率与电压均可调的三相模拟交流电压，驱动压缩机高频或低频地以任意转速运行。

由于室外机 CPU 输出 6 路信号控制模块内部 IGBT 开关管的导通与截止，因此压缩机转速由室外机 CPU 决定，模块只起一个放大信号时转换电压的作用。

室外机 CPU 的①、㊸、㊸、㊷、㊶、㊵共 6 个引脚输出 6 路信号，直接送至 IC8 模块（三洋 STK621-031）的 6 路信号输入引脚，经内部控制电路处理后，驱动 6 个 IGBT 开关管有规律地导通与截止，

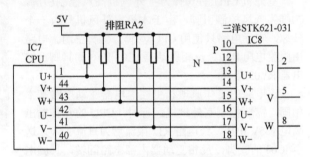

图 10-42　6 路信号电路原理图

图 10-43　6 路信号电路实物图

将 P、N 端子的直流 300V 电转换为频率可调的交流电压由 U、V、W 3 个端子输出，驱动压缩机运行。

第 ⑪ 章
噪声故障和漏水故障

23

第 1 节　噪声故障

一、室内机噪声故障

1. 外壳热胀冷缩

见图 11-1，挂式或柜式空调器开机或关机后，室内机发出轻微的爆裂声音（如噼啪声），此种声音为正常现象，原因为室内机蒸发器温度变化使得面板等部位产生膨胀，引起摩擦的声音，上门维修时仔细向用户解释说明即可。

2. 变压器共振

室内机在开机后发出"嗡嗡"声，遥控器关机后故障依旧，通常为变压器故障，常见原因有变压器与电控盒外壳共振、变压器自身损坏发出嗡嗡声，见图 11-2 左图。

维修时应根据情况判断故障，见图 11-2 右图，如果为共振故障，应紧固固定螺丝；如果为变压器损坏，应更换变压器。

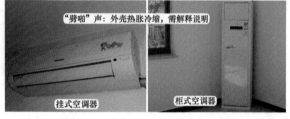

图 11-1　室内机热胀冷缩噪声

3. 室内风机共振

室内机开机后右侧发出嗡嗡声，关机后噪声消失，再次开机如果按压室内机右侧噪声消除，则故障通常为室内风机与外壳共振，见图 11-3 左图。

故障排除方法是调整室内风机位置，见图 11-3 右图，使室内风机在处于某一位置时嗡嗡声噪声消除即可，在实际维修时可能需要反复调整几次才能排除故障。

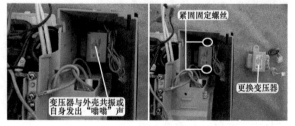

图 11-2　变压器共振和排除方法

4. 导风板叶片相互摩擦

室内机在开机时出现断断续续、但声音较小的异常杂音，如果为开启上下或左右导风板功能、上下或左右叶片转动时发出异响，停止转动时异响消失，常见原因为上下或左右叶片摩擦导致，见图11-4左图。

故障排除方法见图11-4右图，在叶片的活动部位涂抹黄油，以减少摩擦阻力。

5. 轴套缺油

室内机在开机后或运行一段时间以后，左侧出现比较刺耳的金属摩擦声，如果随室内风机转速变化而变化，见图11-5，常见原因为贯流风扇左侧的轴套缺油，维修时应使用耐高温的黄油（或机油）涂抹在轴套中间圆孔，即可排除故障。

注意

应使用耐高温的黄油，不得使用家用炒菜用的食用油，因其不耐高温，一段时间以后干涸，会再次引发故障。

6. 贯流风扇碰外壳

室内机开机后或运行一段时间以后，如果左侧或右侧出现连续的塑料摩擦声，见图11-6左图，常见原因为贯流风扇与外壳距离较近而相互摩擦，导致异常噪声。

故障排除方法是调整贯流风扇位置，见图11-6右图，使其左侧和右侧与室内机外壳保持相同的距离。

说明

贯流风扇与外壳如果距离过近，摩擦阻力较大，室内风机因启动不起来而不能运行，则约1min后整机停机，并报出"无霍尔反馈"的故障代码。

7. 室内机振动大

遥控器开机，室内风机只要运行，室内机便发生很大的噪声，同时室内机上下抖动，手摸室内机时感觉震动很大，常见原因为贯流风扇翅片断裂，见图11-7，贯流风扇不在同一个重心，运行时重力不稳导致振动和噪声均变得很大。

故障排除方法是更换贯流风扇。

8. 室内风机轴承异响

室内机右侧在开机后或运行一段时间以后，出现声音较大的金属摩擦的"嗒嗒"声，检查故

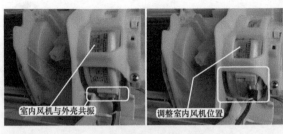

图 11-3　室内风机共振和排除方法

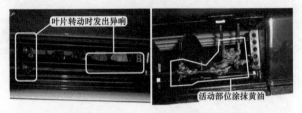

图 11-4　风门叶片转动异响和排除方法

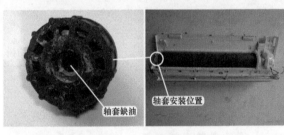

图 11-5　轴套缺油

图 11-6　贯流风扇碰外壳和排除方法

图 11-7　贯流风扇叶片烂

障为室内风机异响，见图11-8左图，常见
原因通常为内部轴承缺油。

　　故障排除方法是更换室内风机或更换轴
承，见图11-8右图，轴承常用型号为608Z。

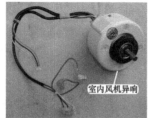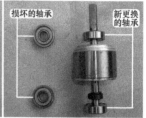

图 11-8　室内风机异响和更换轴承

二、室外机噪声故障

1. 室外机机内铜管相碰

　　见图11-9左图，室外机开机后出现声
音较大的金属碰撞声，通常为室外机机内管
道距离过近，压缩机运行后因震动较大使得
铜管相互摩擦，导致室外机噪声大故障。

　　故障排除方法是调整室外机内管道，
见图11-9右图，使距离过近的铜管相互分
开，在压缩机运行时不能相互摩擦或碰撞。

图 11-9　机内管道相碰和排除方法

室外机机内管道常见故障有：四通阀
的4根铜管相互摩擦、压缩机排气管或吸气管与压缩机摩擦、冷凝器与外壳摩擦等。

　　距离过近的铜管摩擦时间过长以后，容易磨破铜管，制冷系统的制冷剂全部泄漏，造成空调
器不制冷故障。

2. 室外风机运行时噪声大

　　室外机在开机后或运行一段时间以
后，如果出现较大的金属摩擦声音，即使
断开压缩机供电和取下室外风扇后故障
依旧，说明故障为室外风机异响，见图
11-10，故障排除方法是更换室外风机或更
换室外风机轴承。

图 11-10　更换室外风机或轴承

3. 室外机振动大

　　室外机在开机后或运行一段时间以
后，如果出现较大的声音，并且室外机震
动较大，见图11-11，故障通常为室外风扇
叶片烂。

　　故障排除方法是更换室外风扇（轴流
风扇）。

4. 压缩机运行时噪声大

　　用户反映室外机噪声大，如果上门检
查时室外机无异常杂音，只是压缩机声音
较大，可向用户解释说明，一般不需要更
换压缩机。

图 11-11　室外风机叶片烂

5. 室外墙壁薄

　　如果室外机运行后，在室内的某一位
置能听到较强的"嗡嗡"声，但在室外机
附近无"嗡嗡"声只有运行声音时，见图
11-12，一般为室外机与墙壁共振而引起，
此种故障通常出现在室外机安装在阳台、

图 11-12　墙壁薄时和室外机共振

简易彩板房等墙壁较薄的位置，故障排除方法是移走室外机至墙壁较厚的位置。

6. 室外机安装不符合要求

室外机支架距离一般要求和室外机固定孔距离相同，如果支架距离过近，见图 11-13 左图，室外机则不能正常安装，其中的 1 个螺丝孔不能安装，容易引起室外机与支架共振、出现噪声大的故障。

图 11-13　室外机支架安装不规范

见图 11-13 右图，如果支架距离和室外机固定孔距离相同，但少安装固定螺丝，则室外机与支架同样容易引起共振、出现噪声大的故障。

第 2 节　漏水故障

空调器运行在制冷模式下，室内机蒸发器表面温度较低，低于空气露点温度时，空气中的水蒸气会在蒸发器表面凝结，形成冷凝水，在重力的作用下落入室内机接水盘，通过水管排向室外，并且湿度越大，冷凝水量也就越大。

空调器运行在制热模式下，室内机蒸发器温度较高约 50℃，因此蒸发器不会产生冷凝水，室外侧水管也无水流出。但在制热过程中室外机冷凝器表面结霜，在化霜时霜变成水排向室外。

一、挂式空调器冷凝水流程

早期挂式空调器蒸发器通常为直板式或 2 折式，室内机只设 1 个接水盘，位于出风口上方，蒸发器产生的冷凝水直接流入接水盘，经保温水管和加长水管排向室外。

见图 11-14，目前挂式空调器蒸发器均为多折式，常见为 3 折、4 折甚至 5 折或 6 折，将贯流风扇包围，以获得更好的制冷效果，以顶部为分割线，蒸发器分为前部和后部，相应室内机设有主接水盘和副接水盘。蒸发器前部产生的冷凝水流入位于出风口上方的主接水盘，蒸发器后部产生的冷凝水流入位于室内机底座中部的副接水盘。

图 11-14　蒸发器和接水盘

见图 11-15，副接水盘冷凝水经专用通道流入主接水盘，主接水盘和副接水盘的冷凝水通过保温水管和加长水管，排向室外。

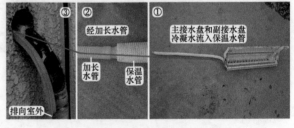

图 11-15　挂式空调器冷凝水流程

二、柜式空调器冷凝水流程

见图 11-16，柜式空调器蒸发器均为直板式，产生的冷凝水自然下沉流入接水盘、经保温水管和加长水管排向室外。

三、常见故障

1. 室内机安装倾斜

室内机一般要求水平安装。如果新装机或移机时室内机安装不平，见图 11-17 左图，即左低右高或左高右低，相对应接水盘也将倾斜，较低一侧的冷凝水超过接水盘，引起室内机漏水故障。

故障排除方法见图 11-17 右图，重新水平安装室内机。

2. 系统缺氟

用户反映空调器制冷效果差，同时室内机漏水。上门维修时查看连接管道符合安装要求，在开机时感觉室内机出风口温度较高，到室外机检查，见图 11-18，发现二通阀结霜、三通阀干燥，在三通阀维修口接上压力表，测量系统运行压力约为 0.2MPa，说明系统缺氟。

打开室内机进风格栅，见图 11-19 左图，发现蒸发器顶部结霜，判断漏水故障也因系统缺氟引起，原因是系统缺氟导致结霜，霜层堵塞蒸发器翅片缝隙，使得冷凝水不能顺利流入接水盘，最终导致室内机漏水。

故障排除方法见图 11-19 右图，排除系统漏点并加氟至正常压力 0.45MPa。

见图 11-20，加氟后查看二通阀霜层熔化，三通阀和二通阀均开始结露，到室内机查看，蒸发器霜层也已经熔化，制冷也恢复正常，蒸发器产生的冷凝水可顺利流入接水盘内并排向室外。

由本例可看出，制冷系统缺氟时不但会引起制冷效果差故障，同时也会引起室内机漏水故障，加氟后 2 个故障会同时排除。

3. 水管脏堵

在上门维修漏水故障时，因制冷状态下蒸发器产生的冷凝水速度较慢，为检查漏水部位，见图 11-21，可使用矿泉水瓶或饮料瓶接上自来水，掀开进风格栅和取下过滤网后倒在蒸发器内，可迅速检查出漏水部位。

空调器制冷正常，但室外侧水管不流水，室内机漏水很严重，取下室内机外壳，查看接水盘内冷凝水已满，说明水管堵塞，

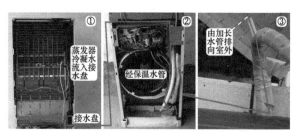

图 11-16　柜式空调器冷凝水流程

图 11-17　室内机安装倾斜和排除方法

图 11-18　二通阀结霜和系统压力低

图 11-19　蒸发器结霜和加氟至正常压力

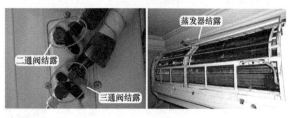

图 11-20　二（三）通阀和蒸发器结露

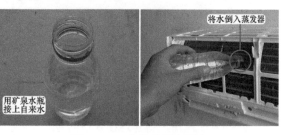

图 11-21　向蒸发器内倒水

见图 11-22。

故障排除方法见图 11-23，使用一根新水管，插入室外侧原机水管，并向新水管吸气，使水管内脏物吸出（见图 11-22 左图），室内机漏水故障即可排除。

不要将脏水吸入到口中。维修时不要向水管内吹气，否则会将水吹向室内机主板或接收板出现短路故障，导致需要更换主板或接收板。

4. 接水盘和保温水管脏堵

用户反映室内机漏水，查看接水盘内冷凝水已满，但室外侧水管无冷凝水流出，将接水盘内冷凝水倒出来，见图 11-24 左图，查看接水盘已脏堵，通常接水盘脏堵时与其连接的保温水管也已经堵塞。

见图 11-24 右图，维修时取下接水盘和保温水管。

见图 11-25，将空调器的保温水管接头接在自来水管的水龙头上面，用手握好接头以防止溅水，打开水龙头开关，利用自来水管中的压力冲出堵塞保温水管的脏物，再将接水盘冲洗干净，重新安装后即可排除室内机漏水故障。

5. 墙孔未堵

空调器安装完成后应使用配套胶泥或腻子粉堵孔，但如果墙孔未堵或未堵严、墙孔位于西山墙或南山墙，见图 11-26 左图，下雨时雨水将通过空调器穿墙孔流入到室内，造成室内机漏水故障。

故障排除方法见图 11-26 中图和右图，使用塑料袋或玻璃胶堵孔。

6. 保温水管和加长水管接头未使用防水胶布包扎

见图 11-27，室内侧出墙孔下方流水，常见原因为室外墙孔未堵，下雨时流水倒灌所致，到室外侧检查，出墙孔顶部有一面遮挡墙，即使下雨也不会流入到室内，排除外部因素，说明故障在空调器的室内外机连接管道。

见图 11-28 左图，剥开连接管道的包

堵塞水管的脏物

图 11-22　水管脏堵

使用 1 根新水管　水管一头接原机水管　用嘴吸水管另一头

图 11-23　排除水管脏堵方法

接水盘脏堵　取下接水盘

图 11-24　接水盘脏堵和取下接水盘

利用水管压力疏通保温水管　接水盘清洗干净　保温水管畅通

图 11-25　冲洗保温水管和接水盘

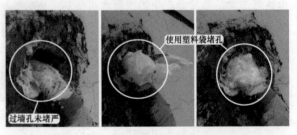

使用塑料袋堵孔　过墙孔未堵严

图 11-26　墙孔未堵严和堵墙孔

室内墙面流水　出墙孔顶部有遮挡墙

图 11-27　墙面流水和检查出墙孔

扎带，抽出水管，查看故障为保温水管和加长水管的接头处未用防水胶布包扎，接头处渗水，最终导致出墙孔下方流水。

故障排除方法见图 11-28 右图，使用防水胶布包扎接头。

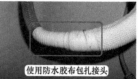

图 11-28　接水未包扎和包扎接头

7. 接水盘和保温水管接头处渗水

空调器新装机室内机漏水，查看连接管道符合要求，使用饮料瓶向蒸发器内倒水时均能顺利流出，排除连接管道走向故障。取下室内机外壳，见图 11-29 左图，查看漏水故障为接水盘和保温水管接头处渗水。

故障排除方法见图 11-29 中图，在接水盘的接头上缠上胶布，增加厚度，再安装保温水管即可排除故障；或者见图 11-29 右图，使用卫生纸插干冷凝水后，将不干胶涂在渗水的接头处，也能排除故障。

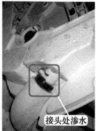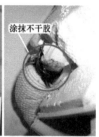

图 11-29　接水盘接头渗水和排除方法

8. 主接水盘和副接水盘连接处渗水

空调器使用一段时间后室内机漏水，查看连接管道符合安装要求，使用饮料瓶向蒸发器内倒水时均能顺利流出，排除连接管道走向故障。取下室内机外壳，见图 11-30，查看漏水故障为主接水盘和副接水盘连接部渗水。

见图 11-31，找一块隔水塑料硬板，使用剪刀剪一片合适的大小，垫在连接部即主接水盘和副接水盘的中间，这样副水盘渗透的水滴经塑料硬板直接流入到主接水盘，室内机不再漏水。

图 11-30　主接水管和副接水盘连接部渗水

图 11-31　使用塑料硬板垫在连接部

9. 水管被压扁

查看室内外机连接管道坡度正常，用饮料瓶向蒸发器倒水时，室外侧水管流水很慢，仔细检查为连接管道出墙孔处弯管角度较小，而水管又在最下边，见图 11-32 左图，导致水管被压扁，因而阻力过大，接水盘内冷凝水不能顺利流出，超过接水盘后导致室内机漏水。

故障排除方法见图 11-32 中图和右图，将水管从连接管道底部抽出，放在铜管旁边，并握（或捏）回加长水管压扁的部位。

10. 室内外机连接管道室内侧低于出墙孔

室内外机连接管道安装时走向要有坡度，以利于冷凝水顺利排出。见图 11-33 左图，连接管道向下弯曲且低于出墙孔，冷凝水则会积聚在连接管道最低处而不能顺利排出，水管中留有空气，室内机接水盘冷凝水的压力很小，不能

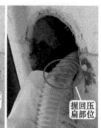

图 11-32　水管被压扁和排除方法

将连接管道最低处的冷凝水压向室外，而蒸发器一直产生冷凝水，超过接水盘后引起室内机漏水。

故障排除方法见图 11-33 右图，重新调整连接管道，使水管保持一定坡度。

11. 室外侧水管低于下水管落水孔

见图 11-34 左图，室外侧的水管弯曲且低于落水孔时，同样引起室内机漏水故障。

故障排除方法见图 11-34 中图，重新整理水管并保持一定的坡度。如果水管插在专用的空调器下水管内，应使用防水胶布将空调器水管绑在下水管落水孔处，以防止水管移动再次引发故障。

图 11-33　连接管道低于出墙孔并调整

12. 室内机喷水

喷水原因一般为蒸发器为多段式，顶部的段与段之间处理不好，容易凝聚水滴，没有顺着翅片流入接水盘内，而是直接流下，滴在正在运行的贯流风扇上面，被叶片带出并吹向机外，形成喷水故障。

（1）蒸发器顶部段与段之间未处理好

故障排除方法见图 11-35 左图，使用防水胶布粘在段与段的缝隙中，注意长度要与蒸发器相等，多拉几条增加宽度，并使劲按在蒸发器顶部。

见图 11-35 右图，目前新出厂的蒸发器段与段之间粘有保温层，以防止喷水故障。

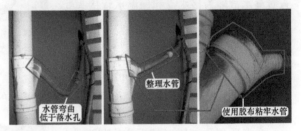

图 11-34　水管低于落水孔

（2）室内机安装不平

使用多段式蒸发器的室内机，如果室内机一侧安装不平，见图 11-36 左图，上部间隙大、下部间隙小，也容易使蒸发器顶部的水滴流下，滴在正在运行的贯流风扇上面，而形成喷水故障。

故障排除方法是重新安装室内机，使室内机上部和下部均紧贴墙壁，如暂时未带安装工具，或维修时只有 1 个人不方便重新安装，应急处理方法是找一张废纸，见图 11-36 中图和右图，叠成一定的厚度，垫在室内机的下部，使室内机下部和上部与墙壁的间隙相同，也可排除喷水故障。

图 11-35　在蒸发器顶部粘防水胶布

图 11-36　在室内机下部垫纸片

13. 室内使用水桶接水

见图 11-37 左图，一宾馆内使用的空调器，因室外侧不能排水，将水管留在屋内，使用 1 个矿泉水桶接水。

使用一段时间以后，用户反映室内机漏水。见图 11-37 中图，上门查看时发现水桶已接有半桶水，但水管过长至水桶底部，水管末端已淹没在水桶的积水内，使

图 11-37　水桶接水和剪去多余水管

得空调器加长水管中间部分有空气，而室内机接水盘的冷凝水压力过小，不能将加长水管中间的空气从水管末端顶出，因而冷凝水积在接水盘内，最终导致漏水。

故障排除方法见图 11-37 右图，剪去多余的加长水管，使加长水管的长度刚好在水桶的顶部，水桶的积水不能淹没加长水管的末端，加长水管的空气可顺利排出，室内机漏水故障即可排除。

从本例可以看出，即使室内机高于水桶约有 2 米，按常理应能顺利流出，但如果水管内有空气，室内机接水盘的冷凝水则无法流出，最终造成室内机漏水故障。

见图 11-38 左图，因矿泉水桶的桶口较小，如果加长水管堵塞桶口，水桶内的空气不能排出，导致加长水管内依旧有空气存在，室内机接水盘的冷凝水照样不能流入水桶内，并再次引发室内机漏水故障。

排除方法很简单，一是保证水管不能堵塞水桶桶口，水桶内空气能顺利排出；二是见图 11-38 右图，在水桶上部钻一个圆孔用于排气。

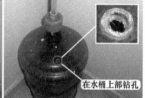

图 11-38　水管堵塞桶口和钻孔

14. 连接管道室内侧水平走向距离过长

安装空调器时对室内外机连接管道的要求是横平竖直，这一要求对于室外侧的连接管道很合理，但对于室内侧的连接管道，需要慎重考虑，主要是由于有加长水管的存在。

见图 11-39 左图，如果室内侧连接管道水平走向距离过长，相对应加长水管处于水平状态的距离也相对过长，此时冷凝水容易积聚在一起堵塞水管，使得加长水管内含有空气，接水盘的冷凝水无法排出，最终导致室内机漏水。

故障排除方法见图 11-39 右图，调整水平走向的连接管道，使之具有一定的坡度，这样加长水管内不会有冷凝水积聚，室内机漏水故障也相应排除。

图 11-39　连接管道水平走向距离过长及调整方法

15. 连接管道室内侧低于出墙孔

安装在某医院房间的一批新空调器，用户反映室内机漏水。上门查看室内机安装在房间内，连接管道经走廊到达室外。

见图 11-40 左图，查看连接管道室内部分走向正常。但在走廊部分的走向有故障，见图 11-40 右图，其①为连接管道贴地安装，水平距离过长；其②为出墙孔高于连接管道。这 2 点均能导致加长水管内积聚冷凝水，使水管内产生空气，最终导致室内机漏水故障。

此种故障常用维修方法是重新调整连接管道，使其走向有坡度，冷凝水才能顺利流出，但用户已装修完毕，不同意更改管道走向。因室内机漏水的主要原因是加长水管中有空气，维修时只要将连接管道的空气排出，室内机漏水的故障也立即排除，最简单的方法是在加长水管上开孔。

（1）在水管处开孔

见图 11-41 左图和中图，开口部位选择在连接管道的最高位置，解开包扎带后使用偏口钳在水管的外侧剪开 1 个豁口，

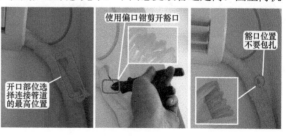

图 11-40　连接管道室内侧低于出墙孔

图 11-41　在连接管道最高处位置开口

这样水管的空气将通过豁口排出。经长时间开机试验，室内机接水盘的冷凝水可顺利排向室外，室内机不再漏水，故障排除。

见图 11-41 右图，维修完成使用包扎带包扎连接管道时，豁口位置不要包扎，可防止因包扎带堵塞豁口。

水管内侧有冷凝水流过不宜开口，否则将引起开口部位出现漏水故障。

（2）在水管上插管排空

见图 11-42，如果连接管道的最高位置为保温水管，因保温层较厚不容易开口，可将开口位置下移至加长水管。

保温水管

开孔位置

图 11-42　开孔位置选择在加长水管

见图 11-43，为防止开口处漏水，可使用 1 根较粗的管子（早餐米粥附带的塑料管），插在加长水管的开口位置，并使用防水胶布包扎接头，使用包扎带包扎连接管道时，应将管口露在外面以利于排除空气。

防水胶布
包扎接头

管口排
除空气

开口位置插入管子

图 11-43　在开口位置插入水管

第 ⑫ 章
制冷系统基础知识

第 1 节　制冷系统工作原理和部件

一、单冷型空调器制冷系统循环和主要部件

1. 制冷系统循环

单冷空调器制冷循环原理图见图 12-1，实物图见图 12-2。

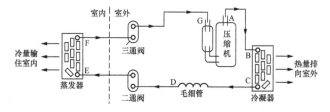

图 12-1　单冷空调器制冷循环原理图

来自室内机蒸发器的低温低压制冷剂气体被压缩机吸入压缩成高温高压气体，排入室外机冷凝器，通过轴流风扇的作用，与室外的空气进行热交换而成为低温高压的制冷剂液体，经过毛细管的节流降压、降温后进入蒸发器，在室内机的贯流风扇作用下，吸收房间内的热量（即降低房间内的温度）而成为低温低压的制冷剂气体，再被压缩机压缩，制冷剂的流动方向为 A→B→C→D→E→F→G→A，如此周而复始地循环达到制冷的目的。制冷系统主要位置压力和温度见表 12-1。

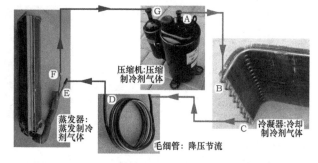

图 12-2　单冷空调器制冷循环实物图

表 12-1　　　　　　　　　　制冷系统主要位置压力和温度

代号和位置	状态	压力	温度
A：压缩机排气管	高温高压气体	2.0MPa	约90℃
B：冷凝器进口	高温高压气体	2.0MPa	约85℃

续表

代号和位置		状态	压力	温度
C：冷凝器出口（毛细管进口）		低温高压液体	2.0MPa	约35℃
D：毛细管出口	E：蒸发器进口	低温低压液体	0.45MPa	约7℃
F：蒸发器出口	G：压缩机吸气管	低温低压气体	0.45MPa	约5℃

2. 单冷空调器制冷系统主要部件

单冷空调器的制冷系统主要由压缩机、冷凝器、毛细管、蒸发器组成，称为制冷系统四大部件。

（1）压缩机

压缩机是制冷系统的心脏，将低温低压的气体压缩成为高温高压的气体。压缩机由电机部分和压缩部分组成。电机通电后运行，带动压缩部分工作，使吸气管吸入的低温低压制冷剂气体变为高温高压气体。

压缩机常见形式有三种：活塞式、旋转式、涡旋式，实物外形见图 12-3。活塞式压缩机常见于老式柜式空调器中，通常为三相供电，现在已经很少使用；旋转式压缩机大量使用在 1P ～ 3P 的挂式或柜式空调器中，通常使用单相供电，是目前最常见的压缩机；涡旋式压缩机使用在 3P 及以上柜式空调器中，通常使用三相供电，由于不能反向运行，使用此类压缩机的空调器室外机设有相序保护电路。

图 12-3　压缩机

（2）冷凝器

冷凝器实物外形见图 12-4，作用是将压缩机排出的高温高压的气体变为低温高压的液体。压缩机排出高温高压的气体进入冷凝器后，吸收外界的冷量，此时室外风机运行，将冷凝器表面的高温排向外界，从而将高温高压的气体冷凝为低温高压的液体。

常见形式：常见外观形状有单片式、双片式或更多。

图 12-4　冷凝器

（3）毛细管

毛细管由于价格低及性能稳定，在定频空调器和变频空调器中大量使用，安装位置和实物外形见图 12-5。

毛细管的作用是将低温高压的液体变为低温低压的液体。从冷凝器排出的低温高压液体进入毛细管后，由于管径突然变小并且较长，因此从毛细管排出的液体的压力已经很低，由于压力与温度成正比，此时制冷剂的温度也较低。

图 12-5　毛细管

（4）蒸发器

蒸发器实物外形见图 12-6，作用是吸收房间内的热量，降低房间温度。工作时

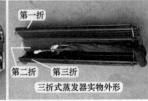

图 12-6　蒸发器

毛细管排出的液体进入蒸发器后，低温低压的液体吸热蒸发，使蒸发器表面温度很低，室内风机运行，将冷量输送至室内，降低房间温度。

常见形式：根据外观不同，常见有直板式、二折式、三折式或更多。

二、冷暖型空调器制冷系统循环和主要部件

在单冷空调器的制冷系统中增加四通阀，即可组成冷暖空调器的制冷系统，此时系统既可以制冷，又可以制热。但在实际应用中，为提高制热效果，又增加了过冷管组（单向阀和辅助毛细管）。

1. 四通阀组件

四通阀安装在室外机制冷系统中，作用是转换制冷剂流量的方向，从而将空调器转换为制冷或制热模式，见图 12-7 左图，四通阀组件包括四通阀和线圈。

见图 12-7 右图，四通阀连接管道共有 4 根，D 口连接压缩机排气管、S 口连接压缩机吸气管、C 口连接冷凝器、E 口连接三通阀经管道至室内机蒸发器。

（1）四通阀内部构造

见图 12-8，四通阀可细分为换向阀（阀体）、电磁导向阀、连接管道共 3 部分。

（2）换向阀

将四通阀翻到背面，并割开阀体表面铜壳，见图 12-9，可看到换向阀内部器件，主要由阀块、左右 2 个活塞、连杆、弹簧组成。

见图 12-10，阀块通常使用耐高温的尼龙材料制成，从背面看可以观察其内部相通，可连接阀体下部的 3 根管口中的其中 2 个，但始终和连接压缩机吸气管的 S 管口相通，即只能 S-E 管口相通或 S-C 管口相通。

活塞和连杆固定在一起，阀块安装在连杆上面，当活塞受到压力变化时其带动连杆左右移动，从而带动阀块左右移动。

见图 12-11 左图，当阀块移动至某一位置时使 S-E 管口相通，则 D-C 管口相通，压缩机排气管 D 排出高温高压气体经 C 管口至冷凝器，三通阀 E 连接压缩机吸气管 S，空调器处于制冷状态。

见图 12-11 右图，当阀块移动至某一位置时使 S-C 管口相通，则 D-E 管口相通，压缩机排气管 D 排出高温高压气体经 E 管口至三通阀连接室内机蒸发器，冷凝器

图 12-7　四通阀组件和安装位置

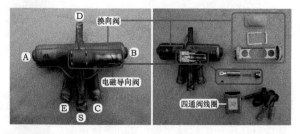

图 12-8　内部结构

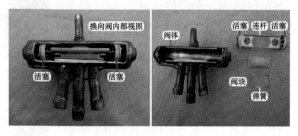

图 12-9　换向阀组成

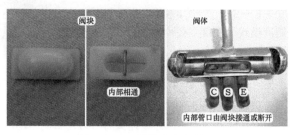

图 12-10　阀块和内部管口

C 连接压缩机吸气管 S，空调器处于制热状态。

（3）电磁导向阀

电磁导向阀由导向毛细管和导向阀本体组成，见图 12-12。导向毛细管共有 4 根，分别连接压缩机排气管 D 管口、压缩机吸气管 S 管口、换向阀左侧 A 和换向阀右侧 B。导向阀本体安装在四通阀表面，内部由小阀块、衔铁、弹簧、堵头（设有四通阀线圈的固定螺丝）组成。

见图 12-13，导向阀连接 4 根导向毛细管，其内部设有 4 个管口，布局和换向阀类似，小阀块安装在衔铁上面，衔铁移动时带动小阀块移动，从而接通或断开导向阀内部下方 3 个管口。衔铁移动方向受四通阀线圈产生的电磁力控制，导向阀内部的阀块之所以称为"小阀块"，是为了和换向阀内部的阀块进行区分，两个阀块所起的作用基本相同。

（4）制冷模式转换原理

当室内机主板未输出四通阀线圈供电，即希望空调器运行在制冷模式时，室外机四通阀因线圈电压为交流 0V，见图 12-14，电磁导向阀内部衔铁在弹簧的作用下向左侧移动，使得 D 口和 B 侧的导向毛细管相通，S 口和 A 侧的导向毛细管相通，因 D 口连接压缩机排气管、S 口连接压缩机吸气管，因此换向阀 B 侧压力高、A 侧压力低。

见图 12-15 和图 12-16，因换向阀 B 侧压力高于 A 侧，推动活塞向 A 侧移动，从而带动阀块使 S-E 管口相通、同时 D-C 管口相通，即压缩机排气管 D 和冷凝器 C 相通、压缩机吸气管 S 和连接室内机蒸发器的三通阀 E 相通，制冷剂流动方向为①→D→C→②→③→④→⑤→⑥→E→S→⑦→①，系统工作在制冷模式。制冷模式下系统主要位置压力和温度见表 12-1。

（5）制热模式转换原理

当室内机主板输出四通阀线圈供电，即希望空调器处于制热模式时，见图 12-17，室外机四通阀线圈电压为交流 220V，产生电磁力，使电磁导向阀内部衔铁克服弹簧的阻力向右侧移动，使得 D 口和 A 侧的导向毛细管相通、S 口和 B 侧的导向毛细管相通，因此换向阀 A 侧压力高、B 侧压力低。

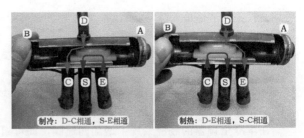

图 12-11　制冷制热转换原理

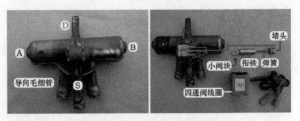

图 12-12　电磁导向阀组成

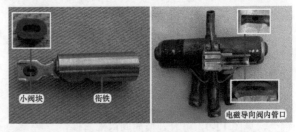

图 12-13　小阀块和导向阀管口

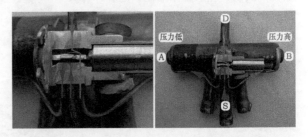

图 12-14　电磁导风阀使阀体压力左低右高

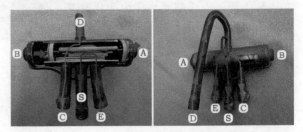

图 12-15　阀块移动工作在制冷模式

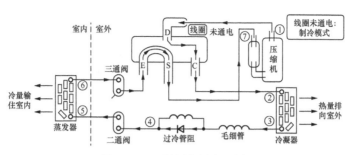

图 12-16　系统制冷循环流程

见图 12-18 和图 12-19，因换向阀 A 侧压力高于 B 侧压力，推动活塞向 B 侧移动，从而带动阀块使 S-C 管口相通、同时 D-E 管口相通，即压缩机排气管 D 和连接室内机蒸发器的三通阀 E 相通、压缩机吸气管 S 和冷凝器 C 相通，制冷剂流动方向为①→D→E→⑥→⑤→④→③→②→C→S→⑦→①，系统工作在制热模式。制热模式下系统主要位置压力和温度见表 12-2。

2. 单向阀与辅助毛细管（过冷管组）

实物外形见图 12-20，作用是在制热模式下延长毛细管的长度，降低蒸发压力，蒸发温度也相应降低，能够从室外吸收更多的热量，从而增加制热效果。

图 12-17　电磁导向阀使阀体压力左高右低

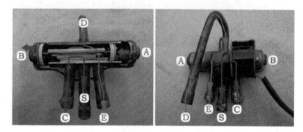

图 12-18　阀块移动工作在制热模式

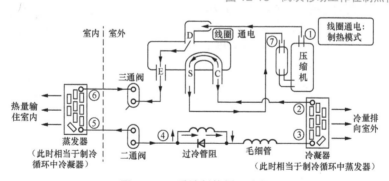

图 12-19　系统制热循环流程

表 12-2　　　　　　　　　制热模式下系统主要位置压力和温度

代号和位置		状态	压力	温度
①：压缩机排气管		高温高压气体	2.2MPa	约80℃
⑥：蒸发器出口		高温高压气体	2.2MPa	约70℃
⑤：蒸发器进口	④：辅助毛细管出口	低温高压液体	2.2MPa	约50℃
③：冷凝器出口（毛细管进口）		低温低压液体	0.2MPa	约7℃
②：冷凝器进口	⑦：压缩机吸气管	低温低压气体	0.2MPa	约5℃

单向阀具有单向导通特性，制冷模式下直接导通，辅助毛细管不起作用；制热模式下单向阀截止，制冷剂从辅助毛细管通过，延长毛细管的总长度，从而提高制热效果。

辨认方法：辅助毛细管和单向阀并联，单向阀具有方向之分，带有箭头的一端接二通阀铜管。

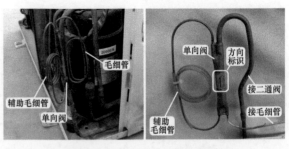

图 12-20　单向阀与辅助毛细管

（1）制冷模式：压缩机排气管→四通阀→冷凝器→单向阀→毛细管→过滤器→二通阀→连接管道→蒸发器→三通阀→四通阀→压缩机吸气管，完成循环过程。

见图 12-21，此时单向阀方向标识和制冷剂流通方向一致，单向阀导通，短路辅助毛细管，辅助毛细管不起作用，由毛细管独自节流。

（2）制热模式：压缩机排气管→四通阀→三通阀→蒸发器（相当于冷凝器）→连接管道→二通阀→过滤器→毛细管→辅助毛细管→冷凝器出口（相当于蒸发器进口）→四通阀→压缩机吸气管，完成循环过程。

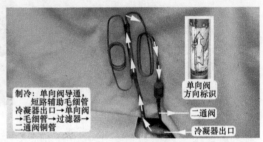

图 12-21　过冷管组组件制冷流通过程

见图 12-22，此时单向阀方向标识和制冷剂流通方向相反，单向阀截止，制冷剂从辅助毛细管流过，此时由毛细管和辅助毛细管共同节流，延长了毛细管的总长度，降低了蒸发压力，蒸发温度也相应下降，此时室外机冷凝器可以从室外吸收到更多的热量，从而提高制热效果。

举个例子说，假如毛细管节流后蒸发压力的对应蒸发温度为 0℃，那么这台空调器室外温度在 0℃以上时，制热效果还可以，但在 0℃以下，制热效果则会明显下降；如果毛细管和辅助毛细

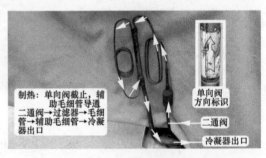

图 12-22　过冷管组组件制热流通过程

管共同节流，延长毛细管的总长度后，假如对应的蒸发温度为 -5℃，那么这台空调器室外温度在 0℃以上时，由于蒸发温度低，温度差较大，因而可以吸收更多的热量，从而提高制热效果，如果室外温度在 -5℃，制热效果和不带辅助毛细管的空调器在 0℃时基本相同，这说明辅助毛细管工作后减少了空调器对温度的限制范围。

第 2 节　常用维修技能

一、缺氟分析

空调器常见漏氟部位见图 12-23。

1．连接管道漏氟

（1）加长连接管道焊点有沙眼，系统漏氟。

（2）连接管道本身质量不好、有沙眼，系统漏氟。

（3）安装空调器时管道弯曲过大，管道握瘪有裂纹，系统漏氟。

（4）加长管道使用快速接头，喇叭口处理不好而导致漏氟。

2. 室内机和室外机接口漏氟

（1）安装或移机时接口未拧紧，系统漏氟。

（2）安装或移机时液管（细管）螺母拧得过紧将喇叭口拧脱落，系统漏氟。

（3）多次移机时拧紧松开螺母，导致喇叭口变薄或脱落，系统漏氟。

（4）安装空调器时快速接头螺母与螺丝未对好，拧紧后密封不严，系统漏氟。

（5）加长管道时喇叭口扩口偏小，安装后密封不严，系统漏氟。

（6）紧固螺母裂，系统漏氟。

3. 室内机漏氟

（1）室内机快速接头焊点有沙眼，系统漏氟。

（2）蒸发器管道有沙眼，系统漏氟。

4. 室外机漏氟

（1）二通阀和三通阀阀芯损坏，系统漏氟。

（2）三通阀维修口顶针坏，系统漏氟。

（3）室外机机内管道有裂纹（重点检查：压缩机排气管和吸气管，四通阀连接的 4 根管道，冷凝器进口部位，二通阀和三通阀连接铜管）。

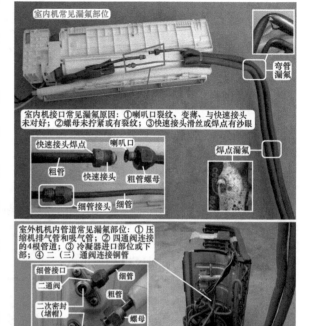

图 12-23　制冷系统常见漏氟部位

二、系统检漏

空调器不制冷或效果不好，检查故障为系统缺氟引起时，在加氟之前要查找漏点并处理。如果只是盲目加氟，由于漏点还存在，空调器还会出现同样故障。在检修漏氟故障时，应先询问用户，空调器是突然出现故障还是慢慢出现故障，检查是新装机还是使用一段时间的空调器，根据不同情况选择重点检查部位。

1. 检查系统压力

关机并拔下空调器电源（防止在检查过程中发生危险），在三通阀维修口接上压力表，观察此时的静态压力。

（1）0 ~ 0.5MPa：无氟故障，此时应向系统内加注气态制冷剂，使静态压力达到 0.6MPa 或更高压力，以便于检查漏点。

（2）0.6MPa 或更高压力：缺氟故障，此时不用向系统内加注制冷剂，可直接用泡沫检查漏点。

2. 检漏技巧

氟 R22 与压缩机润滑油能互溶，因而氟 R22 泄漏时通常会将润滑油带出，也就是说制冷系统有油迹的部位就极有可能为漏氟部位，应重点检查。如果油迹有很长的一段，则应检查处于最高位置的焊点或系统管道。

3. 重点检查部位

漏氟故障重点检查部位见图12-24、图12-25、图12-26，具体如下。

（1）新装机（或移机）：室内机和室外机连接管道的4个接头，二通阀和三通阀堵帽，以及加长管道焊接部位。

（2）正常使用的空调器突然不制冷：压缩机吸气管和排气管、系统管路焊点、毛细管、四通阀连接管道和根部。

（3）逐渐缺氟故障：室内机和室外机连接管道的4个接头。更换过系统元件或补焊过管道的空调器还应检查焊点。

（4）制冷系统中有油迹的位置。

4. 检漏方法

用水将毛巾（或海绵）淋湿，以不向下滴水为宜，倒上洗洁精，轻揉至丰富泡沫，见图12-27，涂在需要检查的部位，观察是否向外冒泡，冒泡说明检查部位有漏氟故障，没有冒泡说明检查部位正常。

5. 漏点处理方法

（1）系统焊点漏：补焊漏点。

（2）四通阀根部漏：更换四通阀。

（3）喇叭口管壁变薄或脱落：重新扩口。

（4）接头螺母未拧紧：拧紧接头螺母。

（5）二、三通阀或室内机快速接头丝纹坏：更换二、三通阀或快速接头。

（6）接头螺母有裂纹或丝纹坏：更换连接螺母。

6. 微漏故障检修方法

制冷系统微漏故障，如果因漏点太小或比较隐蔽，使用上述方法未检查出漏点时，可以使用以下步骤来检查。

（1）区分故障部位

当系统为平衡压力时，接上压力表并记录此时的系统压力值后取下，关闭二通阀和三通阀的阀芯，将室内机和室外机的系统分开保压。

等待一段时间后（根据漏点大小决定），再接上压力表，慢慢打开三通阀阀芯，查看压力表表针是上升还是下降：如果是上升，说明室外机的压力高于室内机，故障在室内机，重点检查蒸发器和连接管道；如果是下降，说明是室内机的压力高于室外机，故障在室外机，重点检查冷凝器和室外机内管道。

（2）增加检漏压力

由于氟的静态压力最高约为1MPa，对于漏点较小的故障部位，应增加系统压力来检查。如果条件具备可使用氮气，氮气瓶通过连接管经压力表，将氮气直接充入空调器制冷系统，静态压力能达到2MPa或更高。

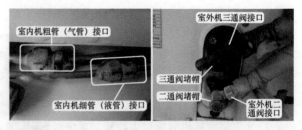

图12-24 漏氟故障重点检查部位（一）

图12-25 漏氟故障重点检查部位（二）

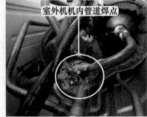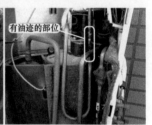

图12-26 漏氟故障重点检查部位（三）

图12-27 泡沫检漏

危险提示：压力过高的氧气遇到压缩机的冷冻油将会自燃导致压缩机爆炸，因此严禁将氧气充入制冷系统用于检漏，切记！切记！

（3）将制冷系统放入水中

如果区分故障部位和增加检漏压力之后，仍检查不到漏点，可将怀疑的系统部分（如蒸发器或冷凝器）放入清水之中，通过观察冒出的气泡来查找漏点。

第 3 节　收氟和排空

移机、更换连接配管、焊接蒸发器之前，都要对空调器进行收氟，操作完成后要对系统排空，收氟和排空也是系统维修中最常用的技能之一，本节对此进行详细讲解。

一、收氟

收氟即回收制冷剂，将室内机蒸发器和连接管道的制冷剂回收至室外机冷凝器的过程，是移机或维修蒸发器、连接管道前的一个重要步骤。收氟时必须将空调器运行在制冷模式下，且压缩机正常运行。

1. 开启空调器方法

如果房间温度较高（夏季），则可以用遥控器直接选择制冷模式，温度设定到最低16℃即可。

如果房间温度较低（冬季），应参照图12-28，选择以下两种方法之一。

（1）用温水加热（或用手捏住）室内环温传感器探头，使之检测温度上升，再用遥控器设定制冷模式开机收氟。

温水加热环温传感器探头　　取下四通阀线圈引线

图 12-28　强制制冷开机的两种方法

（2）制热模式下在室外机接线端子处取下四通阀线圈引线，强制断开四通阀线圈供电，空调器即运行在制冷模式下。注意：使用此种方法一定要注意用电安全，可先断开引线再开机收氟。

　某些品牌的空调器，如按压"应急按钮（开关）"按键超过5s，也可使空调器运行在应急制冷模式下。

2. 收氟操作步骤

收氟操作步骤见图12-29、图12-30、图12-31。

（1）取下室外机二通阀和三通阀的堵帽。

（2）用内六方工具关闭二通阀阀芯，蒸发器和连接管道的制冷剂通过压缩机排气管储存在室外机的冷凝器之中。

（3）在室外机（主要指压缩机）运行

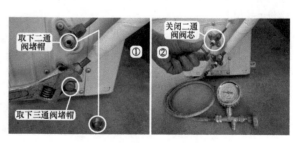

取下二通阀堵帽　　关闭二通阀阀芯　①　②

取下三通阀堵帽

图 12-29　收氟操作步骤（一）

约40s后（本处指1P空调器运行时间），关闭三通阀阀芯。如果对时间掌握不好，可以在三通阀维修口接上压力表，观察压力回到负压范围内时再快速关闭三通阀阀芯。

（4）压缩机运行时间符合要求或压力表指针回到负压范围内时，快速关闭三通阀阀芯。

（5）遥控器关机，拔下电源插头，并使用扳手取下细管螺母和粗管螺母。

（6）在室外机接口处取下连接管道中气管（粗管）和液管（细管）螺母，并用胶布封闭接口，防止管道内进入水分或脏物。

（7）如果需要拆除室外机，在室外机接线端子处取下室内外机连接线，再取下室外机底脚螺丝后即可。

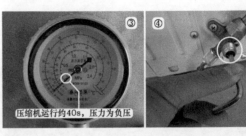

图 12-30　收氟操作步骤（二）

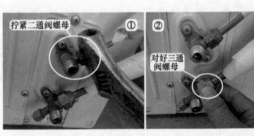

图 12-31　收氟操作步骤（三）

二、冷凝器中有制冷剂时排空方法

排空是指空调器新装机或移机时安装完毕后，通过使用冷凝器中制冷剂将室内机蒸发器和连接管道内空气排出的过程，操作步骤见图 12-32、图 12-33、图 12-34。

　　排空完成后要用肥皂泡沫检查接口，防止出现漏氟故障。

（1）将液管（细管）螺母接在二通阀上并拧紧。

（2）将气管（粗管）螺母接在三通阀上但不拧紧。

（3）用内六方扳手将二通阀阀芯逆时针旋转打开90°，存在冷凝器内的制冷剂气体将室内机蒸发器、连接管道内的空气从三通阀螺母处排出。

（4）约30s后拧紧三通阀螺母。

（5）用内六方扳手完全打开二通阀和三通阀阀芯。

（6）安装二通阀和三通阀堵帽并拧紧。

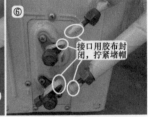

图 12-32　排空操作步骤（一）

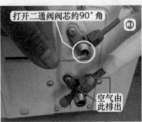

图 12-33　排空操作步骤（二）

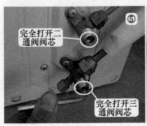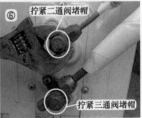

图 12-34　排空操作步骤（三）

三、冷凝器中无制冷剂时排空方法

空气为不可压缩的气体，系统中如含有空气会使高压、低压上升，增加压缩机的负荷，同时制冷效果也会变差；空气中含有的水分则会使压缩机线圈绝缘下降，缩短其寿命；制冷过程中水分容易在毛细管部位堵塞，形成冰堵故障；因而在更换系统部件（如压缩机、四通阀）或维修由系统铜管产生裂纹导致的无氟故障，焊接完毕后在加氟之前要将系统内的空气排除，常用方法有真空泵抽真空和用氟 R22 顶空。

1. 真空泵抽真空

真空泵是排除系统空气的专用工具，实物外形见图 12-35，可将空调器制冷系统内真空度达到 -0.1MPa（即 -760mmHg）。

真空泵吸气口通过加氟管连接至压力表接口，接口根据品牌不同也不相同，有些为英制接口，有些为公制接口；真空泵排气口则是将吸气口吸入的制冷系统空气排向室外。

图 12-35　真空泵

（1）操作步骤

图 12-36 为抽真空时真空泵的连接方法。

使用 1 根加氟管连接室外机三通阀维修口和压力表，一根加氟管连接压力表和真空泵吸气口，开启真空泵电源，再打开压力表开关，制冷系统内空气便从真空泵排气口排出，运行一段时间（一般需要 20min 左右）达到真空度要求后，首先关闭压力表开关，再关闭真空泵电源，将加氟管连接至氟瓶并排除加氟管中的空气后，即可为空调器加氟。

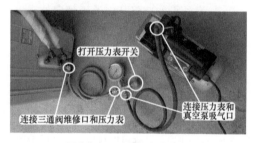

图 12-36　抽真空示意图

① 压力表真空度对比

抽真空前：见图 12-37 左图，制冷系统内含有空气，和大气压强相等，约等于 0MPa。

抽真空后：见图 12-37 右图，真空泵将制冷系统内空气抽出后，压力约等 -0.1MPa。

② 真空表真空度对比

如果真空泵上安装有真空表，更可以直观表现系统真空度。

抽真空前：见图 12-38 左图，制冷系统内含有空气，大气压强相等，约为 820mbar。

抽真空中：见图 12-38 中图，开启真空泵电源后，系统内空气排向室外，真空度也在逐渐下降。

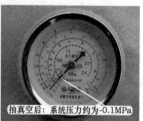

图 12-37　抽真空时压力表对比

抽真空后：见图 12-38 右图，系统内真空度达到要求后，真空表指针指示为深度负压。

（2）注意事项

① 开启真空泵电源前要保证制冷系统已完全封闭，二、三通阀芯也已完全打开。

② 关闭真空泵电源时要注意顺序：先关闭压力表开关，再关闭真空泵电源。顺序相反时则容易使制冷系统内进入空气。

图 12-38　抽真空时真空表对比

（3）使用技巧

真空泵运行10min后，室内机蒸发器和连接管道就会达到真空度要求，而室外机冷凝器由于毛细管的阻碍作用还会有少许空气，这时可将压缩机通电3min左右使系统循环，室外机冷凝器便能很快达到真空度要求。

2. 使用氟R22顶空

系统充入氟R22将空气顶出，同样能达到排除空气的目的。

（1）操作步骤

用氟R22顶空操作步骤见图12-39、图12-40、图12-41。

① 在二通阀处取下细管螺母。

② 在三通阀处拧紧粗管螺母。

③ 从三通阀维修口充入氟R22，通过调整压力表开关的开启角度可以调节顶空的压力，避免顶空过程中压力过大。

④ 室外机的空气从二通阀处向外排出，室内机和连接管道的空气从细管喇叭口处向外排出。

⑤ 室内机和连接管道的空气排除较快，而室外机有毛细管和压缩机的双重阻碍作用，所以室外机的顶空时间应长于室内机，用手堵住连接管道中细管的喇叭口，此时只有室外机二通阀处向外排空，这样可以减少氟R22的浪费。

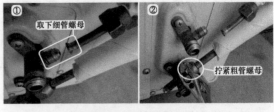

图12-39　用氟顶空（一）

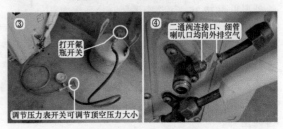

图12-40　用氟顶空（二）

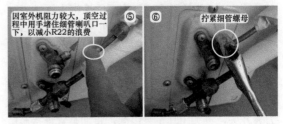

图12-41　用氟顶空（三）

⑥ 一段时间后将细管螺母连接在二通阀并拧紧，此时系统内空气已排除干净，开机即可为空调器加氟。注意在拧紧细管螺母过程中，应将压力表开关打开一些，使二通阀处和细管喇叭口处均向外排气时再拧紧。

（2）注意事项

① 顶空过程中二、三通阀阀芯全部打开，且不能开启空调器。

② 顶空时间根据经验自己掌握，空调器功率较大时应适当延长时间。

第4节　加氟

分体式空调器室内机和室外机使用管道连接，并且可以根据实际情况加长管道，方便了安装，但由于增加了接口部位，导致空调器漏氟的可能性加大。而缺氟是最常见的故障之一，为空调器加氟是最基本的维修技能。

一、加氟前准备

1. 加氟基本工具

（1）制冷剂钢瓶

制冷剂钢瓶实物外形见图12-42，俗称氟瓶，用来存放制冷剂。因目前空调器使用的制冷剂有

2 种，早期和目前通常为 R22，而目前新出厂的变频空调器通常使用 R410A。为了便于区分，2 种钢瓶的外观颜色设计也不相同，R22 钢瓶为绿色，R410A 为粉红色。

上门维修通常使用充注量为 6 公斤的 R22 钢瓶及充注量为 13.6 公斤的 R410A 钢瓶，6 公斤钢瓶通常为公制接口，13.6 公斤或 22.7 公斤钢瓶通常为英制接口，在选择加氟管时应注意。

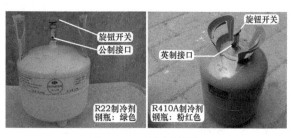

图 12-42　制冷剂钢瓶

（2）压力表组件

压力表组件实物外形见图 12-43，由三通阀（A 口、B 口、压力表接口）和压力表组成，本书简称为压力表，作用是测量系统压力。

三通阀 A 口为公制接口，通过加氟管连接空调器三通阀维修口；三通阀 B 口为

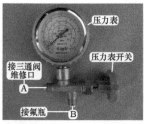

图 12-43　压力表组件

公制接口，通过加氟管可连接氟瓶、真空泵等；压力表接口为专用接口，只能连接压力表。

压力表开关控制三通阀接口的状态。压力表开关处于关闭状态时 A 口与压力表接口相通、A 口与 B 口断开；压力表开关处于打开状态时 A 口、B 口、压力表接口相通。

压力表无论有几种刻度，只有印有 MPa 或 kg/cm^2 的刻度才是压力数值，其他刻度（如℃）在维修空调器时一般不用查看。

 说明

　　$1MPa \approx 10kg/cm^2$。

（3）加氟管

加氟管实物外形见图 12-44 左图，作用是连接压力表接口、真空泵、空调器三通阀维修口、氟瓶、氮气瓶等。一般有 2 根即可，一根接头为公制 - 公制，连接压力表和氟瓶；一根接头为公制 - 英制，连接压力表和空调器三通阀维修口。

公制和英制接头的区别方法见图 12-44 右图，中间设有分隔环为公制接头，中间未设分隔环为英制接头。

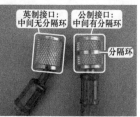

图 12-44　加氟管

 说明

　　空调器三通阀维修口一般为英制接口，另外加氟管的选取应根据压力表接口（公制或英制）、氟瓶接口（公制或英制）来决定。

（4）转换接头

转换接头实物外形见图 12-45 左图，作用是作为搭桥连接，常见有公制转换接头和英制转换接头。

见图 12-45 中图和右图，例如加氟管一端为英制接口，而氟瓶为公制接头，不能直接连接。使用公制转换接头可解决这一问题，转换接头一端连接加氟管的英制接口，一端连接氟瓶的公制

接头，使英制接口的加氟管通过转换接头连接到公制接头的氟瓶。

2. 加氟方法

图 12-46 为加氟管和三通阀的顶针。

加氟操作步骤见图 12-47。

（1）首先关闭压力表开关，将带顶针的加氟管一端连接三通阀维修口，此时压力表显示系统压力：空调器未开机时为静态压力，开机后为系统运行压力。

（2）另外一根加氟管连接压力表和氟瓶，空调器制冷模式开机，压缩机运行后，观察系统运行压力，如果缺氟，打开氟瓶开关和压力表开关，由于氟瓶的氟压力高于系统运行压力，位于氟瓶的氟进入空调器制冷系统，即加氟。

二、制冷模式下加氟方法

注：本小节电流值以 1P 空调器室外机电流（即压缩机和室外风机电流）为例，正常电流约为 4A。

1. 缺氟标志

制冷模式下系统缺氟标志见图 12-48、图 12-49，具体数据如下。

（1）二通阀结霜、三通阀温度接近常温。

（2）蒸发器局部结霜或结露。

（3）系统压力低，低于 0.35MPa 以下。

（4）运行电流小。

（5）蒸发器温度分布不均匀，前半部分凉，后半部分是温的。

（6）室内机出风口温度不均匀，一部分凉，一部分是温的。

（7）冷凝器温度上部温，中部和下部接近常温。

（8）二通阀结露，三通阀温度接近常温。

（9）室外侧水管无冷凝水流出。

2. 快速判断空调器缺氟的经验

（1）二通阀结露，三通阀温度是温的，手摸蒸发器一半凉，一半是温的，室外机出风口吹出的风不热。

（2）二通阀结霜，三通阀温度是温的，室外机出风口吹出的风不热。

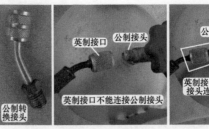

图 12-45　转换接头和作用

图 12-46　加氟管和三通阀顶针

图 12-47　加氟示意图

图 12-48　制冷缺氟标志（一）

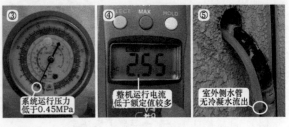

图 12-49　制冷缺氟标志（二）

说明
　　以上两种情况均能大致说明空调器缺氟，具体原因还是接上压力表、电流表根据测得的数据综合判断。

3. 加氟技巧
（1）接上压力表和电流表，同时监测系统运行压力和电流进行加氟，当压力加至 0.45MPa 左右时，再用手摸三通阀温度，如低于二通阀温度则说明系统内氟充注量已正常。

（2）制冷系统管路有裂纹导致系统无氟引起不制冷故障，或更换压缩机后系统需要加氟时，如果开机后为液态加注，则压力加到 0.35MPa 时应停止加注，将空调器关闭，等 3～5min 系统压力平衡后再开机运行，根据运行压力再决定是否需要补氟。

4. 正常标志（开机制冷 20min 后）
制冷模式下系统正常标志见图 12-50、图 12-51、图 12-52，具体数据如下。

（1）系统压力接近 0.45MPa。

（2）运行电流等于或接近额定值。

（3）二、三通阀均结露。

（4）三通阀温度冰凉，并且低于二通阀温度。

（5）蒸发器全部结露，手摸整体温度较低并且均匀。

（6）冷凝器上部热、中部温、下部为常温，室外机出风口同样为上部热、中部温、下部接近自然风。

（7）室内机出风口吹出温度较低，并且均匀。正常标准为室内房间温度（即进风口温度）减去出风口温度应大于 9℃。

（8）室外侧水管有冷凝水流出。

5. 快速判断空调器正常的技巧
三通阀温度较低，并且低于二通阀温度；蒸发器全面结露并且温度较低；冷凝器上部热、中部温、下部接近常温。

6. 加氟过量的故障现象
（1）二通阀温度为常温，三通阀温度凉。

（2）室外机出风口吹出风的温度较热，明显高于正常温度，此现象接近于冷凝器脏堵。

（3）室内机出风口温度较高，且随着运行压力上升逐渐上升。

（4）制冷系统压力较高。

图 12-50　制冷正常标志（一）

图 12-51　制冷正常标志（二）

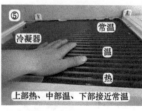 
图 12-52　制冷正常标志（三）

三、制热模式下加氟方法

1. 缺氟标志
制热模式下系统缺氟标志见图 12-53、图 12-54、图 12-55，具体数据如下。

（1）三通阀温度较高（烫手），二通阀温度略高于常温。

（2）室内风机在系统工作很长时间才开始运行，并且时转时停。

（3）系统运行压力低，且随室内风机时转时停上下变化。

（4）运行电流小于额定值，且随室内风机时转时停上下变化。

（5）冷凝器结霜不均匀，只有很窄范围内的一部分结霜。

（6）蒸发器前半部分热，后半部分略高于常温。

（7）室内机出风口温度低，略高于房间温度。

2. 快速判断制热模式下缺氟的技巧

二通阀温度是温的，室内风机在系统工作很长时间才开始运行并且时转时停，室内机出风口温度不高。

3. 加氟技巧

（1）由于制热运行时系统压力较高，应在开机之前将压力表连接完毕。在连接压力表时，手上应带上胶手套（或塑料袋），防止喷出的氟将手冻伤。维修完毕取下压力表时，不允许在制热运行时取下，建议转换到制冷模式后再取下压力表。

（2）系统加氟时需要转换到制冷模式，可以直接拔下四通阀线圈的零线，但在操作过程中要注意安全。

（3）运行压力较高，判断为系统内加氟过多时，可以直接将氟放至氟瓶内，以免浪费。

4. 正常标志

制热模式下系统正常标志见图12-56、图12-57、图12-58，具体数据如下。

（1）二通阀和三通阀的温度均较高。

（2）系统运行压力接近2MPa。

（3）运行电流接近额定值。

（4）运行一段时间后冷凝器全部结霜。

（5）蒸发器温度较高并且均匀。

（6）室内机出风口温度较高，正常标准为出风口温度减去房间温度（即进风口温度）应大于15℃。

（7）室内风机一直运行不再时转时停。

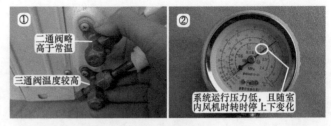

图 12-53　制热缺氟标志（一）

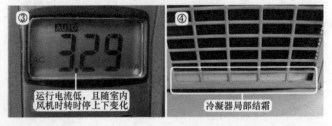

图 12-54　制热缺氟标志（二）

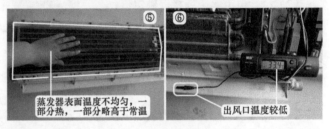

图 12-55　制热缺氟标志（三）

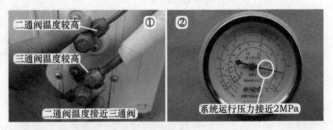

图 12-56　制热正常标志（一）

图 12-57　制热正常标志（二）

（8）运行 50min 左右能自动进入除霜模式。

（9）房间温度上升较快。

5.快速判断制热正常技巧

二通阀温度较高，蒸发器温度较高并且均匀，室内机出风口温度较高。

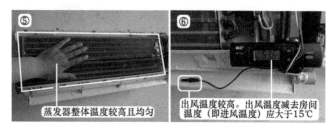

图 12-58　制热正常标志（三）

6.加氟过量的故障现象

（1）三通阀烫手，二通阀常温。

（2）室内机出风口为温风，蒸发器表面温度不高（加氟过量时室内机出风口温度反而下降）。

（3）系统压力较高，运行电流较大。

第 ⑬ 章
制冷系统故障维修基础和实例

`23`

第 1 节　制冷系统故障维修基础

一、根据二通阀和三通阀温度判断故障

1. 二通阀结露、三通阀结露

1P ～ 3P 及部分 5P 空调器，毛细管通常设在室外机，见图 13-1 左图，制冷系统正常时二通阀和三通阀冰凉，并且均结露。

部分 5P 空调器，由于毛细管设在室内机，见图 13-1 右图，制冷系统正常时二通阀较热、三通阀冰凉且结露。

2. 二通阀干燥、三通阀干燥

（1）故障现象

见图 13-2。手摸二通阀和三通阀均接近常温，常见故障为系统无氟、压缩机未运行、压缩机阀片击穿。

（2）常见原因

将空调器开机，在三通阀维修口接上压力表，观察系统运行压力，如压力为负压或接近 0MPa，可判断为系统无氟直接加氟处理。如为静态压力（夏季约 0.7 ～ 1.1MPa），说明制冷系统未工作，此时应检查压缩机供电电压，如果为交流 0V，说明室内机主板未输出供电，

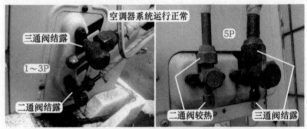

图 13-1　二、三通阀结露

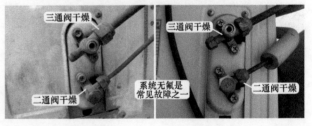

图 13-2　二、三通阀干燥

应检查室内机主板或室内外机连接线。如电压为交流 220V，说明室内机主板已输出供电，此时再测量压缩机电流，如电流一直为 0A，故障可能为压缩机线圈开路、连接线与压缩机接线端子接触不良、压缩机外置热保护器开路等；如电流约为额定电流的 30% ～ 50%，故障可能为压缩机窜气

（即阀片击穿）；如电流接近或超过 20A，则为压缩机启动不起来，应首先检查或代换压缩机电容，如果电容正常，故障可能为压缩机卡缸。

　　3.二通阀结霜（或结露）、三通阀干燥

　　（1）故障现象

　　手摸二通阀是凉的，见图 13-3，三通阀接近常温，常见故障为缺氟。由于系统缺氟，毛细管节流后的压力更低，因而二通阀结霜。

　　（2）常见原因

　　将空调器开机，见图 13-4，测量系统运行压力，低于 0.45MPa 均可理解为缺氟，通常运行压力为 0.05 ～ 0.15MPa 时二通阀结霜，为 0.2 ～ 0.35MPa 时二通阀结露。结霜时可认为是严重缺氟，结露时可认为是轻微缺氟。

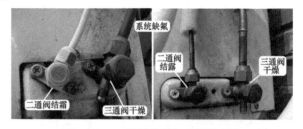

图 13-3　二通阀结霜和三通阀干燥

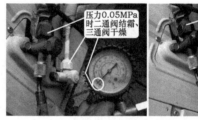

图 13-4　测量系统压力和加氟

　　4.二通阀干燥、三通阀结露

　　（1）故障现象

　　见图 13-5。手摸二通阀接近常温或微凉，三通阀冰凉，常见故障为冷凝器散热不好。由于某种原因使得冷凝器散热不好，造成冷凝压力升高，毛细管节流后的压力也相应升高，由于压力与温度成正比，二通阀温度为凉或温，因此二通阀表面干燥，但进入蒸发器的制冷剂迅速蒸发，因此三通阀结露。

　　（2）常见原因

　　见图 13-6，首先观察冷凝器背部，如果被尘土或毛絮堵死，应清除毛絮或表面尘土后，再用清水清洗冷凝器；如果冷凝器干净，则为室外风机转速慢，常见原因为室外风机电容容量变小。

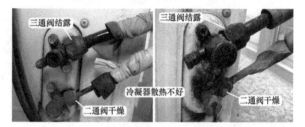

图 13-5　二通阀干燥和三通阀结露

　　5.二通阀结露、三通阀结霜（结冰）

　　（1）故障现象

　　手摸二通阀和三通阀冰凉，见图 13-7，常见故障为蒸发器散热不好，即制冷时蒸发器的冷量不能及时吹出，导致蒸发器冰凉，首先引起三通阀结霜；运行时间再长一些，蒸发器表面慢慢结霜或变成冰，三通阀表面霜也变成冰，如果时间更长，则可能会出现二通阀结霜、三通阀结冰。

　　（2）常见原因

　　见图 13-8，首先检查过滤网是否脏堵，如过滤网脏堵，直接清洗过滤网即可。如

图 13-6　冷凝器脏堵和室外风机转速慢

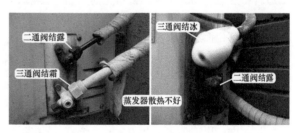

图 13-7　二通阀结露和三通阀结霜

果柜式空调器清洗过滤网后室内机出风量仍不大而室内风机转速正常，则为过滤网表面的尘土被

室内离心风扇吸收，带到蒸发器背面，引起蒸发器背面脏堵，应清洗蒸发器背面，脏堵严重者甚至需要清洗离心风扇；如果过滤网和蒸发器均干净，检查为室内风机转速慢，通常为风机电容容量减少引起。

图 13-8　过滤网和蒸发器脏堵

二、根据系统压力和运行电流判断故障

本小节所示的运行压力为制冷模式，运行电流以测量 1P 挂式空调器室外机压缩机为例，正常电流约为 4A。

1. 压力为 0.45MPa、电流接近额定值

见图 13-9，空调器制冷系统正常运行的表现，此时二通阀和三通阀均结露。

2. 压力约 0.55MPa、电流大于额定值 1.5 倍

见图 13-10，运行压力和运行电流均大于额定值，通常为冷凝器散热效果变差，此时二通阀干燥、三通阀结露，常见原因为冷凝器脏堵或室外风机转速慢。

3. 压力为静态压力、电流约为额定值 0.5 倍

见图 13-11，压缩机运行后压力基本不变为静态压力，运行电流约为额定值的 0.5 倍，通常为压缩机或四通阀窜气，此时由于压缩机未做功，因此二通阀和三通阀为常温即没有变化。

压缩机和四通阀窜气最简单的区别方法是，细听压缩机储液瓶声音和手摸表面感觉温度，如果没有声音并且为常温，通常为压缩机窜气；如果声音较大且有较高的温度，通常为四通阀窜气。

4. 压力为负压、电流约为额定值 0.5 倍

见图 13-12，压缩机运行后压力为负压，运行电流约为额定值的 0.5 倍，此时二通阀和三通阀均为常温。最常见的原因为系统无氟。其次为系统冰堵故障，现象和系统无氟相似，但很少发生。通常只需要检漏加氟即可排除故障。

5. 压力为 0 ～ 0.4MPa、电流为额定值 0.5 倍～接近额定值

见图 13-13，压缩机运行后压力为 0 ～ 0.4MPa，电流为额定值 0.5 倍～接近额定值，此时二通阀可能为常温、结霜、结露，三通阀可能为常温或结露，最常见

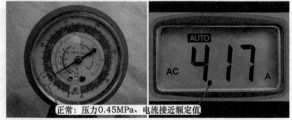

图 13-9　压力为 0.45MPa、电流接近额定值

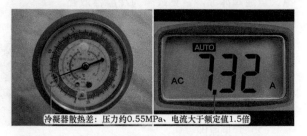

图 13-10　压力约 0.55MPa、电流大于额定值 1.5 倍

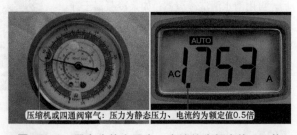

图 13-11　压力为静态压力、电流约为额定值 0.5 倍

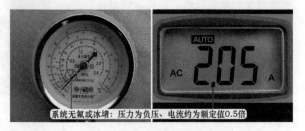

图 13-12　压力为负压、电流约为额定值 0.5 倍

的原因为系统缺氟，通常只需要检漏加氟即可排除故障。

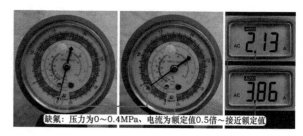

缺氟：压力为0～0.4MPa、电流为额定值0.5倍～接近额定值

图 13-13　压力为 0 ～ 0.4MPa、电流为额定值 0.5 倍～接近额定值

三、安装原因引起的制冷效果差故障

空调器出厂时相当于半成品，只有安装后才能正常使用，"三分质量、七分安装"也说明了安装的重要性，如果安装时未安装到位，将会引起制冷效果差故障甚至不制冷，由于安装原因引起的制冷效果差故障有以下几种。

1. 室内机顶部和下部

目前室内机前面一般为平板或镜面设计，进风格栅设计在顶部，安装时要求室内机顶部有 15cm 的空间，如果距房顶或顶棚过近，见图 13-14 左图，室内机进风量减少，房间循环速度变慢，制冷量下降。

室内机下部要求没有物品，如果室内机下部设有柜子或其他物品，见图 13-14 右图，一是阻挡风量，吹向房间的风速变弱，二是吹出的风吹到柜子上面，被室内机进风格栅重新吸收，使得室内机环温传感器检测温度变低，停止室外机运行，引发制冷效果差的故障。

室内机顶部距顶棚过近，进风量减少　　出风口下部的柜子阻挡出风

图 13-14　室内机安装故障

2. 室外机前部

（1）墙壁

室外机冷凝器由室外风机带动的轴流风扇散热，出风口设在前面，制冷时出风口吹出较热的空气，因此安装要求室外机前方有 60cm 的空间。

见图 13-15，如果室外机安装后，室外机出风口距墙壁过近，室外机出风口吹出的热风吹在墙壁上面，被冷凝器重新吸收，因而散热效果明显下降，引起冷凝器烫手，压缩机负载变大，运行电流升高，制冷效果也明下降，严重时甚至引起压缩机过载过热保护停机，出现不制冷故障。

维修排除方法见图 13-15 右图上方，移走室外机至出风口无遮挡的位置。

室外机出风口距墙壁过近　　故障排除方法是移机　　室外机出风口距墙壁过近

图 13-15　墙壁阻挡室外机前部

（2）百叶窗

如果室外机安装在空间较小的指定位置，并且前方设有呈水平向下 45 度的百叶窗，见图 13-16，则冷凝器散热效果同样变差，故障和室外机出风口距墙壁过近相同。

常见维修方法：见图 13-17 左图，在室外机出风口部位减少百叶窗数量；见图 13-17 中图，在室外机出风口部位取下百叶窗；见图 13-17 右图，使用木棍等物品撑起百叶窗框架，即掀开百叶窗。

室外机出风口距百叶窗过近

图 13-16　百叶窗阻挡室外机前部

3. 室外机后部

如果因空间位置关系或其他原因，安装两台室外机的位置见图13-18，使用时如A机或B机单独运行，空调器可以正常工作；但如果同时运行，B机吹出的热风直接送至A机冷凝器的进风口，则A机散热效果明显下降，冷凝器过热，A机制冷效果也明显下降，一段时间以后压缩机过载停机，A机不再制冷，但B机可以正常运行。

维修时应移机，或两台室外机平行安装。

4. 管道握扁

如果安装时不注意将管道握扁，见图13-19左图，由于气管即粗管较粗容易握扁，液管即细管一般不会出现问题，粗管握扁后将导致再次节流，制冷剂过多留在蒸发器内，而不能被压缩机有效吸收，引起制冷效果差或不制冷故障。

维修时可将粗管慢慢握回来，见图13-19右图，注意幅度不能过大，否则容易将握扁处出现裂缝而导致漏氟的故障。

图 13-17　百叶窗故障排除方法

图 13-18　室外机后部安装原因

图 13-19　连接管道安装原因

第 2 节　制冷系统故障维修实例

一、过滤网脏堵

故障说明：某型号挂式空调器，用户反映制冷效果差。

1. 测量系统压力

上门检查，用户正在使用空调器。见图13-20，查看室外机二通阀结露、三通阀结霜，在三通阀维修接口接上压力表测量系统压力约为0.4MPa。根据三通阀结霜说明蒸发器过冷，应检查室内机通风系统。

2. 过滤网脏堵

再到室内机检查，见图13-21左图，在室内机出风口处感觉温度很低但出风量较弱，常见原因有过滤网脏堵、蒸发器脏堵、室内风机转速慢等。

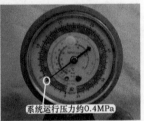

图 13-20　三通阀结霜和压力为 0.4MPa

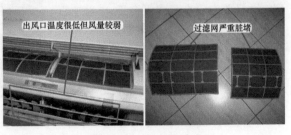

图 13-21　过滤网脏堵

掀开进风格栅，见图 13-21 右图，查看过滤网已严重脏堵。

3. 清洗过滤网

取下过滤网，立即能感到室内机出风口风量明显变大，见图 13-22 左图，将过滤网清洗干净。

见图 13-22 右图，安装过滤网后，在室内机出风口感觉温度较低但风量较强，同时房间内温度下降速度也明显变快。

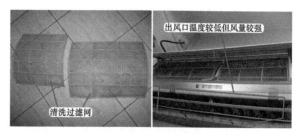

图 13-22　清洗过滤网

4. 测量系统压力

再到室外机查看，见图 13-23，三通阀霜层已溶化改为结露、二通阀依旧结露，查看系统运行压力已由 0.4MPa 上升至 0.45MPa。

维修措施：清洗过滤网。

图 13-23　三通阀结露和压力为 0.45MPa

（1）过滤网脏堵，相当于进风口堵塞，室内机出风口风量将明显变弱，制冷时蒸发器产生的冷量不能及时吹出，导致蒸发器温度过低。运行一段时间后，三通阀因温度过低由结露转为结霜，同时系统压力降低，由 0.45MPa 下降至约 0.4MPa；如果运行时间再长一些，蒸发器由结露也转为结霜。

（2）过脏网脏堵后，因室内机出风口温度较低，容易在出风口位置积结冷凝水并滴入房间内。运行时间过长导致蒸发器结霜，蒸发器表面的冷凝水不能通过翅片流入到接水盘，也容易造成室内机漏水故障。

（3）检查过滤网脏堵，取下过滤网后，室内机出风口风量将明显变强，蒸发器冷量将及时吹出，因此蒸发器霜层和三通阀霜层迅速溶化，系统压力也迅速上升至 0.45MPa。

（4）目前室内机前面板均为镜面或平板，室内机进风口设在顶部，见图 13-24 左图，如果用户制作纸板以防止灰尘落入室内机，但在夏天使用制冷模式时忘记取下纸板，将发生和本例相同的故障。故障排除方法见图 13-24 右图，即取下纸板，使室内机通风顺畅。

图 13-24　纸板堵塞进风口

二、蒸发器脏堵

故障说明：美的某型号柜式空调器，用户反映不制冷。

1. 蒸发器脏堵

上门检查，空调器正在开机使用，室内机吹出的风为自然风。到室外机检查，室外风机与压缩机均未运行，待约 3min 后，室外风机与压缩机开始运行，但约 10min 后又停止运行，运行期间见图 13-25 左图，观察到三通阀结霜、二通阀结露，大致说明室内机送风不畅。

再次到室内机检查，待室内机主板控制室外风机与压缩机运行时，空调器开始制冷，但吹出的风量较弱，检查过滤网干净，刚刚已经清洗过。

使用一个尖状圆柱体按压室内机面板上"试运行"按键，此时显示屏显示T1（室内环温）温度值为26℃，按压温度调节键，转换至T2（室内管温）温度值，发现由20℃直线下降，一直维持在3℃左右，最低时为1℃，运行约10分钟后，室内机主板停止室外风机和压缩机的供电，空调器不再制冷，说明室内机主板检测到蒸发器温度过低进入"制冷防结冰"保护才停止输出供电。

等到室内机主板再次输出供电时，取下前面板，手摸蒸发器温度的确很低，排除管温传感器变值引起的故障。常见原因有两个：一是室内风机转速慢，二是蒸发器脏堵。目测离心风扇大致判断室内风机运行正常，关机并取下室内风机的离心风扇，手从电机孔处伸入摸到蒸发器背部有大量的泥土，取下蒸发器发现背部附了一层泥膜，已将蒸发器翅片缝隙堵塞，见图13-25右图。

图 13-25　三通阀结霜和蒸发器脏堵

2. 清洗蒸发器

见图13-26，使用毛刷仔细清洗附在蒸发器上的泥膜，清洗干净后安装蒸发器再次上电开机，室内机出风口风量明显变大，按压"试运行"按键并转换至T2温度，一直保持在11℃左右，空调器制冷恢复正常。

维修措施：清洗蒸发器。

图 13-26　清洗蒸发器

（1）蒸发器脏堵和过滤网脏堵故障现象一样，室内机通风不畅，蒸发器冷量散不出来，因而蒸发器温度过低，室内机主板CPU检测后进入"制冷防冻结"，停止室外风机和压缩机供电，空调器不再制冷。

（2）商场、超市、宾馆、办公室等一些使用场所，由于开机运行时间长，且一般无人管理，使用一段时间后出现制冷效果差或不制冷的故障，常见的故障原因是过滤网脏堵、蒸发器脏堵、冷凝器脏堵。

三、冷凝器脏堵

故障说明：格力某型号制冷量3200W的挂式空调器，用户反映制冷效果差，长时间开机仍不能达到设定温度。

1. 测量系统压力

上门检查，用户正在使用空调器，在室内机出风口感觉吹出的风不是很凉，到室外机检查，见图13-27，观察到二通阀干燥、三通阀结露，用手摸时感觉二通阀常温、三通阀冰凉，在三通阀维修口接上

图 13-27　二通阀干燥和测量运行压力

压力表，测量系统运行压力高于正常值，实测约 0.6MPa。

2. 测量电流

见图 13-28，取下室外机接线盖，使用万用表电流挡测量接线端子 1 号 N 端电流，实测电流约 9.3A，高于额定值 5.5A 较多。将手放在室外机出风口处，感觉温度很高但风量较弱。

3. 冷凝器脏堵

二通阀干燥、运行压力和电流均高于正常值、室外机出风口温度较高，说明冷凝器散热效果较差，常见原因有冷凝器脏堵或室外风机转速慢。观察室外机背部时，见图 13-29，发现冷凝器严重脏堵，已形成一层毛絮。

维修措施：见图 13-30，使用毛刷轻轻刷掉表面毛絮，再使用清水清洗冷凝器中的尘土，使冷凝器通风顺畅。安装外壳后再次开机，压缩机和室外风机运行，室内机出风口吹出的风明显变凉，约 15min 后看二通阀和三通阀均结露，系统运行压力约 0.45MPa，室外机运行电流约 6A，

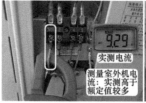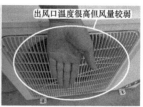

图 13-28　测量电流和感觉出风口温度

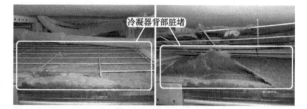

图 13-29　冷凝器脏堵

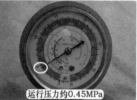

图 13-30　清洗冷凝器

室外机出风口温度明显下降，且上部热、中部温、下部为自然风，综合判断说明故障排除。

四、排气管有裂纹

故障说明：美的 KFR-26GW/BP2DY-M（4）挂式直流变频空调器，用户反映不制冷。

1. 检查过程

上门检查，遥控器制冷开机，室内风机运行，压缩机与室外风机均开始运行，但空调器不制冷。在室外机三通阀维修口接上压力表，显示压力为 0MPa，说明系统无氟，使用扳手紧固粗管和细管螺母时发现已经拧的很紧，二通阀和三通阀的堵帽也拧的很紧，排除室外机连接管处漏氟，由于室外机振动部位较多容易发生漏氟故障，因此为整机充入静态的氟用于检漏，取下室外机上盖和前盖，仔细检查为压缩机排气管温度传感器检测孔漏氟，见图 13-31，此处由于焊接检测孔导致管壁变薄，运行时在焊点处产生裂纹而导致漏氟。

2. 补焊漏氟点和固定压缩机排气传感器

放空系统内的氟 R22，见图 13-32 左图，

图 13-31　压缩机排气传感器安装位置和漏氟部位

图 13-32　补焊排气管和固定排气传感器

使用焊枪焊下检测孔，将检测孔焊接位置处很长的一段铜管全部使用焊条补焊，以避免维修后其他部位再次漏氟。

因故障由压缩机排气传感器检测孔引起，因此焊下不再使用，见图 13-32 右图，使用铁丝等物品直接固定压缩机排气温度传感器。

维修措施：补焊压缩机排气管。

（1）压缩机排气传感器检测孔焊点处漏氟是变频空调器的一个通病，在维修时一定要将检测孔取下不再使用，或改焊在排气管上附近的位置（如消音器上），如将焊点补焊后仍将检测孔焊接在原位置，则一段时间后会再次出现此类故障。

（2）本例故障只会出现在 2008 年 11 月份以前生产的美的空调器上面，之后生产的空调器中压缩机排气温度传感器改为卡扣安装，使用塑料拉丝固定，见图 13-33，可以避免本例故障。

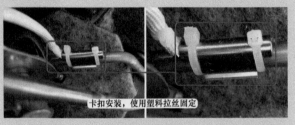

卡扣安装，使用塑料拉丝固定

图 13-33　目前生产美的空调器的压缩机排气传感器固定方式

（3）压缩机因运行时振动较大，见图 13-34，压缩机吸气管和排气管的铜管容易有裂纹，导到制冷剂全部泄漏，引起空调器不制冷的故障，因此在维修系统无氟故障时应重点检查压缩机吸气管和排气管，通常压缩机排气管故障率高于吸气管。

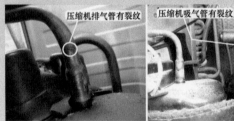

压缩机排气管有裂纹　　压缩机吸气管有裂纹

图 13-34　压缩机排气管和吸气管裂纹

五、室外机机内管道漏氟

故障说明：某型号挂式空调器，用户反映不制冷。

1. 测量系统运行压力

遥控器制冷模式开机，室外风机和压缩机均开始运行，但室内机吹风接近自然风，手摸蒸发器仅有一格凉且结霜，大部分为常温。

见图 13-35，到室外机检查，目测二通阀结霜、三通阀干燥，在三通阀维修口接上压力表，系统运行压力仅为 0.15MPa，说明系统缺少制冷剂。

2. 检查漏点

断开空调器电源，查看系统静态压力约 0.8MPa，可用于检漏。见图 13-36，首

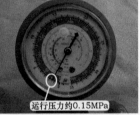

二通阀结霜

三通阀干燥

运行压力约0.15MPa

图 13-35　二通阀结霜和测量运行压力

先使用泡沫检查室外机二通阀和三通阀处接口，长时间观察均无气泡冒出；再到室内机，剥开包扎带，检查粗管和细管接口，长时间观察也无气泡冒出，说明室内机和室外机接口均正常，使用扳手紧固室内机和室外机接口，再次开机加氟至正常压力 0.45MPa 时制冷恢复正常。

3. 检查室外机机内管道

用户使用约 5 天后再次报修不制冷，上门检查，系统运行压力又降至约 0.1MPa，说明制冷系统有漏氟故障，由于室外机振动较大，故障率也较高。取下室外机顶盖和前盖，见图 13-37，观察系统管道有明显的油迹，说明漏点在室外机管道，使用泡沫检查时，发现漏点为压缩机吸气管裂纹，原因是压缩机吸气管与四通阀连接管距离过近相碰，压缩机运行时由于振动相互摩擦，导致管壁变薄最终产生裂纹引起漏氟故障。

维修措施：见图 13-38，放空制冷系统的氟，使用焊枪补焊压缩机吸气管和四通阀连接管，再使用顶空法排除系统内空气，检查焊接部位无漏点，再次开机加氟至 0.45MPa 时制冷恢复正常，室外机二通阀和三通阀均结露。

六、二通阀阀芯未打开

故障说明：某型号挂式空调器，用户反映移机后不制冷。

1. 检查室内机出风口温度和手摸室外机阀体温度

上门检查，遥控器开机，室外风机和压缩机均开始运行，见图 13-39 左图，在室内机出风口感觉为自然风，手摸蒸发器均为常温。

到室外机检查，见图 13-39 右图，手摸二通阀和三通阀均为常温。

2. 测量系统压力和检查二三通阀阀芯

见图 13-40，在三通阀维修口接上压力表测量系统运行压力，实测为负压。新装机或移机的空调器压力为负压时应检查二通阀阀芯是否开启，取下二通阀和三通阀堵帽，检查二通阀阀芯处于关闭状态，三通阀阀芯处于开启状态。

维修措施：使用内六方扳手打开二通阀阀芯，系统运行压力上升至约 0.45MPa，

图 13-36　检查漏点

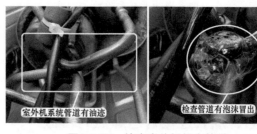

图 13-37　检查室外机机内管道

图 13-38　补焊加氟

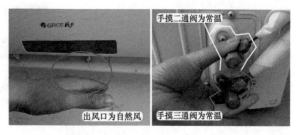

图 13-39　二通阀和三通阀为常温

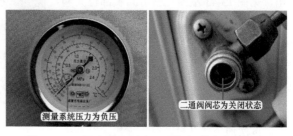

图 13-40　压力为负压和二通阀阀芯为关闭状态

手摸二通阀温度开始变凉，室内机出风口吹出的风温度也逐渐变凉，一段时间以后，手摸二通阀和三通阀的温度均较凉，空调器制冷恢复正常。

总结

（1）新装机或刚移机的空调器，如果故障表现为开机后室外风机和压缩机均运行但不制冷，应首先检查室外机二通阀和三通阀的阀芯是否打开。

（2）在实际维修中，见图 13-41，如果二通阀处于打开状态、三通阀处于关闭状态，则表现为开机后空调器不制冷，手摸二通阀和三通阀均为常温，系统运行压力不变，等于静态压力。

图 13-41　三通阀阀芯为关闭状态和平衡压力

七、加长连接管道焊点有沙眼

故障说明：某型号挂式空调器，用户反映刚安装时制冷正常，一段时间后制冷效果差。

上门检查，制冷模式开机，室外风机和压缩机开始运行，空调器开始制冷，但在室内机出风口感觉出风温度不凉，手摸蒸发器一部分较凉、一部分为常温，初步判断系统缺氟。

到室外机查看，二通阀结霜、三通阀结露，在三通阀维修口接上压力表，系统运行压力约 0.15MPa，说明系统缺氟。由于是新装机空调器，并且有加长连接管道，重点检查室外机接口、室内机接口、加长连接管道焊点。

使用遥控器关机，压缩机和室外风机停止运行，查看系统静态压力约 0.7MPa，可用于检漏，使用洗洁精泡沫检查室外机接口、室内机接口均无漏点。

1. 加长连接管道

解开包扎带，找到原机管道和加长管道连接部位，见图 13-42，查看连接管道中粗管有明显的油迹，初步判断漏点为原机管道和加长管道的焊点。

2. 粗管焊点漏氟

将洗洁精泡沫涂在管道焊点，查看细管焊点无气泡冒出，但粗管焊点有气泡冒出，见图 13-43 左图，说明漏氟部位为粗管焊点。

图 13-42　加长连接管道有油迹

擦去焊点泡沫，仔细查看粗管焊点，见图 13-43 右图，发现有一个沙眼，说明安装人员在加长连接管道时焊点未焊好，有沙眼，使得系统漏氟，导致制冷效果差。

3. 扩口焊接粗管焊点

再次遥控器开机，待压缩机运行后关

图 13-43　连接管道焊点有沙眼

闭二通阀阀芯，系统压力变为负压时快速关闭三通阀阀芯，将蒸发器和连接管道的制冷剂回收到冷凝器中。

见图 13-44 左图，使用割刀割掉有沙眼的粗管焊点、并重新扩口、焊枪焊接。

利用冷凝器中的制冷剂排除空气，开启二通阀和三通阀阀芯，见图 13-44 右图，再次使用洗洁精泡沫涂在粗管焊点，检查不再有气泡冒出，说明粗管焊点不再漏氟。

维修措施：重新扩口焊接粗管焊点，制冷开机后，系统补加氟 R22 至 0.45MPa 时制冷恢复正常。

图 13-44　补焊连接管道焊点

（1）新装机漏氟故障应重点检查室外机接口、室内机接口、加长连接管道焊点。

（2）安装空调器时，如果需要加长连接管道，但由于未携带焊枪或焊枪无法使用，无法焊接焊点（见图 13-45），常用方法是使用快速接头连接原机管道和加长管道，但由于快速接头一共增加了 4 个接口，并且需要在安装现场扩喇叭口，导致快速接头成为常见漏氟故障部位之一。

图 13-45　快速接头容易漏氟

八、室外机粗管喇叭口偏小

故障说明：格力 KFR-26GW/（26556）FNPa-4 凯迪斯系列直流变频空调器，使用无氟制冷剂 R410A。用户于 2011 年 4 月份购机，但很少使用，在 2012 年夏天使用时发现长时间开机但不制冷，约 2 小时后停机，并显示 H3 代码，查看含义为"压缩机过载保护"。

1. 室外机粗管螺母有漏点

上门检查，遥控器开机，室外机运行，在三通阀维修口接上压力表，测量系统运行压力约 0.05MPa，说明系统内已无制冷剂，室外机运行电流约 2A。遥控器关机，系统静态压力约 0.5MPa。

见图 13-46 左图，观察室外机二通阀干净无油迹，但三通阀和连接管均有油迹，判断为漏点部位。

将洗洁精泡沫涂在粗管和细管螺母，均未发现漏点。于是向系统内充入 R410A 提高静态压力，以用于检漏，当系统压力约 1.5MPa 时停止注入 R410A。再次使用泡沫检查时，见图 13-46 右图，粗管螺母处已明显冒泡，说明粗管螺母处有漏点。

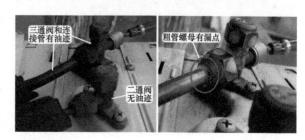

图 13-46　三通阀有油迹、粗管螺母有漏点

使用活动扳手紧固粗管螺母感觉拧的已经很紧，但再次检漏时依旧冒泡，说明漏点故障不是由粗管螺母未拧紧引起，应检查粗管喇叭口。

2. 检查粗管喇叭口

遥控器再次开机，将蒸发器和连接管道的制冷剂 R410A 回收至室外机冷凝器中，并关闭二通阀和三通阀阀芯。

见图 13-47 左图，使用扳手松开粗管螺母，目测粗管喇叭口偏小。

见图 13-47 右图，将粗管喇叭口对在三通阀的椎面，喇叭口体积只有三通阀椎面的三分之一，确定泄漏原因为粗管喇叭口偏小。

3. 扩口

见图 13-48 左图，使用割刀割掉粗管喇叭口、使用偏心型扩口器重新对粗管扩喇叭口。

将扩好的喇叭口对在三通阀的椎面，新喇叭口体积和三通阀椎面基本相同，见图 13-48 右图。

图 13-47　粗管喇叭口偏小

4. 检漏并加注制冷剂

将喇叭口对好并拧紧粗管螺母，排空后打开二通阀和三通阀阀芯，系统静态压力约为 1.5MPa，再次使用泡沫检漏，见图 13-49 左图，粗管螺母处已不再冒泡，说明漏点故障已排除。

放空系统内剩余的 R410A，并使用真空泵抽真空，再定量加注 R410A，遥控器开机后压缩机和室外风机均开始运行，手摸二通阀和三通阀温度均开始变凉，室外机运行一段时间后待压缩机升至高频时，见图 13-49 右图，系统运行压力约为 0.7MPa，运行电流约 5.8A，遥控器关机后压缩机停机，系统静态压力约 1.5MPa。

图 13-48　重新扩粗管喇叭口

维修措施：粗管喇叭偏小导致漏点，重新扩口并加注 R410A。

图 13-49　检漏加注 R410A

（1）本例故障由安装人员引起。本机因室内机和室外机距离过长，加长约 2m 的连接管道，安装人员割掉原机配管的粗管和细管喇叭口，二通阀和三通阀的喇叭口由安装人员现场扩口，但扩口偏小、有漏点，导致制冷剂 R410A 泄漏，出现不制冷故障。

（2）R410A 是一种混合制冷剂，由 50% 的 R32 和 50% 的 R125 组合而成，当系统有漏点导致制冷剂泄漏时，因不能保证泄漏比例相同而影响制冷效果，因此空调器厂家均规定 R410A 泄漏后在维修时需要将系统内制冷剂放空，对系统抽真空后再定量加注 R410A。

（3）见图 13-50，为保证加注 R410A 时比例相同，通常要求 R410A 钢瓶倒立即液态加注。此点和制冷剂 R22 刚好相反，制冷系统加注 R22 时为防止压缩机液击，通常要求钢瓶正立即气态加注。

（4）变频空调器加注制冷剂时通常要求定量加注，上门维修时可使用简易电子秤。

图 13-50　R410A 冷媒加注方法

九、室内机细管螺母裂纹

故障说明：某型号挂式空调器，用户购机安装后一直未使用，但在夏天使用时发现不制冷。

1. 检查漏点

上门检查，遥控器开机，室内机出风口基本上为自然风，在室外机手摸二通阀微凉、三通阀为常温，在三通阀维修接上压力表，测量系统运行压力约 0.05MPa，说明系统无氟。关机后向系统充注制冷剂以提高检漏压力，使用洗洁精泡沫检查室外机接口无漏点，检查室外机机内管道无漏点，判断漏点在室内机接口，见图 13-51 左图。

使用泡沫检查室内机接口时，发现细管接头冒泡，说明细管接头有漏点，通常原因为螺母未拧紧，使用活动扳手紧固时，发现细管螺母有裂纹，见图 13-51 右图。

判断漏点在室内机接口　　室内机细管螺母裂纹

图 13-51　细管螺母有裂纹

2. 更换细管螺母

使用割刀割下细管喇叭口，见图 13-52 左图，取下细管螺母，表面有一个很大的裂纹。

见图 13-52 右图，使用一个相同规格的螺母进行代换，重新扩喇叭口并拧紧后，将蒸发器和连接管道排空，使用泡沫检查室内机细管接头处不再有气泡冒出，说明漏点故障已排除。重新包扎连接管道，并补加氟至 0.45MPa 时制冷恢复正常。

维修措施：更换室内机细管螺母并加氟。

室内机细管螺母裂纹　　更换细管螺母

图 13-52　更换细管螺母

 总结

（1）本例故障由安装人员引起，安装室内机接口紧固细管螺母时因用力较大，将细管螺母拧裂，室内机细管接头漏氟，导致空调器不制冷故障。

（2）安装空调器，紧固细管螺母时要比粗管螺母有难度。因为细管螺母拧得过紧，见图 13-53，容易将细管螺母拧裂或导致细管喇叭口变薄甚至脱落，引起接头处漏氟、空调器不制冷故障。安装时将粗管螺母拧裂的故障并不经常发生。

喇叭口脱落　　喇叭口变薄

图 13-53　喇叭口故障

十、室内机粗管握扁

故障说明：某型号制冷量 3200W 的挂式空调器，用户反映装机后一直未使用，但在夏天使用时发现不制冷。

1. 二通阀干燥、三通阀结霜

上门检查，见图 13-54 左图，查看室内机为右出管，且为贴墙安装。遥控器开机，室外机运行，在室内能听到明显的节流声。在室内机出风口感觉出风温度微凉接近自然风，手摸蒸发器大面积为常温。

到室外机检查，见图 13-54 右图，查看二通阀干燥、三通阀结霜，手摸二通阀为常温；在三通阀维修口接上压力表，测量系统运行压力为 0.2MPa、室外机电流为 3.2A，向系统内加氟，压力不上升，空调器依旧不制冷，由于是三通阀结霜，判断连接管道中粗管有握扁部位导致节流，应查看室内机。

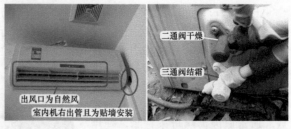

图 13-54　室内机贴墙安装和三通阀结霜

2. 粗管在墙孔内握扁

故障空调器室外机安装在房顶，室内机安装在 A 房间，连接管道通过 B 房间向上到达室外侧房顶，连接管道使用原机配管，无加长管道。

到 B 房间检查，剥开连接管道包扎带，见图 13-55 左图，发现粗管快速接头和后方铜管仍旧结霜，说明节流部位在前方，即 A 房间的蒸发器或墙孔内连接管道。

取下室内机外壳，查看蒸发器出管为常温无结霜现象，排除蒸发器故障，同时细听节流声音由墙孔内发出，剥开保温棉仔细查看，见图 13-55 右图，发现粗管在墙孔内握扁。

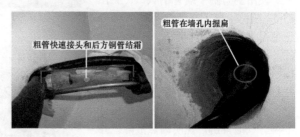

图 13-55　粗管快速接头结霜和粗管握扁

3. 取下室内机

再次开启空调器，关闭二通阀阀芯，回收蒸发器和连接管道中的部分制冷剂后关闭三通阀阀芯，松开室内机接头粗管和细管螺母，见图 13-56，取下室内机后，发现粗管和细管同时握扁，其中细管的铜管在快速接头根部握扁、粗管已拧成麻花状。

4. 焊接连接管道

本例故障正常应更换蒸发器，但因暂时无同型号蒸发器更换，而用户又着急使用空调器，在征得用户同意后，使用割刀割掉粗管和细管的快速接头及握扁部位，见图 13-57，使用一段自备铜管连接室内机蒸发器的引出铜管；安装室内机后，在 B 房间内将自备铜管连接室内外机连接管道，即使用自备铜管连接室内机蒸发器和室内外机连接管道，相当于取消了快速接头。

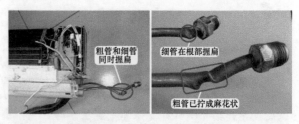

图 13-56　粗管和细管同时握扁

维修措施：使用自备铜管连接蒸发器和室内外机连接管道，焊接完成后在室外机打开二通阀阀芯，排出连接管道和蒸发器内的空气，使用洗洁精泡沫检查新焊接的 4 个焊点无气泡冒出，再全部打开二通阀和三通阀阀芯，遥控器开机后室外机运

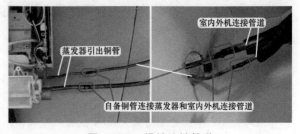

图 13-57　焊接连接管道

行，放出维修前多加入的氟 R22，待系统运行压力为 0.45MPa 时制冷恢复正常，二通阀和三通阀均结露，手摸蒸发器冰凉，查看室外机运行电流约为 5.2A。

（1）本例故障由安装人员引起。室内机为右出管且贴墙安装，室内机快速接头在过墙孔内，如果为顺直管道直接去室外机，则无问题；但本例穿过房间向上连接到达室外，在弯管过程中将粗管握扁，导致本例故障。

（2）室内外机连接管道中粗管或细管握扁后，将在握扁部位形成节流，并导致后部的铜管结霜，因此在检修时如检查部位结霜，可说明握扁部位在前方。在实际维修中细管因管径较小，一般不会握扁，常见为粗管握扁。

（3）如粗管握扁，后部铜管结霜，一直延续至室外机三通阀；如细管握扁，后部铜管结霜，一直延续至室内机蒸发器。这两种故障现象应区分检查。

（4）在实际维修时，空调器为新装机或移机后刚安装的不制冷故障，检查三通阀结霜、二通阀干燥，系统运行压力和电流均偏低，在室内机有节流声（噪声大），见图 13-58，如检查室内机为右出管且快速接头在出墙孔内，应重点检查粗管是否握扁。

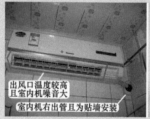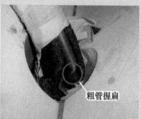

出风口温度较高且室内机噪音大
室内机右出管且为贴墙安装
粗管握扁

图 13-58　室内机贴墙安装容易握扁粗管

第 ⑭ 章
常见电控系统故障检修流程

第1节　根据故障代码检修流程

故障代码显示方式见图 14-1。

（1）只设有显示屏的空调器（常见于早期柜式空调器），将直接显示故障代码。例：制冷系统高压保护将直接显示 E1。

（2）只设有指示灯的空调器（常见于早期挂式空调器），故障代码以指示灯的闪烁次数（或亮、灭、闪的组合）表示，每个显示周期间隔 3s。例如制冷系统高压保护，运行指示灯灭 3s 闪 1 次。

（3）同时设有显示屏和指示灯的空调器（常见于目前的挂式或柜机空调器），显示屏和指示灯将同时指示故障代码。例如制冷系统高压保护，显示屏显示 E1 代码，同时运行指示灯灭 3s 闪 1 次。

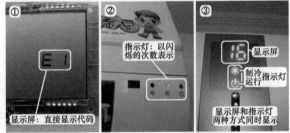

图 14-1　故障代码显示方式

（1）本节只以常见故障代码为例进行说明检修流程，有些代码根据空调器室内机主板的特点可能或有或无。

（2）相同的故障代码内容，不同厂家的故障代码名称可能会不相同，在维修空调器时需要注意。例如室内机 CPU 接收不到室内风机（PG 电机）输出的霍尔反馈信号，室内机主板报故障代码时，格力空调器称为"无室内机电机反馈"，美的空调器称为"风机速度失控"，海信空调器称为"风机堵转或室内风机运行异常"。

（3）相同的故障代码，不同的空调器厂家定义会不相同，甚至同一厂家不同型号的空调器定义也不相同，在维修时一定不要生搬硬套。例如 E1 代码，格力空调器定义为"系统高压保护"，美的空调器某款型号定义为"上电时读 E^2PROM 参数出错"，海信空调器某款型号定义为"室内环温传感器故障"。

一、E²PROM 故障

（1）含义：室内机存储器（E²PROM）出现故障。

（2）CPU 判断依据：CPU 在读存储器时出现不能读内部数据或向存储器写数据时不能写入的故障。

（3）故障现象：空调器不能开机或开机后出现不正常关机等故障。

（4）常见原因：存储器内部数据损坏。

1. 存储器安装位置

存储器内部存有数据，作为 CPU 辅助电路设在室内机主板，见图 14-2 左图，出现"E²PROM 故障"的代码时可直接更换室内机主板。

如果 CPU 内部空间可存储空调器全部数据，则不需要另设存储器，见图 14-2 右图，使用此类室内机主板的空调器也不会出现"E²PROM 故障"的代码。

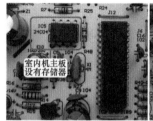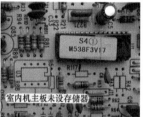

图 14-2　存储器安装位置

2. 实物外形

见图 14-3，存储器为双列 8 个引脚，部分空调器使用贴片封装，供电电压通常为直流 5V，早期空调器主板通常使用 93C46，目前空调器主板通常使用 24CXX 系列（24C01、24C02、24C04、24C08 等）。

图 14-3　存储器实物外形

二、环温或管温传感器故障

（1）含义：环温（或管温）传感器开路或短路。

（2）CPU 判断依据：检测端子电压大于 4.5V 或低于 0.5V。

（3）故障现象：制冷开机，室内风机运行，压缩机与室外风机均不运行；制热开机，室内风机、压缩机、室外风机均不运行。

（4）常见原因：环温（或管温）传感器阻值接近无穷大或接近 0Ω。

在空调器故障代码中，环温传感器故障为一个代码，管温传感器故障为另一个代码，因两个代码检修方法相同，因此合并一起进行讲解说明。如果空调器还设有室外管温传感器，则代码还会有"室外管温传感器故障"。

1. 实物外形

室内环温传感器安装位置见图 2-16，室内管温传感器安装位置见图 2-17。室内环温和管温实物外形见图 14-4，传感器只有和室内机主板上电路一起才能组成传感器电路，因此传感器故障中既有可能为传感器损坏，也可能为室内机主板损坏。

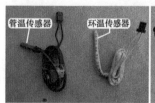

图 14-4　传感器电路

2. 检修流程

（1）测量分压点电压

当空调器报出环温传感器故障或管温传感器故障的代码，首先使用万用表直流电压挡，测量传感器插座分压点电压，见图14-5，本小节以常见的管温传感器故障为例进行说明。

正常电压接近直流2.5V，说明管温传感器电路正常，如果依旧报"管温传感器故障"的代码，可更换室内机主板试机。

故障电压为接近0V或接近5V，说明管温传感器电路损坏，应测量管温传感器阻值以区分故障部位。

图14-5　测量管温传感器电路分压点电压

（2）测量传感器阻值

拔下管温传感器，见图14-6，使用万用表电阻挡，测量管温传感器阻值。

正常阻值应接近传感器型号测量温度的对应阻值，说明管温传感器正常，可更换室内机主板试机。

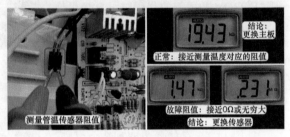

图14-6　测量管温传感器阻值

故障阻值为接近0Ω或无穷大，说明管温传感器损坏，应更换管温传感器。

> 示例空调器型号为格力KFR-23GW/（23570）Aa-3，室内环温传感器的型号为25℃/15kΩ，室内管温传感器的型号为25℃/20kΩ。如果维修美的空调器，其室内环温和管温传感器均为25℃/10kΩ，25℃时测量阻值应接近10kΩ；如果维修海信空调器，其室内环温和管温传感器均为25℃/5kΩ，25℃时测量阻值应接近5kΩ。

3. 不知故障代码时测量传感器电路方法

在维修空调器故障时，如果不知道空调器显示的故障代码含义或未显示故障代码，在检查传感器电路时（见图14-7），可在待机状态下测量传感器插座电压，由于传感器25℃阻值和分压电阻阻值相同或接近，因此常温下室内环温传感器和室内管温传感器插座的分压点电压应相同或接近，均应接近直流2.5V。如果实测值相差较大，则实测电压和直流2.5V相差较大的传感器电路有故障。

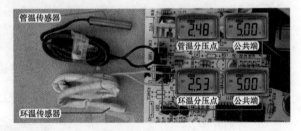

图14-7　测量环温和管温传感器分压点电压

三、风机速度失控

（1）含义：室内风机（PG电机）出现不运行、转速慢等故障。

（2）CPU判断依据：霍尔反馈端子输入的PG电机霍尔脉冲信号异常。

（3）故障现象：室内风机刚运行10s主板就停止室内风机供电，同时关断压缩机和室外风机供电。

（4）常见原因：室内风机线圈开路、风机电容无容量或容量减小、插座接触不良、风机内部霍尔元件损坏。

（5）"风机速度失控"故障代码只出现在室内风机使用 PG 电机的空调器中，见图 14-8 左图，室内风机共有 2 个插头，线圈供电插头为室内风机内部线圈提供交流电源，使其驱动贯流风扇运行，霍尔反馈插头则是室内风机向室内机主板输出代表实时转速的霍尔反馈信号。如果空调器的室内风机使用抽头电机（见图 5-48），则没有"风机速度失控"的故障代码。

（6）室内机主板 CPU 接收不到室内风机输出的霍尔信号后，故障现象根据空调器厂家不同而不同。如某些型号的空调器 10s 后即停止室内风机供电，同时关断压缩机和室外风机供电；如格力空调器则表现为 10s 后室内机主板输出交流 220V

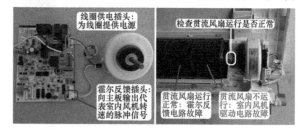

图 14-8　检查贯流风扇是否运行

电压驱动室内风机运行在最高速，并持续 50s，仍接收不到霍尔信号则停止室内风机、压缩机、室外风机等负载的供电，室内风机的运行过程则持续 1min。

1. 检修流程

（1）检查贯流风扇是否运行

遥控器制冷模式开机，从室内机出风口查看贯流风扇运行是否正常，等效示意图见图 14-8 右图。由于室内风机驱动贯流风扇，因此检查贯流风扇运行是否正常相当于检查室内风机运行是否正常。

检查贯流风扇运行正常，说明室内风机运行正常，为霍尔反馈电路故障，应进入第（2）检修步骤。

如果贯流风扇不运行，即室内风机不运行，说明室内风机驱动电路出现故障，故障可能为室内机主板光耦晶闸管损坏或室内风机线圈开路，可见本章第 2 节第三部分"制冷开机，室内风机不运行故障"。

（2）测量霍尔反馈插座中反馈端子电压

室内风机运行正常时，使用万用表直流电压挡，见图 14-9，黑表笔接霍尔反馈插座地、红表笔接反馈端子测量电压。

正常电压为直流 2.5V，即供电电压 5V 的一半，说明霍尔反馈电路正常，可更换室内机主板试机。

故障电压为接近 0V 或 5V，说明霍尔反馈电路出现故障，进入第（3）检修步骤。

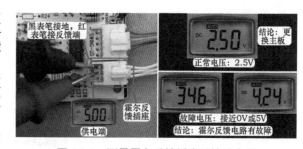

图 14-9　测量霍尔反馈插座反馈端电压

示例机型为格力空调器，霍尔反馈插座供电电压为直流 5V。另外，由于室内机主板接收不到霍尔信号时将很快停止室内风机供电，因此测量电压前应先接好表笔再开启空调器。

（3）拨动贯流风扇测量霍尔反馈电压

遥控器关机但不拔下空调器电源插头，室内风机停止运行，即空调器处于待机状态，见图 14-10，将手从出风口伸入，并慢慢拨动贯流风扇，相当于慢慢旋转 PG 电机轴。

见图 14-11，依旧使用万用表直流电压挡，测量霍尔反馈端子电压。

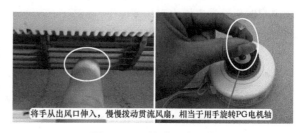

图 14-10　拨动贯流风扇

正常为 0V（低电平）-5V（高电平）-0V-5V 的跳变电压，说明室内风机已输出霍尔反馈信号，可更换室内机主板试机。

如果实测电压为一直为低电平或高电平，即拨动贯流风扇时恒为某个电压值不为跳变电压，初步说明室内风机未输出霍尔反馈信号，即室内风机损坏，可更换室内风机试机，但如果需要进一步区分故障部位时，可进入第（4）检修步骤。

（4）取出室内风机霍尔反馈插头中反馈引线测量电压

见图 14-12，取出室内风机霍尔反馈插头中反馈引线，黑表笔不动依旧接霍尔反馈插座中地、红表笔接反馈引线，用手在慢慢拨动贯流风扇时测量电压。

如果实测依旧为 0V-5V-0V-5V 的跳变电压，可确定室内风机正常，应更换室内机主板。

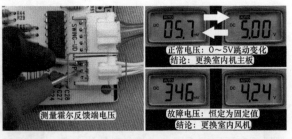

图 14-11　动态测量霍尔反馈插座反馈端电压

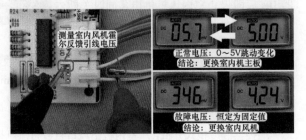

图 14-12　测量室内风机霍尔反馈引线电压

如果实测电压依旧一直为高电平或低电平，可确定室内风机未输出霍尔反馈信号，应更换室内风机。

　　取出霍尔反馈引线测量电压，可排除因室内机主板霍尔反馈电路元件短路引起的跳变电压不正常，而引起的误判。

2. 美的空调器和海尔空调器霍尔反馈插座电压

见图 14-13 左图，美的空调器的室内机主板上霍尔反馈插座中供电电压为直流 12V，室内风机正常运行时反馈端电压约 3.8V（实测为 3.5 ～ 3.9V），待机状态下用手拨动贯流风扇时反馈端电压为 0V（低电平）-7.6V（高电平）-0V-7.6V 跳动变化的电压。

见图 14-13 右图，海尔空调器的室内机主板上霍尔反馈插座中供电电压为直流 5V，室内风机正常运行时反馈端电压为 0.6V（635mV），待机状态下用手拨动贯流风扇时反馈端电压为 0V（低电平）-1.3V（高电平）-0V-1.3V 跳动变化的电压。

图 14-13　美的和海尔空调器霍尔反馈电压

　　海信空调器的霍尔反馈供电电压为直流 5V，室内风机运行时反馈端电压为直流 2.5V、待机状态拨动贯流风扇时为 0V-5V-0V-5V 的跳变电压，和格力空调器相同，见图 14-11 和图 14-12。

四、过零检测故障

（1）含义：CPU 检查电源零点位置错误。

（2）CPU 判断依据：过零检测端子输入电压有间断现象。

（3）常见原因：过零检测电路故障、CPU 误判、电源插座接触不良。

（4）故障现象：上电 CPU 复位检测到过零检测故障后，立即显示故障代码，并不开机进行保护。

（5）说明：CPU 通过过零检测电路检测过零信号，以便在零点位置驱动光耦晶闸管，使室内风机（PG 电机）运行。也就是说，室内风机使用 PG 电机的空调器，见图 2-36，才会出现"过零检测故障"的代码；如果室内风机使用抽头电机的空调器，见图 2-37，不会出现此故障代码。

过零检测电路所有元件均在室内机主板，见图 14-14，因此显示"过零检测故障"的代码时可直接更换室内机主板。

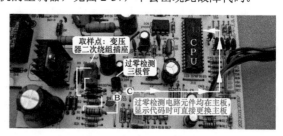

图 14-14　过零检测电路

五、电流过大保护

（1）含义：压缩机启动时或运行过程中电流过大。

（2）CPU 判断依据：CPU 根据电流检测端子电压计算后判断压缩机电流过大。

（3）故障现象：根据空调器品牌不同而不同。例如海信空调器在压缩机启动时或运行过程中检测到电流过大超过预设值，立即停止压缩机和室外风机供电，显示故障代码并不再启动，整个过程约 10s；美的空调器或格力柜式空调器检测电流过大时，也立即停止压缩机和室外风机供电，但待 3min 后再次启动压缩机和室外风机，如仍检测到电流过大，则再次停机，如连续 4 次（美的空调器）或 5 次（格力空调器）电流过大，则不再启动压缩机和室外风机，并显示电流过大的故障代码，整个过程约超过 10min。

（4）常见原因：供电电压低、压缩机电容坏、压缩机卡缸、室外风机不运行或冷凝器脏堵。

（5）见图 14-15 左图，如果室内机主板设有电流检测电路，相对应的空调器会出现"电流过大保护"的故障代码；见图 14-15 右图，如果室内机主板未设电流检测电路，相对应的空调器即使压缩机卡缸等原因使得电流很大，也不会出现"电流过大保护"的故障代码。

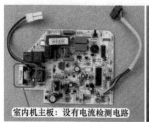

图 14-15　电流检测电路

图 14-16　电流互感器检测原理

1. 电流检测原理

电流检测电路中使用电流互感器检测电流，实物外形见图 14-16 左图。电流互感器相当于 1 个变压器，一次绕组为穿在中间孔的引线（整机供电引线或压缩机引线），当引线中有电流通过时，电流互感器的二次绕组输出相对应的电压，经整流、滤波等电路送到 CPU 引脚，CPU 根据电压计算出实际的电流，从而对空调器进行控制。

见图 14-16 中图和右图，将压缩机引线穿入电流互感器的中间孔，则 CPU 检测为压缩机的电流；如果电流互感器中间穿入电源 L 端或 N 端引线，则 CPU 检测为整机电流。

2. 检修步骤

（1）测量压缩机电流

使用万用表电流挡，钳头夹住室外机接线端子上压缩机引线测量电流，见图14-17，通常有以下3种结果。

图14-17　测量压缩机电流

实测电流为正常值即接近额定值，说明整机系统正常，为室内机主板损坏，表现为定时停止室外机供电并显示故障代码，可更换室内机主板试机。

实测电流较大，接近2倍额定值，通常为冷凝器通风系统故障，表现为运行一段时间后不定时停止室外机供电并显示故障代码，且符合室外温度越高、空调器运行时间越短的特点，进入"（4）2倍电流故障检修流程"的步骤。

实测电流过大，接近4倍额定值，通常为供电电压低或压缩机启动不起来故障，表现为室内机主板输出压缩机供电后立即停机保护，常见原因为供电电压低、压缩机电容坏、压缩机卡缸，进入"（2）测量压缩机电压"的步骤。

（2）测量压缩机电压

使用万用表交流电压挡，见图14-18。一个表笔接室外机接线端子上零线N、一个表笔接压缩机引线，在压缩机启动时测量电压。

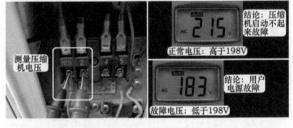

图14-18　测量压缩机电压

实测电压高于交流198V，说明用户电源正常，为压缩机启动不起来故障，进入"（3）4倍电流故障检修流程"的步骤。

实测电压低于交流198V较多即供电电压较低，说明空调器正常，为用户电源故障，应当让用户找电工维修供电线路或加装大功率稳压器。

（3）4倍电流故障检修流程

见图14-19，供电电压交流220V正常而压缩机电流依旧很大，常见原因为压缩机电容容量减少或无容量、压缩机卡缸。

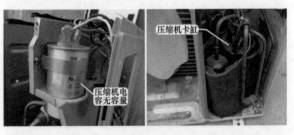

图14-19　4倍电流故障常见原因

为区分故障（见图14-20），使用相同容量的正常电容代换，使用万用表电流挡，钳头夹好压缩机引线再次上电开机。

压缩机启动运行，空调器开始制冷，实测电流接近额定值，说明原机压缩机电容损坏，应使用新代换的压缩机电容。

实测电流仍大于额定值4倍，说明压缩机依旧启动不起来，在供电电压和压缩机电容正常的前提下，通常为压缩机卡缸损坏，应更换压缩机。

（4）2倍电流故障检修流程

通风系统故障常见原因为冷凝器背部脏堵或室外风机转速慢，首先检查冷凝器背部

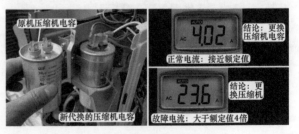

图14-20　代换压缩机电容

是否脏堵。

见图 14-21 左图，如果冷凝器背部被尘土或毛絮堵塞，制冷模式运行时冷凝器因不能有效散热，使得压缩机负载变大，压缩机电流上升，制冷效果下降，并最终导致压缩机过载停机或显示"电流过大保护"的故障代码，维修方法是清扫背部脏物，并使用清水冲洗冷凝器。

图 14-21　检查冷凝器是否脏堵

见图 14-21 右图，如果冷凝器背部干净，应检查室外风机转速。

将手放在室外机出风口，如果感觉吹出的风很热但风量很小，见图 14-22，通常为室外风机转速慢，常见原因为室外风机电容容量变小，可直接代换室外风机电容试机。

图 14-22　室外风机转速慢和代换室外风机电容

第 2 节　根据故障现象检修流程

一、室内机上电无反应故障

1. 将导风板扳到中间位置

见图 14-23，拔下空调器电源插头，用手将上下导风板扳到中间位置，再为空调器通上电源，观察导风板状态以区分故障。

空调器正常时导风板应能自动关闭，此时可说明室内机主板直流 5V 电压正常且 CPU 工作正常，所表现的上电无反应故障可能为不接收遥控信号故障。

重新上电后导风板位置保持不变，说明空调器有故障，应进入第 2 检修步骤。

2. 测量插座电压

使用万用表交流电压挡，见图 14-24，测量为空调器供电的电源插座电压。

如实测电压为交流 220V，说明供电正常，故障在室内机，进入第 3 检修步骤。

如实测电压为交流 0V，说明空调器供电线路有故障，应检查电源插座或空气开关处电压等。

3. 测量电源插头阻值

使用万用表电阻挡，见图 14-25，测量电源插头 L-N 阻值以区分故障。

如实测阻值为变压器一次绕组阻值约 500Ω，说明变压器一次绕组回路正常，应进入第 6 检修

图 14-23　扳动导风板至中间位置

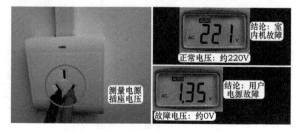

图 14-24　测量电源插座电压

步骤。

如实测阻值为无穷大，说明变压器一次绕组回路有开路故障，应进入第4检修步骤，重点检查变压器一次绕组、保险管等。

4. 测量保险管阻值

断开空调器电源，使用万用表电阻挡，见图14-26，测量保险管阻值。

如实测阻值为0Ω，说明保险管正常，应进入第5检修步骤。

如实测阻值为无穷大，说明保险管开路损坏，检查损坏原因后更换保险管。

5. 测量变压器一次绕组阻值

使用万用表电阻挡，见图14-27，测量变压器一次绕组阻值。

如实测阻值约500Ω，说明变压器一次绕组正常，应检查故障是否由于一次绕组插头与插座接触不良引起。

如实测阻值为无穷大，说明一次绕组开路损坏，应更换变压器。

6. 测量7805输出端5V电压

见图14-28，将空调器通上电源，使用万用表直流电压挡，黑表笔接7805的②脚地、红表笔接③脚输出端测量电压。

如实测电压为直流5V，说明电源电路正常，故障可能为CPU死机或其他弱电电路损坏，检查故障原因或更换室内机主板试机。

如实测电压为直流0V，说明电源电路有故障，应进入第7检修步骤。

7. 测量7805输入端12V电压

依旧使用万用表直流电压挡，见图14-29，黑表笔不动依旧接地、红表笔接7805的①脚输入端测量电压。

如实测电压约为直流14V，排除5V负载短路故障，直流5V电压为0V的原因是7805损坏，应更换7805。

如实测电压为直流0V，说明变压器二次绕组整流滤波电路有故障，应进入第8检修步骤。

8. 测量变压器二次绕组插座电压

使用万用表交流电压挡，见图14-30，测量变压器二次绕组插座电压。

如实测电压约交流12V，说明为整流滤波电路故障，如排除直流12V负载短路故障，为整流

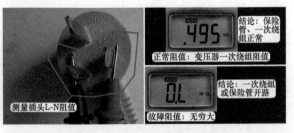

图14-25 测量电源插头阻值

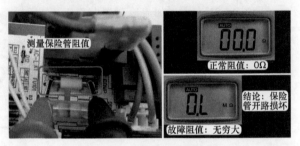

图14-26 测量保险管阻值

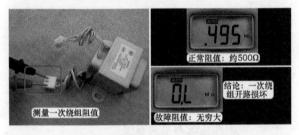

图14-27 测量变压器一次绕组阻值

图14-28 测量7805输出端电压

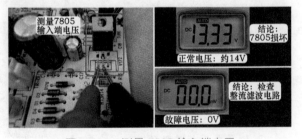

图14-29 测量7805输入端电压

二极管或滤波电容损坏，可更换元件或室内机主板。

如实测电压为交流 0V，排除整流二极管短路故障后，应进入第 9 检修步骤。

9. *测量变压器一次绕组插座电压*

使用万用表交流电压挡，见图 14-31，测量一次绕组插座电压，实测电压应为交流 220V（前提是电源电压和测量插头 L-N 阻值均正常），可说明变压器损坏，应更换变压器。

如果实测电压为交流 0V，说明电源强电通路有故障。

图 14-30　测量变压器二次绕组插座电压

图 14-31　测量变压器一次绕组插座电压

二、不接收遥控信号故障

1. 按压"应急开关"按键试机

见图 14-32 左图，掀开室内机进风格栅，使用万用表表笔按压应急开关按键，蜂鸣器响一声后导风板打开，空调器制冷正常，说明室内机主板基本工作正常，故障在接收器电路或空调器附近有干扰源。

2. 检查干扰源

见图 14-32 右图，检查房间内有无干扰源（如日光灯、红外线、护眼灯等），如有则排除干扰源，如果房间内无干扰源则检查遥控器，应进入第 3 检修步骤。

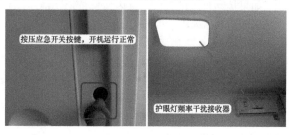

图 14-32　按压应急开关按键和检查干扰源

3. 检查遥控器

首先使用手机的摄像功能检查遥控器，见图 2-10。在按压按键时，如果在手机屏幕上能看到遥控器的发射二极管发光，说明遥控器正常，应进入第 4 检修步骤；如果在手机屏幕上查看遥控器的发射二极管一直不发光，说明遥控器损坏，应更换遥控器。

4. 检查接收器

接收器在接收到遥控信号（动态）时，输出端由静态电压会瞬间下降至约直流 3V，然后再迅速上升至静态电压。遥控器发射信号时间约 1s，接收器接收到遥控信号时输出端电压也有约 1s 的时间瞬间下降。

见图 2-15，使用万用表直流电压挡，动态测量接收器输出引脚电压，黑表笔接地引脚（GND）、红表笔接输出引脚（OUT），检测的前提是电源引脚（5V）电压正常。

实测电压符合图 2-15 的电压跳变过程，说明接收器正常，故障为主板接收器电路损坏或显示板和主板连接插座接触不良，如检查连接插座接触良好，应更换室内机主板。

实测电压不符合图 2-15 的电压跳变过程，说明接收器损坏，应更换接收器。

三、制冷开机，室内风机不运行故障

1. 待机状态拨动贯流风扇

将手从出风口伸入，拨动贯流风扇，见图 14-33，检查贯流风扇是否被卡住或阻力过大。

正常：转动灵活无阻力，说明贯流风扇未被卡住且室内风机轴承正常，应进入第2检修步骤。

故障：转不动即卡死，找出卡住贯流风扇的原因并排除。如果转动时不灵活有明显的阻力，说明室内风机轴承缺油使得阻力过大，导致室内风机启动不起来，应更换轴承或室内风机。

手从出风口伸入拨动贯流风扇

实际图　效果图

正常：转动灵活无阻力，轴承正常，应在开机状态下拨动贯流风扇

故障：转动不灵活有明显阻力，轴承缺油，更换轴承或室内风机

图 14-33　待机状态拨动贯流风扇

2. 开机状态下拨动贯流风扇

使用遥控器制冷模式开机，见图14-34，将手从出风口伸入，并拨动贯流风扇，观察贯流风扇的状态。

如果拨动贯流风扇后，室内风机驱动贯流风扇运行，说明室内风机由于启动力矩小导致启动不起来，常见原因为室内风机电容容量小或无容量、室内风机线圈中启动绕组开路，此时应更换室内风机电容或室内机主板试机（室内风机电容安装在室内机主板）。

开机状态下拨动贯流风扇

故障：贯流风扇运行
结论：风机电容无容量或启动绕组开路

故障：贯流风扇不运行
结论：运行绕组开路或主板未输出电压

图 14-34　开机状态拨动贯流风扇

如果拨动贯流风扇后，室内风机依旧不能驱动贯流风扇运行，常见原因为室内风机线圈中运行绕组开路或室内机主板未输出供电电压，应进入第3检修步骤。

3. 测量室内风机线圈阻值

拔下室内风机的线圈供电插头，使用万用表电阻挡，见图14-35，分3次测量3根引线阻值。

如果实测阻值符合RS=CR+CS，说明室内风机线圈阻值正常，应进入第4检修步骤。

如果实测阻值3次测量中有任意1次为无穷大，即可判断室内风机线圈开路，应更换室内风机。

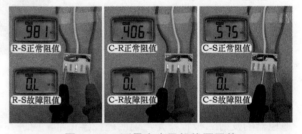

.981　R-S正常阻值　.406　C-R正常阻值　.575　C-S正常阻值

OL　R-S故障阻值　OL　C-R故障阻值　OL　C-S故障阻值

图 14-35　测量室内风机线圈阻值

4. 测量室内风机线圈电压

将室内风机线圈供电插头插入室内机主板，使用万用表交流电压挡，见图14-36，测量室内风机公共端C和运行绕组R的引线电压。

正常电压为交流90～220V，说明室内机主板输出正常，在室内风机线圈阻值正常且待机状态拨动贯流风扇无阻力的前提下，可确定为室内风机电容损坏。

故障电压约为交流0V，说明室内机主板上风机驱动电路未输出交流电压，应更换室内机主板。

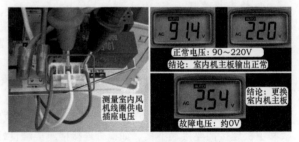

测量室内风机线圈供电插座电压

91.4　220

正常电压：90～220V
结论：室内机主板输出正常

2.54

故障电压：约0V
结论：更换室内机主板

图 14-36　测量室内风机线圈插座电压

说明

测量室内风机线圈供电插头的交流电压时，应当将线圈供电插头插在室内机主板插座上再测量，如果线圈供电插头未插入主板插座，此时测量主板插座电压为错误电压值，即无论开机状态或关机状态均为交流220V。

四、制热开机，室内风机不运行故障

1. 转换制冷模式试机

见图 14-37，转换遥控器至制冷模式开机，从出风口查看贯流风扇是否运行。

如果贯流风扇运行，说明室内风机不运行故障是因为制热防冷风限制，应当转换至制热模式，检查蒸发器温度和系统压力，进入第 2 检修步骤。

如果贯流风扇仍不运行，说明室内风机驱动电路或室内风机有故障，参照本节中"三、制冷开机，室内风机不运行故障"中步骤检修。

2. 检查制热效果

见图 14-38，在室外机三通阀维修口接上压力表测量系统压力，运行一段时间后检查系统压力和蒸发器温度。

如果实测系统压力和手摸蒸发器的温度均较高，说明空调器制热效果正常，应进入第 3 检修步骤，检查管温传感器阻值。

如果手摸蒸发器温度不热、系统压力较低，说明空调器制热效果较差，室内机主板进入正常的制热防冷风保护，控制室内风机不运行。应查明制热效果差的原因并排除，常见为系统缺氟。

3. 测量管温传感器阻值

拔下管温传感器的引线插头，并将探头从蒸发器的检测孔抽出，以防止蒸发器温度传递到探头，影响测量结果。使用万用表电阻挡，见图 14-39，测量管温传感器阻值。

如果实测阻值接近传感器型号测量温度的对应阻值，说明管温传感器正常，可更换室内机主板试机。

如果实测阻值大于测量温度对应的阻值，说明管温传感器阻值变大损坏，应更换管温传感器试机。

图 14-37　检查贯流风扇是否运行

图 14-38　检查制热效果

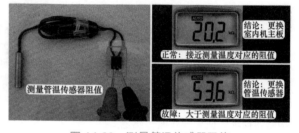

图 14-39　测量管温传感器阻值

五、制冷开机，压缩机和室外风机不运行故障

1. 检查遥控器设置

见图 14-40，首先检查遥控器设置的模式和温度。

如果遥控器设定在制冷模式，并且设定温度低于房间温度，说明遥控器设置正确，应进入第 2 检修步骤。

如果遥控器设定在制热模式，或者设定温度高于房间温度，均可能会导致制冷开机时压缩机和室外风机不运行的故障，

图 14-40　检查遥控器设置

空调**维修宝典**（图解彩色版）

应重新设定遥控器。

2. 测量室外机接线端子上压缩机和室外风机电压

遥控器开机后，使用万用表交流电压挡，见图14-41，测量室外机接线端子上压缩机电压（N与压缩机引线）和室外风机电压（N与室外风机引线）。

如果实测电压为交流220V，说明室内机主板已输出电压至室外机接线端子，应检查压缩机线圈阻值和室外风机线圈阻值。

如果实测电压为交流0V，说明室内机主板未输出电压或室内外机连接线有故障，应进入第3检修步骤。

3. 测量室内机接线端子上压缩机和室外风机电压

取下室内机外壳，使用万用表交流电压挡，见图14-42，一表笔接室内机主板上N端引线，另一表笔分别接压缩机引线和室外风机引线测量电压。

如果实测电压均为交流220V，说明室内机主板已输出电压，故障为室内外机连接线断路或室内外机接线错误，查明故障原因并排除。

如果实测电压均为交流0V，说明室内机主板未输出电压，应进入第4检修步骤，即测量环温和管温传感器阻值。

4. 测量环温和管温传感器阻值

取下环温和管温传感器的引线插头，见图14-43，使用万用表电阻挡测量阻值。

如果实测环温和管温传感器的阻值均接近测量温度对应的阻值，说明环温和管温传感器均正常，应当更换室内机主板试机。

如果实测环温传感器阻值变大、变小、阻值接近0Ω、阻值接近无穷大，说明环温传感器损坏，应更换环温传感器。

如果实测管温传感器阻值变大、变小、阻值接近0Ω、阻值接近无穷大，说明管温传感器损坏，应更换管温传感器。

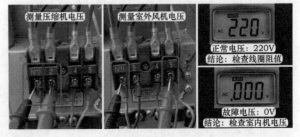

图14-41 测量室外机接线端子压缩机和室外风机电压

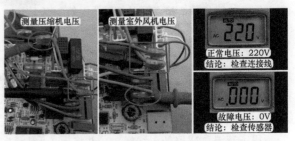

图14-42 测量室内机主板压缩机和室外风机电压

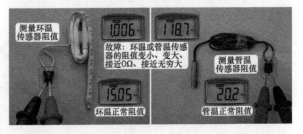

图14-43 测量环温和管温传感器阻值

六、压缩机运行，室外风机不运行故障

1. 检查室外风机轴流风扇有无被异物卡住

取下室外机顶盖或前盖，首先查看室外风机的轴流风扇有无被异物卡住。

见图14-44左图，查看轴流风扇未被异物卡住，应进入第2检修步骤，检查室外风机电压。

见图14-44右图，查看有鸟窝卡死轴

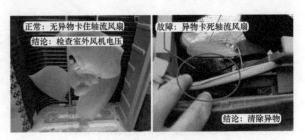

图14-44 检查室外风扇是否被异物卡住

流风扇或树藤缠住轴流风扇，导致卡死轴流风扇，维修时应清除异物，使轴流风扇运转顺畅。

　　2. 测量室外风机电压

　　遥控器开机，使用万用表交流电压挡，见图 14-45，一表笔接室外机接线端子 N 端、一表笔接室外风机引线测量电压。

　　如果实测电压为交流 220V，说明室内机主板已输出电压至室外机，应进入第 3 检修步骤，测量室外风机线圈阻值。

　　如果实测电压为交流 0V，说明室内机主板未输出电压或输出的电压未传送至室外机，应当测量室内机主板上室外风机接端子电压以区分故障，可参考图 14-42 和图 14-43 中检修流程。

图 14-45　测量室外风机电压

　　3. 测量室外风机线圈阻值

　　断开空调器电源，拔下室外风机线圈的 3 根引线，使用万用表电阻挡，见图 14-46，分 3 次测量 3 根引线阻值。

　　如果实测阻值符合 RS=CR+CS，说明室外风机线圈阻值正常，故障可能为室外风机电容无容量损坏，应更换室外风机电容试机。

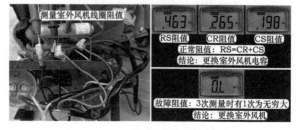

图 14-46　测量室外风机线圈阻值

　　如果实测阻值 3 次测量中有任意 1 次为无穷大，即可判断室外风机线圈开路，应更换室外风机。

七、室外风机转速慢故障

　　1. 拨动轴流风扇

　　见图 14-47，在待机状态下用手拨动室外风机的轴流风扇，检查轴流风扇是否阻力过大。

　　正常：转动灵活无阻力，说明轴流风扇未被卡住且室外风机内轴承正常，应进入第 2 检修步骤。

　　故障：如果转动时不灵活有明显的阻力，说明室外风机轴承缺油使得阻力过大，导致室外风机转速慢，应更换轴承或室外风机。

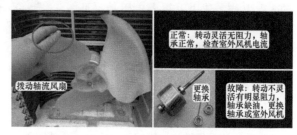

图 14-47　拨动轴流风扇

　　2. 测量室外风机电流

　　遥控器开机，使用万用表交流电压挡，见图 14-48，钳头夹住室外风机引线，测量室外风机电流。

　　如果实测电流接近额定值，说明室外风机线圈阻值正常，故障为室外风机电容容量变小引起，可更换室外风机电容试机（见图 14-22）。

　　如果实测电流大于额定值 2 倍，通常为室外风机线圈短路，引起室外风机转速慢，可更换室外风机试机。

图 14-48　测量室外风机电流

八、室外风机运行、压缩机不运行故障

1. 测量压缩机电压

遥控器开机，使用万用表交流电压挡，见图14-49，一表笔接室外机接线端子上N端零线、另一表笔接压缩机引线测量电压。

如果实测电压为交流198V以上，说明用户电源正常，应进入第2检修步骤，即测量压缩机电流。

如果实测电压低于交流198V以下较多，为用户电源故障，应当让用户找电工维修线路或加装大功率稳压器。

如果实测电压为交流0V，说明室内机主板未输出电压或输出的电压未送至室外机接线端子，应检查室内外机连接线、室内机主板、管温传感器等，找到故障原因并排除。

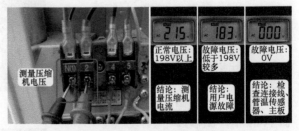

图14-49　测量压缩机电压

2. 测量压缩机电流

使用万用表交流电流挡，见图14-50，钳头夹住压缩机引线测量电流。

如果实测电流为交流0A，说明压缩机未通电工作，应进入第3检修步骤，检查压缩机线圈阻值。

如果实测电流大于额定值4倍，说明压缩机启动不起来，常见原因为压缩机电容无容量损坏或压缩机卡缸，见图14-19和图14-20。

图14-50　测量压缩机电流

3. 测量压缩机连接线阻值

断开空调器电源，拔下压缩机线圈的3根引线，使用万用表电阻挡，见图14-51，分3次测量3根引线阻值。

如果实测阻值符合RS=CR+CS，说明压缩机线圈阻值正常，故障可能为压缩机连接线与室外机接线端子或电容端子接触不良，查找接触不良部位并排除。

图14-51　测量压缩机连接线阻值

如果实测阻值3次测量中有任意1次为无穷大，即可初步判断压缩机线圈开路，应进入第4检修步骤，测量压缩机接线端子阻值以区分故障部位。

4. 测量压缩机接线端子阻值

由于压缩机工作时电流较大、外壳温度较高，因此压缩机连接线或接线端子也经常出现故障。

图14-52左图为正常压缩机连接线和压缩机接线端子，连接线安装到接线端子后可正常连接。

图14-52中图为损坏的压缩机连接线，连接线上的端子已经断开，因此连接线不能连接压缩机端子。

图14-52右图为损坏的压缩机接线端子，其已经和压缩机断开，或者压缩机接

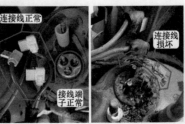

图14-52　压缩机连接线和接线端子常见故障

线端子严重锈蚀，连接线均不能连接压缩机端子。

由图 14-52 中图和右图可知，在测量压缩机引线阻值为无穷大时，为准确判断压缩机线圈是否开路，应当直接测量接线端子来加以判断。

待压缩机外壳温度接近常温，取下压缩机 3 个接线端子的连接线后，使用万用表电阻挡，见图 14-53，分 3 次测量 3 个接线端子阻值。

如果实测阻值符合 RS=CR+CS，说明压缩机线圈阻值正常，故障可能为压缩机连接线与压缩机接线端子接触不良，查找接触不良部位并排除。

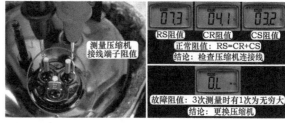

图 14-53　测量压缩机接线端子阻值

如果实测阻值 3 次测量中有任意 1 次为无穷大，即可确定压缩机线圈开路，应更换压缩机。

九、制冷开机，运行一段时间停止向室外机供电

1. 查看遥控器设定温度和房间温度

见图 14-54，查看室外机停机时的房间温度以及遥控器的设定温度。

如果房间温度低于设定温度，为空调器正常停机，向用户解释说明即可。

如果房间温度高于设定温度，说明空调器有故障。应根据运行时间长短来区分故障，如果运行约 1min 便停机保护，应进入第 2 检修步骤，检查室内风机的霍尔反馈插座电压。如果运行较长时间后停机，应进入第 3 检修步骤，根据压力和电流检查制冷效果。

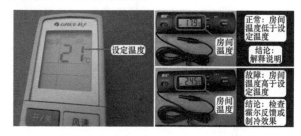

图 14-54　检查遥控器设定温度和房间温度

2. 检查霍尔反馈插座电压

见本章第 1 节中"三、风机速度失控"内容。

3. 检查制冷效果

见图 14-55，在三通阀维修口接上压力表测量系统压力，使用万用表交流电流挡测量压缩机电流，将温度表探头放在室内机出风口检测出风口温度，综合判断空调器的制冷效果。

如果运行时系统压力为 0.45MPa、电流接近额定值、室内机出风口温度较低，说明空调器制冷效果正常，应进入第 4 检修步骤，检查环温和管温传感器。

图 14-55　测量系统运行压力和运行电流

如果运行时系统压力和电流与额定值相差较大、室内机出风口温度较高，说明空调器制冷效果差，室内机主板进入"缺氟保护"或类似的保护程序，导致运行一段时间后室外机停机，应检查制冷效果差的故障原因并排除。

4. 测量环温和管温传感器阻值

见图 14-43，使用万用表电阻挡测量环温和管温传感器阻值，如均正常则更换室内机主板试机，如检查环温传感器或管温传感器损坏，则更换损坏的传感器。

十、跳闸故障

空气开关跳闸根据时间分 3 种：上电跳闸、开机跳闸、运行一段时间跳闸，根据不同时间段有不同的维修方法。

1. 上电跳闸

（1）测量电源插头 N 与地阻值

使用万用表电阻挡，见图 14-56，测量空调器电源插头上 N 与地阻值。

如果实测阻值为无穷大，初步判断空调器正常，即无漏电故障。为准确判断，还应使用兆欧表（俗称摇表）来确定。

如果实测阻值接近 0Ω，说明空调器有漏电故障，应进入第 2 检修步骤。

图 14-56　测量电源插头 N 与地阻值

（2）取下室外机连接线测量室外机 N 端与地阻值

由于漏电故障通常发生在室外机，断开室外机接线端子上的室内外机连接线，见图 14-57，使用万用表电阻挡测量接线端子上 N 和地阻值。

如果实测阻值为无穷大，说明室外机无漏电故障，应检查室内机或室内外机连接线，进入第 5 检修步骤。

如果实测阻值接近 0Ω，说明漏电故障在室外机，应进入第 3 检修步骤。

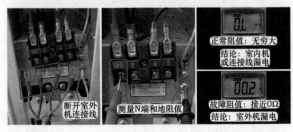

图 14-57　测量室外机接线端子 N 与地阻值

> **说明**　跳闸故障中，室内机漏电故障比例较低。室内外机连接线中地线直接固定在电控盒铁皮，因此与铁皮相通的部位（铜管、冷凝器）均为地线测试点。

（3）测量压缩机连接线与地阻值

由于室外机漏电故障通常为压缩机，因此拔下压缩机线圈的 3 根引线，见图 14-58，使用万用表电阻挡测量线圈引线与地阻值。

如果实测阻值为无穷大，说明压缩机线圈对地阻值正常，漏电故障部位可能是室外风机线圈。

如果实测阻值接近 0Ω，说明压缩机有漏电故障，应进入第 4 检修步骤。

图 14-58　测量压缩机连接线与地阻值

（4）测量压缩机接线端子与地阻值

由于压缩机接线端子的连接线绝缘层熔化与外壳短路，也会出现测量压缩机引线与地阻值接近 0Ω 的现象，因此为准确判断故障部位，取下压缩机的接线盖，使用万用表电阻挡，见图 14-59，直接测量压缩机接线端子与地阻值。

图 14-59　测量压缩机接线端子与地阻值

如果实测阻值为无穷大，可确定为压缩机线圈对地阻值正常，此时应检查压缩机接线端子的连接线。

如果实测阻值仍接近 0Ω，可确定压缩机线圈对地漏电，应更换压缩机。

（5）室内外机连接线测量方法

见图 14-60 左图，空调器使用一段时间以后，原机的室内外机连接线或加长的室内外机连接线绝缘层破损脱落，露出内部铜钱，引起绝缘下降，出现上电跳闸或开机跳闸的故障。

见图 14-60 右图，原机连接线和加长连接线的接头如果处理不好，空调器工作时因电流较大，接头发热熔化防水胶布，接头之间短路打火，也会出现上电跳闸或开机跳闸的故障。

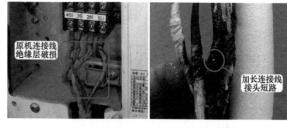

图 14-60　室内外机连接线常见故障

因此，室内外机连接线也是引起跳闸故障的一个常见原因。

测量室内外机连接线时，见图 14-61，应在室内机接线端子或主板上断开室内外机连接线并彼此分开，在室外机接线端子上断开连接线并彼此分开，使用万用表电

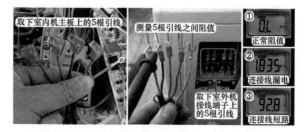

图 14-61　测量室内外机连接线之间阻值

阻挡，逐个测量室外机或室内机的连接线之间阻值。普通冷暖挂式空调器通常为 5 根连接线，需要测量 10 次；普通单冷挂式空调器通常为 3 根连接线，需要测量 3 次。

① 如果实测时阻值均为无穷大，说明室内外机连接线正常。

② 如果实测时阻值只要有 1 次为 2MΩ 以下，说明室内外机连接线漏电（或称为绝缘不良），可暂时使用，但最好还是需要更换。

③ 如果实测时阻值有 1 次接近 0Ω，说明室内外机连接线短路，应更换室内外机连接线。

2. 开机跳闸

使用万用表交流电流挡，见图 14-62，钳头夹住室外机接线端子上 N 端引线测量电流。

如果实测电流大于额定值的 4 倍，并超过空气开关额定容量，通常为压缩机启动不起来，常见原因为压缩机电容无容量或压缩机卡缸。

如果没有检测到电流空气开关便跳闸，常见原因为压缩机线圈对地短路，此时可将压缩机接线端子上引线取下，做好绝缘再次上电试机，空气开关不再跳闸，则说明压缩机线圈对地短路损坏，应更换压缩机。

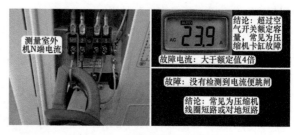

图 14-62　测量室外机 N 端电流

3. 运行一段时间后跳闸

使用万用表交流电流挡，见图 14-63，钳头夹住空调器电源引线中 N 线测量整机电流。

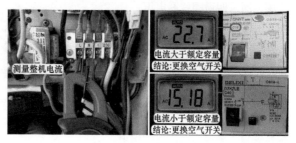

图 14-63　测量整机电流

如果空调器运行电流在额定值以内，但已超过空气开关额定容量，说明空调器正常，原因为空气开关选配不合适，应更换额定容量较大的空气开关。此种情况通常发生在2P或3P单相供电的柜式空调器，使用制热模式并同时开启辅助电加热功能，运行电流较大导致。

如果空调器运行电流在额定值以内，也低于空气开关额定容量，但手摸空气开关侧面发热，原因为空气开关损坏，应更换空气开关。

如果空调器运行电流超过额定值，也超过空气开关额定容量，为空调器故障，查明原因并排除。

　　制热模式的总电流＝系统电流（主要为压缩机电流）+辅助电加热电流。美的型号为KFR-50LW/DY-GA（E5）的2P柜式空调器，制热时总功率＝制热额定功率1780W+辅助电加热功率1500W=3280W，总电流为15.7A；格力型号为KFR-72LW/（72566）Aa-3的3P柜式空调器，制热时总功率＝制热额定功率2490W+辅助电加热功率2500W=4990W，总电流为22.7A。

十一、不制热或制热效果差、压缩机和室外风机均运行

1. 检查遥控器设置

见图14-64，检查遥控器设置的模式和温度。

如果遥控器设定在制热模式，并且设定温度高于房间温度，说明遥控器设置正确，进入第2检修步骤。

如果遥控器设定在制冷模式，或者房间温度高于设定温度，均可能会导致空调器不制热的故障，应重新设定遥控器。

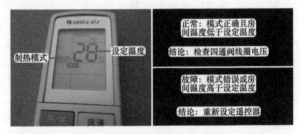

图14-64　检查遥控器设置

2. 手摸三通阀和二通阀温度

见图14-65，用手摸三通阀和二通阀，以温度区分故障，通常有3种结果。

如果三通阀和二通阀均较热，说明空调器制热效果正常，故障可能为室内机过滤网脏堵，应清洗过滤网。

如果手摸三通阀烫手、二通阀为常温，通常为制热效果差，常见原因为系统缺氟。

如果手摸三通阀和二通阀均冰凉，说明系统工作在制冷状态，应进入第3检修步骤，测量四通阀线圈电压。

图14-65　手摸二通阀和三通阀温度

3. 测量四通阀线圈电压

使用万用表交流电压挡，见图14-66，一表笔接室外机接线端子上N端、一表笔接四通阀线圈引线，测量电压。

如果实测电压为交流220V，说明室内机主板已输出电压至室外机，应进入第4检修步骤，测量四通阀线圈阻值。

如果实测电压为交流0V，说明室内机

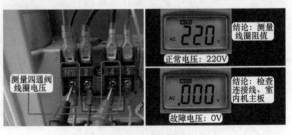

图14-66　测量四通阀线圈电压

主板未输出电压或输出电压未送至室外机，应检查室内机主板、室内外机连接线。

4. 测量四通阀线圈阻值

断开空调器电源，使用万用表电阻挡，见图 14-67 左图，一表笔接室外机接线端子上 N 端、一表笔接四通阀线圈引线测量阻值，此时相当于直接测量四通阀线圈引线（见图 14-67 中图）。

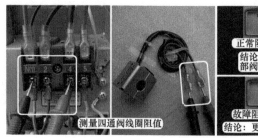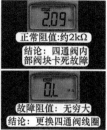

图 14-67　测量四通阀线圈阻值

如果实测阻值约为 2kΩ，说明四通阀线圈正常，故障原因为四通阀内部的阀块卡死，位于制冷模式位置，在四通阀线圈通电后不能移动至制热模式位置，应更换四通阀。

如果实测阻值为无穷大，说明四通阀线圈开路，应更换四通阀线圈。

第 15 章
安装原装主板和代换通用板

第 1 节　主板插座功能辨别方法

从前面知识可知，一个完整的空调器电控系统由主板、输入电路外围元件、输出电路负载构成。外围元件和负载都是通过插头或引线与主板连接，因此能够准确判断出主板上插座或引线的功能，是维修人员的基本功。本节以格力 KFR-23GW/（23570）Aa-3 挂式空调器的室内机主板为例，对主板插座设计特点进行简要分析。

一、主板电路设计特点

（1）主板根据工作电压不同，设计为两个区域

图 15-1、图 15-2 为主板强电、弱电区域分布的正面视图和背面视图，交流 220V 为强电区域，直流 5V 和 12V 为弱电区域。

（2）强电区域插座设计特点：大 2 针插座与压敏电阻并联的接变压器一次绕组，小 2 针插座（在整流二极管附近）的接变压器二次绕组，最大的 3 针插座接室内风机，压缩机继电器上方端子（下方焊点接保险管）为 L 端供电，另一个端子接压缩机引线，另外 2 个继电器的接线端子接室外风机和四通阀线圈引线。

（3）弱电区域插座设计特点：2 针插座接传感器，3 针插座接室内风机霍尔反馈，5 针插座接步进电机，多针插座接显示板组件。

（4）通过指示灯可以了解空调器的运行

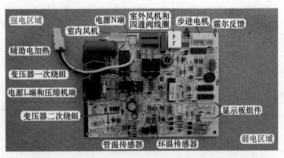

图 15-1　主板强电、弱电区域分布正面视图

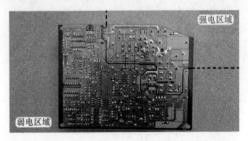

图 15-2　主板强电、弱电区域分布背面视图

状态，通过接收器则可以改变空调器的运行状态，两者都是 CPU 与外界通信的窗口，因此通常将指示灯、接收器、应急开关等设计在一块电路板上，称为显示板组件（也称为显示电路板）。

（5）应急开关是为在没有遥控器的情况下能够使用空调器，通常有两种设计方法：一是直接焊在主板上，二是与指示灯、接收器一起设计在显示板组件上面。

（6）空调器工作电源交流 220V 供电 L 端是通过压缩机继电器上的接线端子输入，而 N 端则是直接输入。

（7）室外机负载（压缩机、室外风机、四通阀线圈）均为交流 220V 供电，3 个负载共用 N 端，由电源插头通过室内机接线端子和室内外机连接线直接供给；每个负载的 L 端供电则是主板通过控制继电器触点闭合或断开完成。

二、主板常见插座汇总

插座特点根据壁挂式空调器室内机主板常见插座汇总，有些插座根据机型或有或无，具体说明见表 15-1。

表 15-1　　　　　　　　　　　　　　　　　常见主板插座汇总

插座 / 机型	PG电机插座	霍尔反馈插座	抽头电机插座	室外风机继电器、四通阀线圈继电器	辅助电加热继电器插座
单冷、室内风机为抽头电机（如KF-23GW）	无	无	有	无	无
单冷、室内风机为PG电机（如KF-23GW）	有	有	无	无	无
冷暖无辅电、室内风机为抽头电机（如KFR-23GW）	无	无	有	有	无
冷暖无辅电、室内风机为PG电机（如KFR-23GW）	有	有	无	有	无
冷暖有辅电、室内风机为抽头电机（KFR-23GW/D）	无	无	有	有	有
冷暖有辅电、室内风机为PG电机（如KFR-23GW/D）	有	有	无	有	有

（1）变频空调器（或室外机有电路板的定频空调器）室内机主板只有一个主控继电器，室外机主控继电器（或定频空调器中的压缩机继电器）、室外风机和四通阀线圈继电器均设计在室外机主板上。

（2）变压器一次绕组插座和二次绕组插座根据主板设计或有无：外接变压器的主板有，如果主板上自带变压器或使用开关电源则无。

三、主板插座设计特点

1. 主板交流 220V 供电和压缩机引线端子

压缩机继电器上方共有 2 个端子，见图 15-3 左图，一个接电源 L 端引线，一个接压缩机引线。

见图 15-3 右图，压缩机继电器上电源 L 端引线的端子下方焊点与保险管连接，

图 15-3　压缩机继电器接线端子

压缩机引线的端子下方焊点连接阻容元件（或焊点为空）。

见图 15-4，电源 N 端引线则是电源插头直接供给，主板上标有"N"标记。

2. 变压器一次绕组插座

2 针插座位于强电区域，见图 15-5，一针焊点经保险管连接电源 L 端，一针焊点连接电源 N 端。

3. 变压器二次绕组插座

2 针插座位于弱电区域，见图 15-6，也就是距离 4 个整流二极管（或硅桥）最近的插座，2 针焊点均连接整流二极管。

4. 传感器插座

环温和管温传感器 2 个插座均为 2 针，见图 15-7，位于主板弱电区域，2 个插座的其中一针连在一起接直流 5V 或地，另一针接分压电阻送至 CPU 引脚。

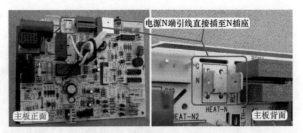

图 15-4　电源 N 端接线端子

图 15-5　变压器一次绕组插座

图 15-6　变压器二次绕组插座

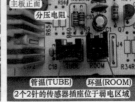

图 15-7　传感器插座

5. 步进电机插座

5 针插座位于弱电区域，见图 15-8，其中一针焊点接直流 12V 电压，另外 4 针焊点接反相驱动器输出侧引脚。

6. 显示板组件（接收器、指示灯）插座

见图 15-9，插座引针的数量根据机型不同而不同，位于弱电区域；插座的多数引针焊点接弱电电路，由 CPU 控制。

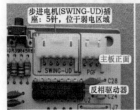

图 15-8　步进电机插座

图 15-9　显示板组件插座

注：部分空调器显示板组件插座的引针设计特点为除直流电源地和 5V 两个引针外，其余引针全部与 CPU 引脚相连。

7. 霍尔反馈插座

3 针插座位于弱电区域，见图 15-10，一针接直流 5V 电压，一针接地，一针为反馈，通过电阻接 CPU 引脚。

8. 室内风机（PG 电机）线圈供电插座

见图 15-11，3 针插座位于强电区域：一针接光耦晶闸管，一针接电容焊点，一针接电源 N 端和电容焊点。

9. 室外风机和四通阀线圈接线端子

位于强电区域，见图 15-12，2 个接线端子连接相对应的继电器触点。

注： 室外风机和四通阀线圈引线一端连接继电器触点（继电器型号相同），另一端接在室内机接线端子上，如果主板没有特别注明，区分比较困难，可以通过室内机外壳上电气接线图上标识判断。

10. 辅助电加热插头

2 根引线位于强电区域，见图 15-13，一根为白线通过继电器触点接电源 N 端，一根为黑线通过继电器触点和保险管接电源 L 端。

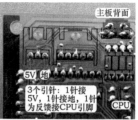

图 15-10　霍尔反馈插座

图 15-11　PG 电机插座

图 15-12　室外风机和四通阀线圈接线端子

图 15-13　辅助电加热插头

第 2 节　安装挂式空调器原装主板

安装原装主板是指判断或确定原机主板损坏，使用和原机相同的主板更换时需要操作的步骤。本节以格力 KFR-23GW/（23570）Aa-3 的 1P 挂式空调器为例，介绍室内机主板损坏时，需要更换相同型号主板的操作步骤。

一、主板和插头

图 15-14 左图为室内机主板主要插座和接线端子，由图可见，传感器、显示板组件插头等位于内侧，因此应优先安装这些插头，否则由于引线不够长不能安装至主板插座。

图 15-14 右图为室内机引线的插头，主要有室内风机、室外机负载引线、变压器插头、传感器插头等。

图 15-14　室内机主板插座和电控盒插头

二、安装步骤

1. 跳线帽

位于室内机主板弱电区域中，见图 15-15，跳线帽插座标识为 JUMP。由于新主板只配有跳线帽插座，不配跳线帽，更换主板时应首先将跳线帽从旧主板上拆下，并安装至 JUMP 插座。如果更换主板时忘记安装跳线帽，则安装完成后通电试机，将显示 C5 代码。

2. 环温和管温传感器

见图 15-16，环温传感器安装在室内机进风口位置，主板弱电区域中对应插座标识为 ROOM；管温传感器检测孔焊接在蒸发器管壁，主板弱电区域中对应插座标识为 TUBE。

见图 15-17，将环温传感器插头插在 ROOM 插座，将管温传感器插头插在 TUBE 插座。

说明

2 个传感器插头形状不一样，如果插反则安装不进去；并且目前新主板通常标配有环温和管温传感器，更换主板时不用安装插头，只需要将环温和管温传感器的探头安装在原位置即可。

3. 显示板组件

见图 15-18，本机显示板组件固定在前面板中间位置，共有 2 组插头；主板弱电区域相对应设有 2 组插座，标识为 DISP1 和 DISP2。

见图 15-19，将一组 6 芯引线的插头安装至主板 DISP1 插座，将另一组 7 芯引线的插头安装至 DISP2 插座；2 组插头引线数量不同，插头大小也不相同，如果插反不能安装。

4. 变压器

变压器共有 2 个插头，见图 15-20，大插头为一次绕组，插座位于强电区域，主板标识为 TR-IN；小插头为二次绕组，插座位于弱电区域，主板标识为 TR-OUT。

见图 15-21，将二次绕组小插头插在主板 TR-OUT 插座，将一次绕组大插头插在主板 TR-IN

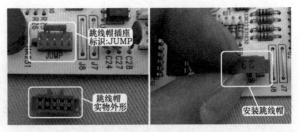

图 15-15　安装跳线帽

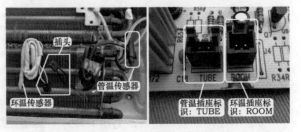

图 15-16　传感器和主板插座标识

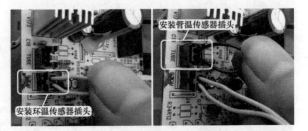

图 15-17　安装传感器插头

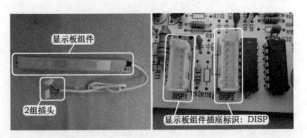

图 15-18　显示板组件和主板插座标识

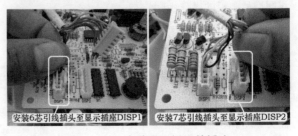

图 15-19　安装显示板组件插头

插座。

5. 电源输入引线

见图 15-22 左图，电源输入引线共有 3 根：棕线为相线 L、蓝线为零线 N、黄 / 绿线为地线，地线直接固定在地线端子，不用安装，安装主板只需要安装棕线 L 和蓝线 N。

见图 15-22 中图和右图，主板强电区域中压缩机继电器上方的 2 个端子，标有 AC-L 的端子对应为相线 L 输入、标有 COMP 的端子对应为压缩机引线；标有 N 的端子为零线 N 输入。

见图 15-23，将棕线插在压缩机继电器上方对应为 AC-L 的端子，为主板提供相线 L 供电；将蓝线插在 N 端子，为主板提供零线 N 供电。

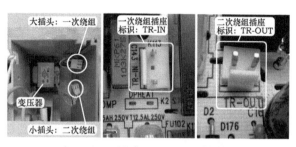

图 15-20　变压器和主板插座标识

图 15-21　安装变压器插头

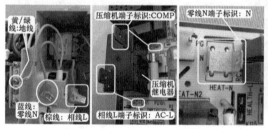

图 15-22　电源输入引线和主板端子标识

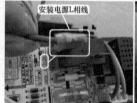

图 15-23　安装主板输入引线

6. 室外机引线

见图 15-24 左图，连接室外机电控系统的引线共使用 2 束 5 芯线。较粗的 1 束为 3 芯线：黑线为压缩机 COMP、蓝线为零线 N、黄 / 绿线为地线；较细的 1 束有 2 芯线：橙线为室外风机 OFAN、紫线为四通阀线圈 4V。

见图 15-24 右图，主板强电区域中，压缩机端子标识为 COMP，零线 N 端子标识为 N，室外风机端子标识为 OFAN，四通阀线圈端子标识为 4V。地线由于直接固定在地线端子，因此不用安装。

见图 15-25，将压缩机 COMP 黑线插在主板压缩机继电器对应为 COMP 的端子，将零线 N 蓝线插在主板 N 端子，和电源输入引线中零线 N 直接相通。

图 15-24　室外机引线和主板端子标识

图 15-25　安装压缩机引线和 N 零线

见图 15-26，将室外风机 OFAN 橙线插在主板 OFAN 端子，将四通阀线圈 4V 紫线插在主板 4V 端子。

7. PG 电机插头

PG 电机引线由电控盒下方引出，见图 15-27，共有 2 组插头，大插头为线圈供电，插座位于强电区域，主板标识为 PG；小插头为霍尔反馈，插座位于弱电区域，主板标识为 PGF。

见图 15-28 左图，将大插头线圈供电插在主板 PG 插座。见图 15-28 右图，将小插头霍尔反馈插在主板 PGF 插座。

8. 步进电机插头

步进电机插头共有 5 根引线，见图 15-29，插座位于弱电区域，主板标识为 SWING-UD；将步进电机插头插在主板 SWING-UD 插座。

9. 辅助电加热插头

辅助电加热引线由蒸发器右侧下方引出，见图 15-30 左图，共有 2 根较粗的引线，使用对接插头。

见图 15-30 中图，对接插头引线设在主板强电区域，标识为 HEAT-L 和 HEAT-N 端子，引出 2 根较粗的引线，并连接对接插头。

见图 15-30 右图，将辅助电加热引线和主板引线的对接插头安装到位。

10. 安装完成

见图 15-31，所有负载的引线或插头，均安装在主板相对应的端子或插座，至此，更换室内机主板的步骤已全部完成。

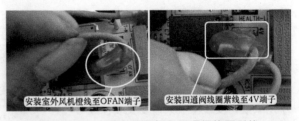

图 15-26 安装室外风机和四通阀线圈引线

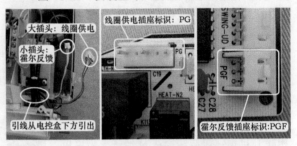

图 15-27 PG 电机和主板插座标识

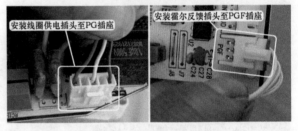

图 15-28 安装 PG 电机插头

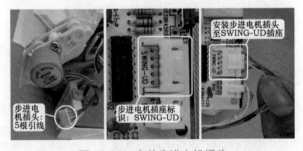

图 15-29 安装步进电机插头

图 15-30 安装辅助电加热对接插头

图 15-31 安装完成

第 3 节　安装柜式空调器原装主板

本节以格力 KFR-120LW/E（1253L）V-SN5 的 5P 柜式空调器为例，介绍室内机主板损坏时，需要更换相同型号主板的操作步骤。

一、主板外形和安装位置

图 15-32 左图为室内机主板主要插座和接线端子，图 15-32 右图为室内机引线的插头，主要有室内风机、室外机电控系统引线、变压器插头等。

图 15-32　室内机主板和引线插头

图 15-33 左图为室内机电控盒中主板安装位置，底座设有一块体积相近的大面积绝缘塑料板，在上、下、左、右的 4 个边框各设 2 个固定端子，用于固定主板。见图 15-33 右图，将室内机主板安装在电控盒对应位置。

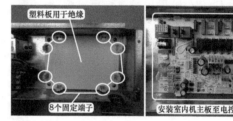

图 15-33　固定端子和安装室内机主板

二、安装步骤

1. 电源供电引线

室内机主板电源供电输入引线共有 2 根，见图 15-34，棕线为相线 L，取自室内机接线端子上 L1 相线；蓝线为零线 N，取自接线端子上 N 零线。

见图 15-35，室内机主板强电区域中，相线 L 输入端子标识为 CN-L，零线 N 输入端子标为 CN-N。辅助电加热继电器的端子上 L 引线也由输入引线一并提供，继电器相对应的端子标有 L。

图 15-34　电源供电引线

图 15-35　主板端子标识

见图 15-36，将棕线插在标有 CN-L 的端子，为主板提供相线 L 供电；将蓝线插在标有 CN-N 的端子，为主板提供零线 N 供电；并将相线 L 供电并联的 1 根引线，插在辅助电加热继电器对应为 L 的端子上。

2. 安装变压器插头

变压器共有 2 个插头，见图 15-37，大插头为一次绕组，插座位于强电区域，主板标识为 TR-1；小插头为二次绕组，插座位于主板弱电区域的整流二极管附近。

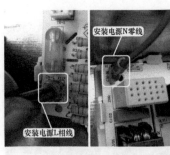

图 15-36 安装电源供电引线

图 15-37 变压器和主板插座标识

见图 15-38，将大插头一次绕组插在主板 TR-1 的插座上面，将小插头二次绕组插在整流二极管附近的插座。

3. 安装辅助电加热交流接触器线圈引线

本机辅助电加热功率较大，使用三相电源，见图 15-39，供电由交流接触器控制，线圈供电为交流 220V，零线端子由引线接在接线端子上 N 端，线圈相线端子由主板上的继电器供电，将相线端子引线插在主板标有"HEAT"对应的继电器端子，位于强电区域。

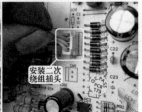

图 15-38 安装变压器插头

4. 室外机电控系统的 5 根引线

室内机主板连接室外机电控系统共有 5 根引线，见图 15-40 左图，其中黑线为压缩机 COMP，橙线为室外风机 OFAN，紫线为四通阀线圈 4V，黄线为高压保护 OVC，白线为低压保护 LPP。

室内机主板上强电区域中，见图 15-40 右图，压缩机端子标识为 COMP，室外风机高风端子标识为 OFAN-H，室外风机低风端子标识为 OFAN-L，四通阀线圈端子标识为 4V。

见图 15-41，将压缩机黑线插在主板标有 COMP 的端子，将四通阀线圈紫线插在主板标有 4V 的端子。

见图 15-42 左图，将室外风机橙线插在主板上标有 OFAN-H 的端子。

本机室外风机只有高风 1 挡转速，室内机主板输出高风和低风 2 挡风速，为保证室内机主板输出低风供电时室外风机能正常运行，见图 15-42 右图，设有 1 根短路线，将短路线插在主板标有 OFAN-L 的端子。

见图 15-43，室内机主板强电区域中高压保护端子标识为 OVC，将高压保护黄线安装至主板标有 OVC 的端子。

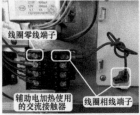

图 15-39 辅助电加热引线和安装插头

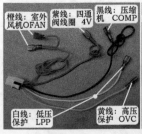
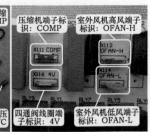

图 15-40 方形对接插头引线和主板标识

图 15-41 安装压缩机和四通阀线圈引线

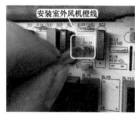

图 15-42　安装室外风机引线

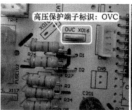
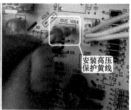

图 15-43　安装高压保护黄线

见图 15-44，室内机主板强电区域中低压保护端子标识为 LPP，将低压保护白线安装至主板标有 LPP 的端子。

5.显示板引线

显示板和室内机主板使用 1 束连接引线，由于引线较多（17 根），见图 15-45，共使用 2 组插座，室内机主板位于弱电区域的多针插座连接显示板引线。

图 15-44　安装低压保护白线

见图 15-46，将 1 个 8 线的插头和 1 个 9 线的插头插在室内机主板对应的插座，由于 2 个插头大小不相同，当插反时插不进去或留有 1 个空针。

图 15-45　显示板引线和主板插座

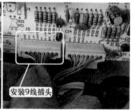

图 15-46　安装显示板引线

6.同步电机插头

见图 15-47，同步电机线圈共有 2 根引线，工作电压为交流 220V；室内机主板强电区域中同步电机端子（相线）标识为 SWING，标识为 N1-N2-N3-N4-N5 的端子，均与 CN-N 零线相通。

见图 15-48，将同步电机的白线安装至主板 N 端子（实接 N2）、红线安装至标有 SWING 的端子。说明：实际安装时两根引线不分反正。

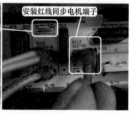

图 15-47　同步电机引线和主板端子标识

图 15-48　安装同步电机引线

室内风机的电容引线直接安装在电容上面，更换主板过程中不用拔下。

7. 室内风机插头

见图 15-49，室内风机使用 1 束 4 根引线的插头和主板连接，室内机主板强电区域中室内风机插座标识为"H-M-L"，将室内风机插头插在主板对应插座。

8. 更换完成

见图 15-50，所有负载的引线或插头，均安装在主板相对应的端子或插座，至此，更换室内机主板的步骤已全部完成。

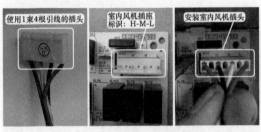

图 15-49　安装室内风机插头

图 15-50　更换完成

第 4 节　代换挂式空调器通用板

目前挂式空调器室内风机绝大部分使用 PG 电机，工作电压为交流 90 ～ 220V，如果主板损坏且配不到原装主板或修复不好，最好的方法是代换通用板。

目前挂式空调器的通用板按室内风机驱动方式分为两种：一种是使用继电器，对应安装在早期室内风机使用抽头电机的空调器；另一种是使用光耦＋晶闸管，对应安装在目前室内风机使用 PG 电机的空调器，这也是本节着重介绍的内容。

一、故障空调器简单介绍

本节以格力 KFR-23GW/（23570）Aa-3 挂式空调器为基础进行介绍。该机是目前最常见的电控系统设计类型，见图 15-51。室内风机使用 PG 电机，室内机主板为整机电控系统的控制中心；室外机未设电路板，电控系统只有简单的室外风机电容和压缩机电容；室内机和室外机的电控系统使用 5 芯连接线。

二、通用板设计特点

1. 实物外形

图 15-52 左图为某品牌的通用板套件，由通用板、变压器、遥控器、接线插座等组成，设有环温和管温 2 个传感器，显示

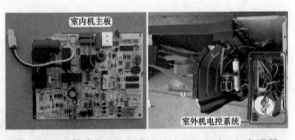

图 15-51　格力 KFR-23GW/（23570）Aa-3 空调器室内机主板和室外机电控系统

图 15-52　驱动 PG 电机的挂式空调器通用板

板组件设有接收器、应急开关按键、指示灯。从图 15-52 右图可以看出，室内风机驱动电路主要由光耦合晶闸管组成。通用板设计特点如下。

（1）外观小巧，基本上都能装在代换空调器的电控盒内。

（2）室内风机驱动电路由光耦＋晶闸管组成，和原机相同。

（3）自带遥控器、变压器、接线插，方便代换。

（4）自带环温和管温传感器且直接焊在通用板上面，无须担心插头插反。

（5）步进电机插座为 6 根引针，两端均为直流 12V。

（6）通用板上使用汉字标明接线端子作用，使代换过程更为简单。

2. 接线端子功能

通用板的主要接线端子见图 15-53：共设有电源相线 L 输入、电源零线 N 输入、变压器、室内风机、压缩机、四通阀线圈、室外风机、步进电机。另外显示板组件和传感器的引线均直接焊在通用板上，自带的室内风机电容容量为 1μF。

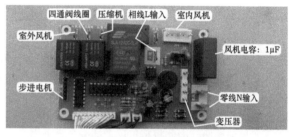

图 15-53　通用板接线端子

三、代换步骤

1. 拆除原机电控系统和保留引线

见图 15-54，拆除原机主板、变压器、环温和管温传感器，保留显示板组件。

2. 安装电源输入引线

见图 15-55，将电源 L 输入棕线插头插在通用板标有"火线"的端子，将电源 N 输入蓝线插头插在标有"零线"的端子。

3. 安装变压器

通用板配备的变压器只有 1 个插头，见图 15-56，即将一次绕组和二次绕组的引线固定在 1 个插头上面，为防止安装错误，在插头和通用板均设有空挡标识，安装错误时安装不进去。

将配备的变压器固定在原变压器位置，见图 15-57，并拧紧固定螺丝，再将插头插在通用板的变压器插座。

4. 安装室内风机（PG 电机）插头

（1）线圈供电插头引线与插座引针功能不对应

见图 15-58 左图，PG 电机线圈供电插头的引线顺序从左到右：1 号棕线为运行绕组 R、2 号白线为公共端 C、3 号红线为启动绕组 S；而通用板室内风机插座的引针顺序从左到右：1 号为公共端 C、2 号为

图 15-54　拆除原机主板

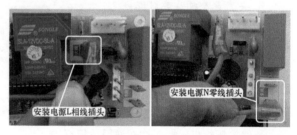

图 15-55　安装电源输入引线

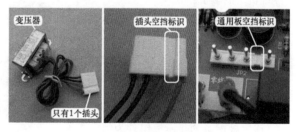

图 15-56　变压器和插头标识

运行绕组 R、3 号为启动绕组 S。从对比可以发现，PG 电机线圈供电插头的引线和通用板室内风机插座的引针功能不对应，应调整 PG 电机线圈供电插头的引线顺序。

线圈供电插头中引线取出方法：见图 15-58 右图，使用万用表表笔尖向下按压引线挡针，同时向外拉引线即可取下。

 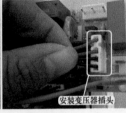  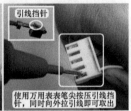

图 15-57　安装变压器插头　　　　图 15-58　室内风机插头引线和通用板引针功能不对应

（2）调整引线顺序并安装插头

将引线拉出后，再将引线按通用板插座的引针功能对应安装，见图 15-59，使调整后的插头引线和插座引针功能相对应，再将插头安装至通用板插座。

（3）霍尔反馈插头

室内风机还有 1 个霍尔反馈插头，见图 15-60，作用是输出代表转速的霍尔信号，但通用板未设霍尔反馈插座，因此将霍尔反馈插头舍弃不用。

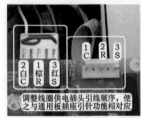   

图 15-59　安装 PG 电机线圈供电插头　　　　图 15-60　霍尔反馈插头不用安装

5. 安装室外机负载引线

连接室外机负载共有 2 束 5 根引线，较粗的一束有 3 根引线，其中的黄 / 绿色为地线，直接固定在地线端子，较细的一束有 2 根引线。

见图 15-61，3 束引线中的蓝线为 N 端零线，插头插在通用板标有"零线"的端子；黑线接压缩机，插头插在通用板标有"压缩机"的端子。

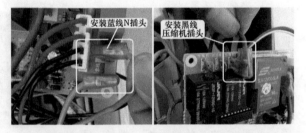

图 15-61　安装 N 零线和压缩机引线插头

见图 15-62，2 束引线中的紫线接四通阀线圈，插头插在通用板标有"四通阀"的端子；棕线接室外风机，插头插在通用板标有"外风机"的端子。

6. 焊接显示板组件引线

（1）显示板组件实物外形

通用板配备的显示板组件为组合式设计，见图 15-63 左图，装有接收器、应急

图 15-62　安装四通阀线圈和室外风机引线插头

开关按键、3 个指示灯，每个器件组成的小板均可以掰断单独安装。

原机显示板组件为一体化设计，见图 15-63 右图，装有接收器、6 个指示灯（其中 1 个为双色显示）、

2 位数码显示屏。因数码显示屏需要对应的电路驱动，所以使用通用板代换后无法使用。

（2）常用安装方法

常用有 2 种安装方法：一是使用通用板所配备的接收板、应急开关、指示灯，将其放到合适的位置即可；二是使用原机配备的显示板组件，方法是将通用板配备显示板组件的引线剪下，按作用焊在原机配备的显示板组件或连接引线。

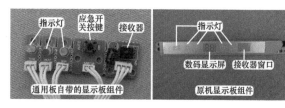

图 15-63　通用板和原机显示板组件

第 1 种方法比较简单，但由于需要对接收器重新开孔影响美观（或指示灯无法安装而不能查看）。安装时将接收器小板掰断，再将接收器对应固定在室内机的接收窗位置。安装指示灯时，将小板掰断，安装在室内机指示灯显示孔的对应位置，由于无法固定或只能简单固定，在安装室内机外壳时接收器或指示灯小板可能会移动，造成试机时接收器接收不到遥控器的信号，或看不清指示灯显示的状态。

第 2 种方法比较复杂，但对空调器整机美观没有影响，且指示灯也能正常显示。本节着重介绍第 2 种方法，安装步骤如下。

（3）焊接接收器引线

取下显示板组件外壳，查看连接引线插座，可见有 2 组插头，即 DISP1 和 DISP2，其中 DISP1 连接接收器和供电公共端等，DISP2 连接显示屏和指示灯。

见图 15-64 左图标识，可知 DISP1 插座上白线为地（GND）、黄线为 5V 电源（5V）、棕线为接收器信号输出（REC）、红线为显示屏和指示灯的供电公共端（COM），根据 DISP1 插座上的引线功能标识可辨别出另一端插头引线功能。

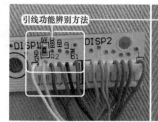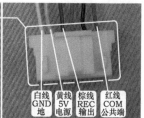

图 15-64　查看引线功能

掰断接收器的小板，见图 15-65 左图，分辨出引线的功能后剪断 3 根连接线。

将通用板接收器的 3 根引线，按对应功能并联焊接在原机显示板组件插头上接收器的 3 根引线，见图 15-65 右图，即白线（GND）、黄线（5V）、棕线（REC），试机正常后再使用防水胶布包扎焊点。

（4）焊接指示灯引线

原机显示板组件设有 6 个指示灯，并将正极连接一起为公共端，连接 DISP1 插座中 COM，为供电控制，指示灯负极接 CPU 驱动。通用板的显示板组件设有 3 个指示灯（运行、制热、定时），其负极连接

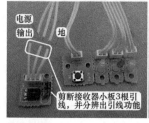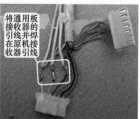

图 15-65　焊接接收器引线

在一起为公共端、连接直流电源地，正极接 CPU 驱动。公共端功能不同，如单独控制原机显示板组件的 3 个指示灯，则需要划断正极引线，但考虑到制热和定时指示灯实际意义不大，因此本例只使用原机显示板组件中的 1 个运行指示灯。

见图 15-66 左图，原机显示板组件 DISP1 引线插头中红线 COM 为正极公共端即供电控制，DISP2 引线插头中灰线接运行指示灯的负极。

见图 15-66 中图，找到通用板运行指示灯引线，分辨出引线功能后剪断。

见图 15-66 右图，将通用板运行指示灯引线，按对应功能并联焊接在原机显示板组件插头上运行指示灯引线：驱动引线接红线 COM（指示灯正极）、地引线接灰线（指示灯负极）。

（5）应急开关按键

由于原机的应急开关按键设计在主板上面，通用板配备的应急开关按键无法安装，考虑到此功能一般很少使用，所以将应急开关按键的小板直接放至室内机电控盒的空闲位置。

（6）焊接完成

至此，更改显示板组件的步骤完成。见图15-67，原机显示板组件的插头不再使用，通用板配备的接收器和指示灯也不再使用。将空调器通上电源，接收器应能接收遥控器发射的信号，开机后指示灯应能点亮。

7. 安装环温和管温传感器探头

环温和管温传感器插头直接焊在通用板上面无须安装，只需要将探头放至原位置即可。见图15-68，原环温传感器探头安装在室内机外壳上面，安装室内机外壳后才能放置探头；将管温传感器探头放至蒸发器的检测孔内。

8. 安装步进电机插头

因步进电机引线较短，所以将步进电机插头放到最后这个安装步骤。

（1）步进电机插头和通用板步进电机插座

见图15-69左图，步进电机插头共有5根引线：1号红线为公共端，2号橙线、3号黄线、4号粉线、5号蓝线共4根均为驱动引线。

通用板步进电机插座设有6个引针，见图15-69右图，其中左右2侧的引针直接相连，均为直流12V，中间的4个引针为驱动。

（2）安装插头

将步进电机插头插在通用板标有"摆风"的插座，见图15-70，通用板通上电源后，导风板应当自动复位即处于关闭状态。注意，一定要将1号公共端红线对应安装在直流12V引针。

（3）步进电机正反旋转方向转换方法

安装步进电机插头，见图15-71左图，公共端接右侧直流12V引针（左侧空闲），驱动顺序为5-4-3-2，假如上电试机导风板复位时为自动打开、开机后为自动关闭，说明步进电机为反方向运行。

此时应当反插头，见图15-71右图，使公共端接左侧直流12V引针（右侧空闲），即调整4根

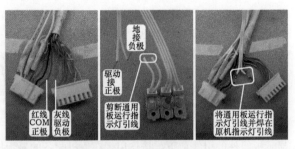

图 15-66　焊接指示灯引线

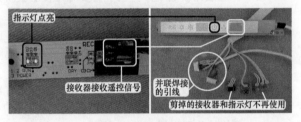

图 15-67　焊接完成

图 15-68　安装环温和管温传感器探头

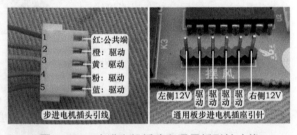

图 15-69　步进电机插头和通用板引针功能

图 15-70　安装步进电机插头

驱动引线的首尾顺序，驱动顺序改为 2-3-4-5，通用板再次上电导风板复位时就会自动关闭，开机后为自动打开。

9. 辅助电加热插头

因通用板未设计辅助电加热电路，所以辅助电加热插头空闲不用，相当于取消了辅助电加热功能，此为本例选用通用板的一个弊端。

10. 代换完成

至此，见图 15-72，通用板所有插座和接线端子均全部连接完成，顺好引线后将通用板安装至电控盒内，再次上电试机，空调器即可使用。

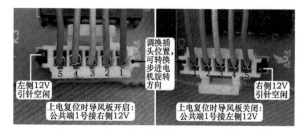

图 15-71　导风板运行方向调整方法

图 15-72　通用板代换完成

第 5 节　代换柜式空调器通用板

本节以美的 KFR-51LW/DY-GA（E5）柜式空调器为基础，详细介绍代换通用板的操作步骤。示例机型电控系统和目前柜式空调器设计原理基本相同，室内机均设有显示板和室内机主板，室外机未设电路板，因此代换其他品牌空调器通用板时可参考本节所示步骤。

一、故障空调器简单介绍

见图 15-73，室内机主板是整机电控系统的控制中心，包括 CPU 及弱电电路；显示板只是显示空调器的整机状态和接收遥控信号等。

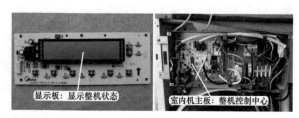

图 15-73　显示板和室内机主板

二、通用板设计特点

1. 实物外形

本例选用某品牌具有液晶显示、具备冷暖两用且带有辅助电加热控制的通用板组件，见图 15-74，主要部件有通用板（主板）、显示板、变压器、遥控器、接线插、双面胶等，特点如下。

（1）自带遥控器、变压器、接线插，方便代换。

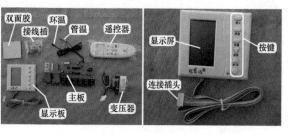

图 15-74　带液晶显示屏的柜式空调器通用板

（2）自带室内环温和室内管温传感器，并且直接焊在主板上面，无须担心插头插反。

（3）显示板设有全功能按键，即使不用遥控器，也能正常控制空调器，并且 LCD 显示屏可更清晰地显示运行状态。

（4）通用板上使用汉字标明接线端子的作用，使代换过程更为简单。

（5）通用板只设有 2 个电源零线 N 端子，如室内风机、室外机负载、同步电机使用的零线 N 端子，可由电源接线端子上 N 端子提供。

2. **通用板主要接线端子**（见图 15-75）

电源输入端子：2 个，相线 L 输入（火线）、零线 N 输入（零线）。

变压器插座：1 个，连接变压器。

显示板插座：1 个，连接显示板。

室内风机端子：3 个，高风（高）、中风（中）、低风（低）。

同步电机端子：1 个，即（摆风）端子。

辅助电加热端子：1 个，即（电加热）端子。

室外机负载：3 个，压缩机（压缩机）、室外风机（外风机）、四通阀线圈（四通阀）。

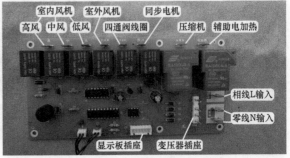

图 15-75　通用板接线端子

三、代换步骤

1. **拆除原机电控系统和保留引线**

见图 15-76 左图，取下原机电控系统中室内机主板、变压器、压缩机继电器、辅助电加热继电器、环温和管温传感器等器件。

见图 15-76 右图，需要保留的引线插头有室外机负载的 5 根引线、同步电机插头、室内风机插头、辅助电加热插头、主板供电引线等。

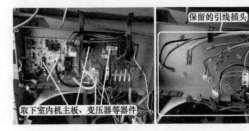

图 15-76　拆除的器件和保留的引线插头

2. **安装通用板**

由于通用板固定孔和原机主板固定端子不对应，见图 15-77，因此在通用板反面贴上双面胶，直接粘在原机主板的固定端子上面。

3. **安装电源供电引线**

见图 15-78，将原机的红线 L 相线安装至通用板火线端子，将黑线 N 零线安装至零线端子，为通用板提供交流 220V 电源。

4. **安装变压器**

将自带的变压器固定在原机位置，见图 15-79，由于原机变压器体积大，自带的变压器只能固定 1 个螺丝，拧紧螺丝后将插头安装至通用板的变压器插座。

5. **安装室内风机引线**

原机主板的室内风机使用插头，共有

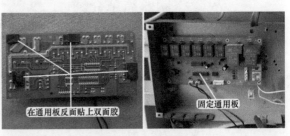

图 15-77　安装通用板

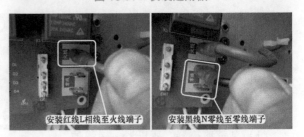

图 15-78　安装电源供电引线

3 根引线，见图 15-80 左图，作用分别为：黑线为公共端 C、灰线为高风 H、红线为低风 L。由此可见，本机室内风机共有高风和低风两挡风速。

见图 15-80 右图，通用板设有高风、中风、低风共 3 挡风速，为防止设定某一转速时室内风机停止运行，应使用引线短接其中的 2 个端子作为 1 路输出，才能避免此种故障。

通用板使用接线端子连接引线，因此应剪去室内风机插头，并将引线接上接线插，才能连接通用板。

图 15-79　安装变压器

翻转至通用板反面，见图 15-81 左图，使用 1 根较短的引线，两端焊在中风和低风的接线端子，即短接中风和低风端子，此时无论通用板输出中风或低风控制电压，室内风机均在运行且恒定在 1 个转速。

见图 15-81 右图，将室内风机的公共端黑线制成接线插，安装至通用板空闲的零线端子，为室内风机提供零线 N 电源。

图 15-80　室内风机插头和通用板 3 挡风速

将室内风机插头上的另外 2 根引线也制成接线插，见图 15-82，将高风 H 灰线安装至通用板标有"高"的端子、低风 L 红线安装至通用板标有"低"的端子。中风端子由于和低风端子短接，因此空闲不用安装引线。

6. 辅助电加热引线

辅助电加热功率较大，引线通过的电流也较大，通常使用较粗的引线或在外面包裹一层耐热护套，2 根引线比较容易分辨。

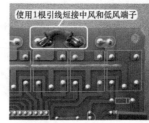

图 15-81　短接中 - 低风端子和安装黑线 N 端

见图 15-83，将黑线安装至接线端子上 2（N）端子，另外 1 根红线安装至通用板标有"电加热"的端子。

7. 同步电机引线

本机同步电机使用插头连接，见图 15-84 左图，共有 2 根引线，供电电压为交流 220V，而通用板使用接线端子连接引线，因此应剪去同步电机插头，并将引线接上接线插，才能连接至通用板。

图 15-82　安装高 - 低速引线

见图 15-84 中图和右图，因通用板和接线端子均没有多余的 N 端插头，因此将其中的黑线剥开适应的长度，使用十字螺丝刀固定在接线端子上 2（N）端子，将白线安装至通用板标有"摆风"的端子。这里需要说明的是，2 根引线不分反正，可任意连接"零线"或"摆风"端子。

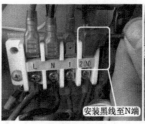

图 15-83　安装辅助电加热引线

8. 安装室外机负载引线

室内外机负载使用 2 束引线共有 5 根，其中一根黄 / 绿色为地线直接连接至电控盒铁皮、一

根黑线为公用零线已连接至接线端子上 2
（N）端子（见图 15-85 左图）、一根红线
为压缩机、一根白线为室外风机、1 根蓝
线为四通阀线圈。

见图 15-85 右图，将压缩机红线安装
至通用板标有"压缩机"的端子。

见图 15-86，将室外风机白线安装至
通用板标有"外风机"的端子、将四通阀
线圈蓝线安装至通用板标有"四通阀"的
端子。

9．安装环温和管温传感器探头

见图 15-87，将通用板自带的室内环
温传感器探头安装在原机位置，即离心风
扇的进风口罩圈上；将自带的管温传感
器探头安装在原机位置，即位于蒸发器的
检测孔内。

10．安装显示板

取下原机的显示板组件，见图 15-88，
将自带显示板的引线穿过前面板，再使用
通用板套件自带的双面胶，一面粘住显示
板反面、另一面粘在原机的显示窗口合适
位置，即可固定显示板，并将显示板引线
插头插在通用板的插座上面。

11．代换完成

至此，见图 15-89 左图，室内机和室
外机的负载引线已全部连接，即代换通用
板的步骤也已结束。

按压显示板上"开 / 关"按键，见图
15-89 右图，室内风机开始运行，转换"模
式"至制冷，当设定温度低于房间温度，
压缩机和室外风机开始运行，空调器制冷
也恢复正常。

图 15-84　安装同步电机引线

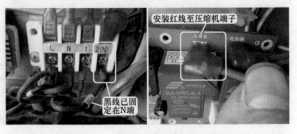

图 15-85　N 端引线和安装压缩机引线

图 15-86　安装室外风机和四通阀线圈引线

图 15-87　安装环温和管温传感器

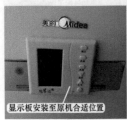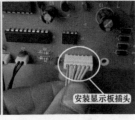

图 15-88　安装显示板

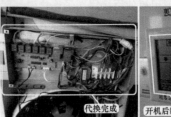

图 15-89　代换完成和开机

第 ⑯ 章
定频空调器常见故障

一、变压器损坏

故障说明：某型号挂式空调器，用户反映上电无反应。

1.扳动导风板至中间位置上电试机

用手将导风板扳到中间位置，见图 16-1，再将空调器通上电源，上电后导风板不能自动复位，判断空调器或电源插座有故障。

2.测量插座电压和插头阻值

使用万用表交流电压挡，见图 16-2 左图，测量电源插座电压为交流 220V，说明电源供电正常，故障在空调器。

使用万用表电阻挡，见图 16-2 右图，测量电源插头 L-N 阻值，实测为无穷大，而正常值约 500Ω，确定故障在室内机。

3.测量保险管和一次绕组阻值

使用万用表电阻挡，见图 16-3，测量 3.15A 保险管 FU101 阻值为 0Ω，说明保险管正常；测量变压器一次绕组阻值，实测为无穷大，说明变压器一次绕组开路损坏。

维修措施：见图 16-4，更换变压器。更换后上电试机，将电源插头插入电源，蜂鸣器响一声后导风板自动关闭，使用遥控器开启，空调器制冷恢复正常。

二、更换主板后压缩机继电器端子引线插反

用手将导风板扳到中间位置　上电后导风板不能自动关闭

图 16-1　将导风板扳到中间位置后上电试机

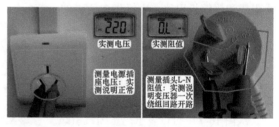

实测电压　实测阻值

测量电源插座电压：实测说明正常　测量插头 L-N 阻值：实测说明变压器一次绕组回路开路

图 16-2　测量插座电压和电源插头阻值

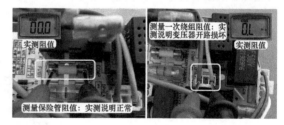

实测阻值　测量一次绕组阻值：实测说明变压器开路损坏　实测阻值

测量保险管阻值：实测说明正常

图 16-3　测量保险管和一次绕组阻值

故障说明：科龙 KFR-26GW/N2F 空调器因主板损坏，更换主板后上电试机整机不工作，导风板不能自动复位，测量插座交流 220V 电压正常。

1. 测量变压器一次绕组阻值

使用万用表电阻挡，见图 16-5 左图，测量电源插头 L-N 阻值，实测结果为无穷大，说明变压器一次绕组回路有故障。

取下室内机外壳，目测室内机主板上保险管正常，为区分故障部位，依旧使用万用表电阻挡，见图 16-5 右图，测量变压器一次绕组插头阻值，实测结果为 488Ω，说明变压器一次绕组正常。

2. 测量电源插头 L、N 端子在主板上的引线阻值

使用万用表电阻挡，见图 16-6，目的是为了判断电源线是否正常。电源线正常时阻值为 0Ω；如阻值为无穷大，说明电源线损坏。本例实测结果说明电源线正常。

说明

插头 N 端对应引线为蓝线，L 端对应引线为棕线。

3. 测量压缩机继电器两个端子引线与保险管阻值

压缩机两个端子的引线分别为电源 L 引线和压缩机引线，主板供电所需的电源相线（L 线）就是由压缩机继电器端子上引入的。使用万用表电阻挡测量时，电源 L 引线与保险管之间阻值应为 0Ω，压缩机引线与保险管之间阻值应为无穷大。

从图 16-7 中可以看出，压缩机引线与电源 L 引线在压缩机继电器端子上位置插反。

维修措施：互调压缩机继电器上压缩机引线与电源 L 棕线的位置，见图 16-8，再次测量电源插头 L、N 阻值，为 589Ω（新增加的约 100Ω 为 PTC 电阻阻值），在正常范围内。

三、接收器受潮

故障说明：某型号挂式空调器，遥控器不起作用，使用手机摄像功能检查遥控器正常，按压应急开关按键，按"自动模式"运行，说

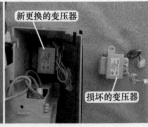

图 16-4　更换变压器

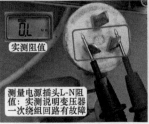
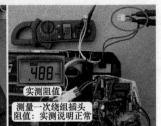

图 16-5　测量变压器一次绕组阻值

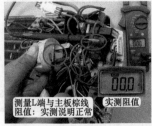
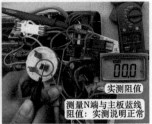

图 16-6　测量电源插头 L、N 端子在主板上的接线端子阻值

图 16-7　测量压缩机两个端子与保险管之间阻值

图 16-8　调整电源 L 棕线位置和正常插头的阻值

明室内机主板电路基本工作正常，判断故障在接收器电路。

1. 测量接收器（输出）信号和供电（电源）引脚电压

使用万用表直流电压挡，见图 16-9 左图，黑表笔接接收器地引脚（或表面铁壳）、红表笔接信号引脚测量电压，实测电压约 3.5V，而正常电压约 5V，确定接收器电路有故障。

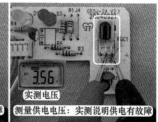

图 16-9　测量接收器信号和供电引脚电压

红表笔接供电（电源）引脚测量电压，见图 16-9 右图，实测电压约 3.5V，和信号引脚电压基本相等，常见原因有两个，一是 5V 供电电路有故障，二是接收器漏电。

2. 测量 5V 供电电路

接收器供电引脚通过限流电阻 R3 接直流 5V，见图 16-10 左图，黑表笔接地（铁壳）、红表笔接电阻 R3 上端，实测电压为直流 5V，说明 5V 电压正常。

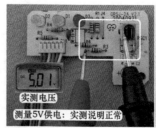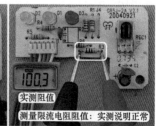

图 16-10　测量 5V 电压和限流电阻阻值

断开空调器电源，见图 16-10 右图，使用万用表电阻挡测量 R3 阻值，实测为 100Ω，和标注阻值相同，说明电阻 R3 阻值正常，为接收器受潮漏电故障。

3. 加热接收器

使用电吹风热风挡，见图 16-11，风口直吹接收器约 1min，当手摸接收器表面烫手时不再加热，约 2min 后接收器表面温度下降，再将空调器通上电源，使用万用表直流电压挡，再次测量供电引脚电压为 4.8V，信号引脚电压为 5V，说明接收器恢复正常，按压遥控器按键，蜂鸣器响一声后，空调器按遥控器命令开始工作，不接收遥控信号故障排除。

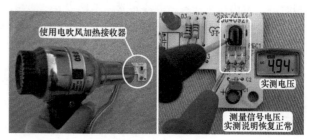

图 16-11　加热接收器

维修措施：使用电吹风加热接收器。如果加热后依旧不能接收遥控器信号，需更换接收器或显示板组件。更换接收器后最好使用绝缘胶涂抹引脚，使之与空气绝缘，可降低此类故障的比例。

四、接收器损坏

故障说明：海信 KFR-2601GW/BP 挂式交流变频空调器，将电源插头插入电源，导风板自动关闭，使用遥控器开机时，室内机没有反应。

1. 按压应急开关按键开机

按压显示板组件上应急开关按键，见图 16-12 左图，导风板自动打开，室内风机运行，制冷正常，判断故障为遥控器损坏或接收器损坏。

打开手机的摄像功能，见图 16-12 右图，并将遥控器发射头对准手机的摄像头，按压遥控器开关按键，在手机屏

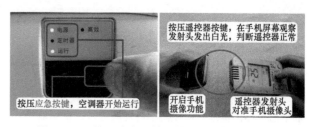

图 16-12　按压应急按键和使用手机检测遥控器

幕上能观察到遥控器发射头发出的白光，说明遥控器正常，判断故障在接收器电路。

2. 测量接收器电压

使用万用表直流电压挡，见图 16-13 左图，黑表笔接地（GND），红表笔接电源引脚（VCC），测量供电电压，正常电压为直流 5V，实测为直流 5V，说明供电电压正常。

红表笔接信号引脚（输出 OUT），见图 16-13 右图，测量信号引脚电压，在静态即不接收遥控信号时电压应接近供电电压 5V，而实测为直流 3V，初步判断接收器出现故障。

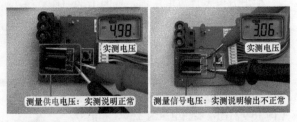

图 16-13　测量接收器供电电压和信号引脚电压

3. 动态测量接收器信号引脚电压

按压遥控器开关按键，见图 16-14 左图，遥控器发射信号，即动态测量接收器信号引脚电压，接收器接收信号同时应有电压下降过程，而实测电压不变，一直恒定为直流 3V，确定接收器损坏。

维修措施：本机接收器型号为 0038，见图 16-14 右图，更换后按压遥控器"开关"按键，室内机主板蜂鸣器响一声后，导风板打开，室内风机运行，制冷正常，不接收遥控信号故障排除。

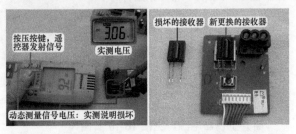

图 16-14　动态测量接收器信号引脚电压和更换接收器

更换后使用万用表直流电压挡，见图 16-15，测量接收器信号引脚电压，静态电压为直流 5V，在按压遥控器按键即接收器接收信号时电压下降至直流 3V，然后迅速上升至直流 5V。

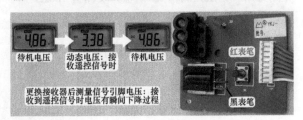

图 16-15　正常接收器信号引脚动态电压

五、按键开关漏电，自动开关机

故障说明：格力 KFR-50GW/K（50513）B-N4 挂式空调器，通上电源一段时间以后，见图 16-16，在不使用遥控器的情况下，蜂鸣器响一声，空调器自动启动，显示板组件上显示设定温度为 25℃，室内风机运行；约 30s 后蜂鸣器响一声，显示板组件显示窗熄灭，空调器自动关机，但 20s 后，蜂鸣器再次响一声，显示窗显示为 25℃，空调器又处于开机状态。如果不拔下空调器的电源插头，将反复进行开机和关机操作，同时空调器不制冷。有时由于频繁地开机和关机，压缩机也频繁地启

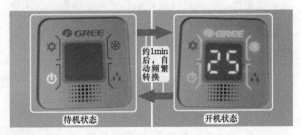

图 16-16　故障现象

动，引起电流过大，自动开机后会显示"E5（低电压过电流故障）"的代码。

1. 测量应急开关按键引线电压

空调器开关机有两种控制程序，一是使用遥控器控制，二是主板应急开关电路。本例维修时取下遥控器的电池，遥控器不再发送信号，空调器仍然自动开关机，排除遥控器引起的故障，应检查应急开关电路。见图 16-17 左图，本机应急开关按键安装在显示板组件，通过引线（代号 key）连

接至室内机主板。

使用万用表直流电压挡，见图 16-17 右图，黑表笔接显示板组件 DISP1 插座上 GND（地）引针、红表笔接 DISP2 插座上 key（连接应急开关按键）引针，正常电压在未按压应急开关按键时应为稳定的直流 5V，而实测电压为 1.3～2.5V 跳动变化，说明应急开关电路有漏电故障。

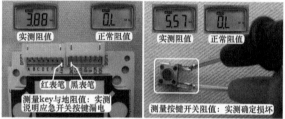

图 16-17　测量按键引线电压

2. 测量应急开关按键引脚阻值

为判断故障是显示板组件上的按键损坏还是室内机主板上的瓷片电容损坏，拔下室内机主板和显示板组件的 2 束连接线插头，见图 16-18 左图，使用万用表电阻挡测量显示板组件 GND 与 key 引针阻值，正常时未按下按键时阻值应为无穷大，而实测约为 4kΩ，初步判断应急开关按键损坏。

为准确判断，使用烙铁焊下按键，见图 16-18 右图，使用万用表电阻挡单独测量按键开关引脚，正常值应为无穷大，而实测约为 5kΩ，确定按键开关漏电损坏。

维修措施：更换应急开关按键或显示板组件。

应急措施：如果暂时没有应急开关按键更换，而用户又着急使用空调器，有两种方法。一是直接取下应急开关按键不用安装，这样对空调器没有影响，只是少了应急开机和关机的功能，但使用遥控器可正常控制，见图 16-19 左图。二是取下室内机主板与显示板组件连接线中 key 引线，并使用胶布包好做好绝缘，也相当于取下了应急开关按键，见图 16-19 右图。

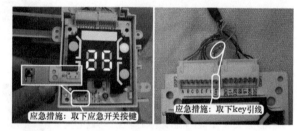

图 16-18　测量按键阻值

图 16-19　应急维修措施

> 应急开关按键漏电损坏，引起自动开关机故障，在维修中所占比例很大，此故障通常由应急开关按键漏电引起，维修时可直接更换试机。

六、管温传感器损坏，室外机不工作

故障说明：海信 KFR-25GW 空调器，遥控器开机后室内风机运行，但压缩机和室外风机均不运行，显示板组件上的"运行"指示灯也不亮。在室内机接线端子上测量压缩机与室外风机电压为交流 0V，说明室内机主板未输出供电。根据开机后"运行"指示灯不亮，说明输入部分电路出现故障，CPU 检测后未向继电器电路输出控制电压，因此应首先检查传感器电路。

1. 测量环温和管温传感器插座分压点电压

使用万用表直流电压挡，见图 16-20，将黑表笔接地（本例实接复位集成块 34064 地脚），红表笔接插座分压点，测量电压（此时房间温度约 25℃），两个插座的电压值均应接近 2.5V，实测结果说明环温传感器电路正常，应重点检查管温传感器电路。

2. 测量管温传感器阻值

断电并将管温传感器从蒸发器检测孔抽出（防止蒸发器温度影响测量结果），等待一定的时间，见图 16-21，使传感器表面温度接近房间温度，再使用万用表电阻挡测量插头两端，正常阻值应接近 5kΩ，实测结果说明管温传感器阻值变小损坏。

说明

本例空调器传感器使用型号为 25℃ /5kΩ。

维修措施：更换管温传感器，见图 16-22，更换后上电测量管温传感器分压点电压为直流 2.5V，和环温传感器相同，遥控器开机后，显示板组件上的"电源"、"运行"指示灯亮，室外风机和压缩机运行，空调器制冷恢复正常。

应急措施：在夏季维修时，如果暂时没有配件更换，而用户又十分着急使用，见图 16-23，可以将环温与管温传感器插头互换，并将环温传感器探头插在蒸发器内部，管温传感器探头放在检测温度的支架上。开机后空调器能应急制冷，但没有温度自动控制功能（即空调器不停机一直运行），应告知用户待房间温度下降到一定值后使用遥控器关机。

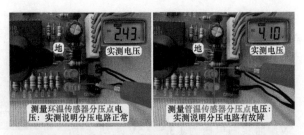

图 16-20　测量环温和管温传感器插座分压点电压

图 16-21　测量管温传感器阻值

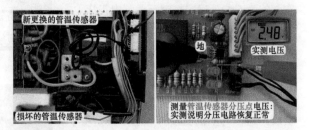

图 16-22　更换管温传感器后测量分压点电压

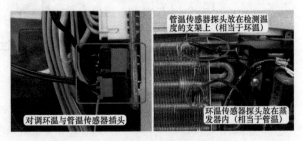

图 16-23　对调环温与管温传感器插头

七、继电器触点损坏

故障说明：海信 KFR-50LW/A 柜式空调器，用户反映室内风机低风不能运行，中风和高风运行正常。

1. 将主板带回维修

上门检查，按压开关按键制冷模式开机，压缩机和室外风机运行，室内风机在高风或中风运行时转速正常，同时制冷也正常，但转到低风运行时，室内风机停止运行，同时可看到蒸发器慢慢结霜，说明压缩机和室外风机在运行，但由于蒸发器冷量不能及时吹出导致结霜，说明故障在室内机主板或室内风机。

取下电控盒盖板，使用万用表交流电压挡，在显示屏显示低风运行时，测量室内风机低风抽头供电约为交流 0V，说明故障在室内机主板，低风运行时不能为室内风机提供电压，需要更换主板，但由于机型太老同型号主板厂家不再提供，与用户商定后决定将主板带回维修，见图 16-24，带回维修时需要拆回原机主板、显示板（可控制室内机主板）、变压器（为主板供电）、3 个传感

器（防止检修时出现故障代码，可取下室
内环温传感器，室内管温和室外管温传感
器使用配件代替），再使用电源插头为主
板提供电源。

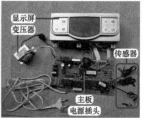

图 16-24　损坏的主板和带回的配件

2. 测量室内风机电压

将电源插头插入电源，显示板和主板
处于待机状态，使用按键开机，选择制冷
模式，按压"风速"按键转换风速至高风，
见图 16-25，能听到继电器触点吸合的声
音，使用万用表交流电压挡，黑表笔接室
内风机插座上标识 N 对应引针，红表笔接
H（高风）对应引针，测量室内风机高风电
压，实测约为交流 220V，说明高风对应继
电器电路正常。

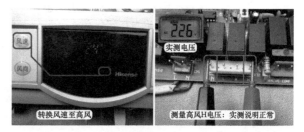

图 16-25　转换至高风和测量高风电压

按压"风速"按键，转换风速至中风
运行，此时仍能听到继电器触点声音，见
图 16-26 左图，黑表笔接 N 端引针不动，
红表笔改接 M（中风）对应引针，测量中
风电压，实测电压约为交流 220V，说明中
风对应继电器电路正常。

按压"风速"按键，转换风速至低风
运行，此时能听到继电器触点声音，见图
16-26 右图，黑表笔接 N 端引针不动，红
表笔改接 L（低风）对应引针，测量低风电
压，实测电压约为交流 0V，说明低风对应

图 16-26　测量中风和低风电压

继电器电路损坏，故障可能为继电器线圈开路或触点锈蚀、反相驱动器 2003 不能反相输出、CPU
低风引脚未输出高电平 5V 电压。

3. 测量继电器线圈电压

将主板翻到反面，查看到继电器共有 4 个引脚，强电和弱电各 2 个，强电触点中 1 个接电源
相线 L、1 个接室内风机低风抽头 L；弱电线圈中 1 个接直流电压 12V、1 个接反相驱动器输出端。

使用万用表直流电压挡测量继电器线圈 2 端电压，见图 16-27 左图，红表笔接直流 12V、黑
表笔接驱动，实测电压为直流 15.5V，说明 CPU 已输出电压且反相驱动器已反相驱动并加至继电
器线圈引脚，但其触点未闭合，判断继电器损坏。

为准确判断反相驱动器输出端是否输出低电平电压，见图 16-27 右图，将黑表笔接主板标有
GND 引针即地脚、红表笔接线圈驱动引脚测量电压，实测电压约为 0.7V，也说明反相驱动器已输
出低电平，故障在继电器。

　　本机未使用 7812 稳压块，因此测量继电器线圈电压为直流 15.5V，如使用 7812 稳压块，
线圈电压为直流 11.2V。

4. 测量继电器线圈阻值

为判断继电器是线圈开路损坏还是触点锈蚀损坏，断开主板电源，使用万用表电阻挡，见图

16-28，红、黑表笔接继电器线圈引脚，实测阻值为361Ω，说明继电器线圈正常，为触点锈蚀损坏，继电器主要参数为线圈供电为直流12V、触点电流为5A，找到同型号继电器准备更换。

维修措施：见图16-29，更换同型号继电器。更换后按压按键再次制冷开机，并将风速转换至低风，使用万用表交流电压挡，测量室内风机插座N和L引针电压为交流220V，说明低风抽头电压已恢复正常，将主板、显示板、传感器、变压器等安装至室内机试机，室内风机低风运行正常，故障排除。

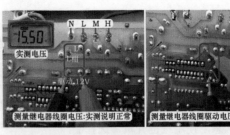

图 16-27　测量线圈电压和驱动电压

图 16-28　测量阻值和继电器损坏

八、步进电机线圈开路，导风板不能运行

故障说明：美的KFR-26GW/I1Y挂式空调器，上电后导风板不能自动关闭，在运行的时间内导风板一直在颤抖，并发出连续"哒、哒"的声音。

1. 测量步进电机供电电压

导风板由步进电机驱动。步进电机共有5根引线，见图16-30左图，1根为直流12V电源供电引线（本例为红线），4根为驱动引线（分别为橙、黄、粉、蓝）。

使用万用表直流电压挡，见图16-30右图，黑表笔接地（实接7812散热片），红表笔接红线，测量供电电压，正常值为直流12V，实测电压说明供电正常。

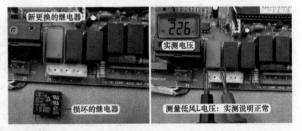

图 16-29　更换继电器和测量低风电压

图 16-30　测量步进电机供电电压

说明

空调器所有的步进电机工作原理相同，均为5根引线，只是不同的空调器插头大小、引线颜色、体积、外观、固定方式、线圈阻值不同。

2. 测量工作电压

将电源插头拔下等1min后再插上，CPU复位后控制步进电机关闭导风板，此时使用万用表直流电压挡，见图16-31，将黑表笔接地，红表笔接4个驱动引线测量电压，正常值为8V左右的跳变电压，一定时间后CPU停止控制步进电机，电压上升至稳定的供电电压（为直流12V），实测橙、黄、粉3根引线的端子电压符合规律，而蓝线电压在1.5V左右跳变，CPU停止控制时稳定在2V左右，初步判断蓝线出现故障。

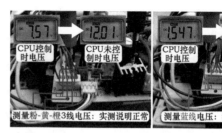

图 16-31 测量步进电机驱动引线电压

3. 测量线圈阻值

断开空调器电源并拔下步进电机插头，使用万用表电阻挡，见图 16-32，测量线圈阻值，公共端红线与 4 根驱动引线正常阻值为 120Ω，4 根驱动引线之间正常阻值为 240Ω，实测红线与橙、黄、粉 3 根引线的阻值正常，红线与蓝线的阻值为无穷大，确定步进电机内部线圈损坏。

图 16-32 测量步进电机线圈阻值

维修措施：更换步进电机，见图 16-33，更换后将空调器通上电源，导风板自动关闭，使用遥控器开机，导风板自动打开，故障排除。

九、加长连接线接头烧断

故障说明：格力 KFR-72LW/NhBa-3 柜式空调器，用户反映刚安装时制冷正常，

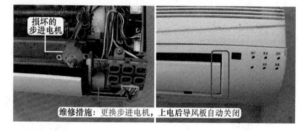

图 16-33 更换步进电机后导风板关闭

使有一段时间以后，通上电源即显示 E1 代码，同时不能开机。E1 代码含义为制冷系统高压保护。

1. 测量高压保护黄线电压

为区分故障范围，在室内机接线端子处使用万用表交流电压挡，见图 16-34 左图，红表笔接 L 端子相线、黑表笔接方形对接插头中高压保护黄线测量电压，正常为交流 220V，实测为交流 0V，说明室内机正常，故障在室外机。

断开空调器电源，使用万用表电阻挡，见图 16-34 右图，测量 L 端相线和黄线阻值，由于 3P 单相柜机中室外机只有高压压力开关，测量阻值应为 0Ω，而实测阻值为无穷大，也说明故障在室外机。

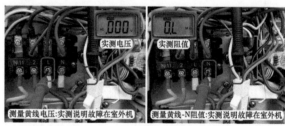

图 16-34 测量室内机黄线电压和黄线 -N 阻值

2. 测量室外机黄线电压和阻值

到室外机检查，在接线端子处使用万用表电阻挡，见图 16-35 左图，红表笔接 N（1）端子零线、黑表笔接方形对接插头中高压保护黄线测量阻值，实测阻值为 0Ω，说明高压压力开关正常。

再将空调器通上电源，使用万用表交流电压挡，见图 16-35 右图，红表笔改接 2 号端子相线、黑表笔接黄线，实测电压仍为 0V，该结果也说明故障在室外机。

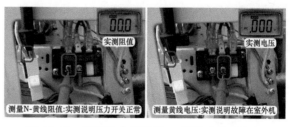

图 16-35 测量室外机黄线 -N 阻值和黄线电压

3. 测量室外机和室内机接线端子电压

由于室外机只设有高压压力开关且测量阻值正常，而输出电压（黄线 - 两相线）为交流 0V，应测量压力开关输入电压即接线端子上 N（1）零线和两相线，使用万用表交流电压挡，见图 16-36 左图，实测电压为 0V，说明室外机没有电源电压输入。

室外机 N（1）和 2 端子由连接线与室内机 N（1）和 2 端子相连，见图 16-36 右图，测量室内机 N（1）和 2 端子电压，实测为交流 221V，说明室内机已输出电压，应检查电源连接线。

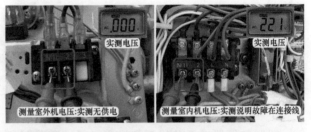

图 16-36　测量室外机和室内机接线端子电压

4. 检查加长连接线接头

本机室内机和室外机距离较远，加长约 3m 管道，同时也加长了连接线，检查加长连接线接头时，发现连接管道有烧黑的痕迹，见图 16-37 左图，判断加长连接线接头烧断。

见图 16-37 右图，断开空调器电源，剥开包扎带，发现 3 芯连接线中 L 和 N 线接头烧断，地线正常。

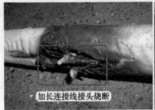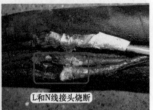

图 16-37　查看加长连接线接头

5. 连接加长线接头

见图 16-38，剪掉烧断的接头，将 3 根引线 L、N、地的接头分段连接，尤

图 16-38　分段连接和包扎接头

其是 L 和 N 的接头更要分开，并使用防水胶布包好，再次上电试机，开机后室内机和室外机均开始运行，不再显示"E1"代码，制冷恢复正常。

维修措施：重接分段连接加长线中电源线 L、N、地接头。

> 由于单相 3P 柜式空调器运行电流较大（约 12A），接头发热量较大，而原机 L、N、地接头处于同一位置，空调器运行一段时间后，L 和 N 接头的绝缘烧坏，L 线和 N 线短路，造成接头处烧断，而高压保护电压路 OVC 黄线由室外机 N 端供电，所以高压保护电路中断，从而引发本例故障。

十、加长连接线使用铝线，室外机不运行

故障说明：某型号挂式空调器，用户反映购买时使用正常，后来因搬家移机，加长了连接管道，当时制冷也正常，使用一夏天后第 2 年开机时室外机不运行，同时因室外机放在门口，不慎将管道握瘪，要求上门处理。

1. 测量压缩机供电电压

上门检查，查看连接管道在室外机二通阀和三通阀处已经握瘪，由于需要收氟，应当先使压

缩机运行，使用遥控器制冷模式开机，室外风机和压缩机均不运行。

使用万用表交流电压挡，见图 16-39 左图，测量室外机接线端子处压缩机和室外风机电压均为交流 0V，判断室内机主板未输出供电。

到室内机检查，见图 16-39 右图，测量室内机主板压缩机和室外风机端子上电压均为交流 220V，说明室内机主板已输出供电。

2. 测量压缩机阻值

断开空调器电源，见图 16-40 左图，使用万用表电阻挡，测量室内机主板 N 与压缩机端子阻值，实测阻值为无穷大。

见图 16-40 右图，到室外机接线端子测量 N 与 2 号端子阻值约 4Ω，说明压缩机线圈阻值正常。

3. 短接加长连接线

见图 16-41 左图，查看此机加长约 2m 的连接管线，剥开包扎带，观察到如使用原机配线也可以连接至室外机接线端子。

见图 16-41 右图，经短路连接后再次上电试机，室外风机和压缩机均开始运行，从而确定故障为加长的连接线。

4. 铝芯连接线

见图 16-42，查看加长连接线使用 1 束 3 芯和 1 束 2 芯的引线，从外观看线径和护套均较粗，但仔细查看线丝为铝芯，即俗称的铝线，查看铝线接头时发现已经粉化，用手一捏即变成粉末状。

维修措施：见图 16-43 左图，使用铜芯线更换加长连接线，更换后上电开机，压缩机与室外风机均开始运行，收氟后割掉捏瘪的粗管和细管，并重新扩口安装二通阀和三通阀螺母，排空后开机加氟试机制冷恢复正常。

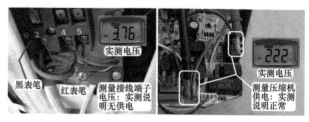

图 16-39　测量压缩机供电

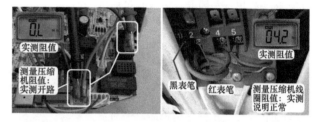

图 16-40　测量压缩机阻值

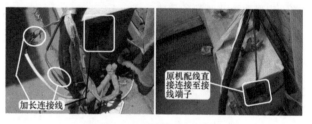

图 16-41　短接加长连接线

图 16-42　铝线接头粉化

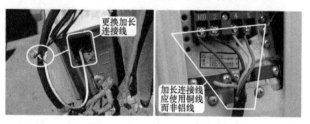

图 16-43　更换加长连接线

说明

建议安装空调器时如需要加长管线，见图 16-43 右图，连接线应使用铜芯线，即使线径细一些，在实际维修中故障率也较低。

连接线常见故障有以下几种。

（1）零线 N 接头断开

由于 N 线为压缩机、室外风机提供零线，此线通过的电流较大，铝丝容易发热，接头处也容易断开（见图 16-44），造成开机后压缩机和室外风机均不运行的故障。同时压缩机引线电流也比较大，接头处也容易断开，造成开机后压缩机不运行但室外风机运行的故障。

图 16-44　零线 N 接头断开

（2）接头烧断或绝缘层脱落

见图 16-45 左图和中图，加长连接线（铝芯）常见故障还有接头粉化（断开）、铝线直接烧断（见图 16-45 右图），有些加长连接线虽然使用铜线，但质量较差也经常出现接头烧断，或绝缘层脱落、引发漏电或跳闸的故障。

图 16-45　接头烧断和绝缘导脱落

十一、连接线接错，室外风机不运行

故障说明：某型号挂式空调器，开机后不制冷，到室外机查看时压缩机运行，但室外风机不运行。

1. 测量室外风机电压

使用万用表交流电压挡，见图 16-46 左图，在室外机接线端子上黑表笔接 2 号端子（N 代表电源零线）、红表笔接 4 号端子（FM 代表室外风机）测量室外风机电压，正常值为电源电压约交流 220V，实测为 0V，说明室外风机未运行由于没有供电所致。

到室内机接线端子上测量室外风机供电（N 与 FM 端子），见图 16-46 右图，实测为交流 218V，说明室内机主板已输出供电，应检查连接线是否断路或接错。

2. 测量室外风机线圈阻值和电压

断开空调器电源，使用万用表电阻挡（表笔接 N 和 FM 端子），见图 16-47 左图，在室内机接线端子上测量室外风机线圈阻值（相当于测量公共端和运行绕组），正常约为 200Ω，实测说明室外风机线圈阻值正常，且室内外机连接线没有断路故障。

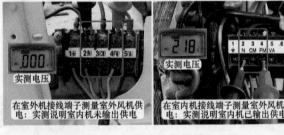

图 16-46　测量室外风机供电电压

由于连接线正常且室内机主板已输出供电，重新上电开机，在室外机接线端子上红表笔接 FM 端子，黑表笔接其他端子测量电压，见图 16-47 右图，当测量到 CM（压缩机）端子时为正常电压交流 220V，大致判断室内外机连接线接线错误。

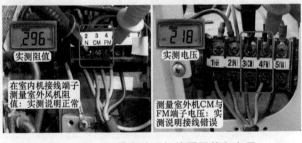

图 16-47　测量室外风机线圈阻值和电压

3. 检查室内机和室外机接线端子连接线接线顺序

断开空调器电源，查看室内机和室外机接线端子上连接线接线顺序，见图16-48，室内机顺序：1地为黄绿线、2N为蓝线、3CM为棕线、4FM为线、5VA为黑线；室外机顺序：1地为黄绿线、2N为棕线、3CM为蓝线、4FM为白线、5VA为黑线，查看结果说明室内机和室外机接线端子上2N和3CM连接线接反。

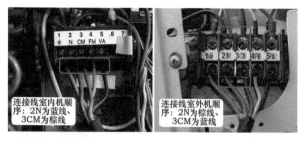

图 16-48　检查室内机和室外机接线端子连接线顺序

维修措施：见图16-49，在室外机接线端子上对调2号与3号引线，使之与室内机相对应，再次上电开机后测量2N与4FM端子电压为交流220V，室外风机运行，故障排除。

图 16-49　对调室外机接线端子 2 号和 3 号连接线

本例由于室外机2N（电源零线）与3CM端子连接线接反，3CM端子变为电源零线、2N端子变为压缩机供电，因此压缩机供电不受影响能正常运行，而4FM端子（室外风机供电）与2N端子不能形成回路，电压为交流0V，室外风机因无供电而不能运行。

十二、四通阀线圈开路，空调器不制热

故障说明：某型号挂式空调器，制热开机后，室外机运行，室内机一直不吹风。

1. 测量系统制热压力

见图16-50，将遥控器模式调整为"制热"，设定温度为28℃，遥控器开机后室外机运行，但室内机一直不吹风，检查室内机蒸发器结霜，室外机二通阀处也结霜，三通阀冰凉，测量系统压力为0.2MPa，说明系统工作在制冷状态，由于空调器改变制冷或制热的工作状态由四通阀转换，因此应测量四通阀线圈工作电压是否正常。

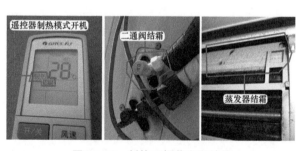

图 16-50　制热开机蒸发器结霜

2. 测量四通阀线圈供电和阻值

使用万用表交流电压挡，见图16-51左图，黑表笔接室外机接线端子上"N（1）"（电源零线）、红表笔接4号（四通

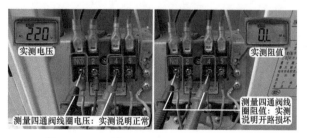

图 16-51　测量四通阀线圈供电电压和阻值

阀线圈）测量电压，实测为交流 220V，说明室内机主板已输出供电，故障在室外机。

　　断开空调器电源，使用万用表电阻挡，见图 16-51 右图，两个表笔分别接"N（1）"和 4 号端子测量四通阀线圈阻值，正常值为 2kΩ 左右，实测结果为无穷大，判断四通阀线圈开路损坏。

　　维修措施：更换四通阀线圈，见图 16-52 左图和中图，更换后遥控器开机，系统压力逐渐上升，同时蒸发器温度也逐渐上升，防冷风过后，室内风机吹出较热的风，一段时间以后，系统压力稳定在约 2.1MPa，制热恢复正常，故障排除。见图 16-52 右图，使用万用表电阻挡测量取下的四通阀线圈，实测阻值仍为无穷大，从而确定开路损坏。

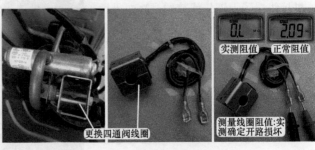

图 16-52　更换四通阀线圈和测量阻值

　　（1）四通阀线圈开路，导致四通阀内部阀块不能移动，因而制热模式开机室内机蒸发器结霜，室内风机由于防冷风功能一直处于停止状态。

　　（2）本例四通阀线圈为开路损坏，还有一种常见故障为未上电时测量线圈阻值正常，制热开机系统工作在制热状态，但工作 50s 左右线圈阻值变为无穷大，系统又转换至制冷状态，断开空调器电源，四通阀线圈在 10min 后又恢复至正常阻值，但是上电开机 30s 后阻值又变为无穷大，维修时也需要更换四通阀线圈。

第 ❶❼ 章
室内外风机和压缩机常见故障

第1节　室内外风机常见故障

一、晶闸管击穿

故障说明：格兰仕某款挂式空调器，通电后室内风机就以高风运行。

1. 通上电源但不开机

见图 17-1，将空调器通上电源，导风板复位时还没有完全闭合，室内风机就开始以高风运行，使用万用表交流电压挡，测量室内风机线圈供电插座电压为交流 220V，和电源供电电压相同。

2. 检测晶闸管

由于室内风机供电由晶闸管（俗称可控硅）提供，因此初步判断其击穿损坏，使用万用表电阻挡，见图 17-2，测量两个主极 T1 和 T2，正常阻值为无穷大，实测结果接近 0Ω，从而确定晶闸管击穿损坏。

维修措施：更换晶闸管，见图 17-3，更换后待机状态下室内风机不再运行，测量线圈供电插座内电压约为交流 0V。

本例由于晶闸管击穿，上电后室内风机线圈供电插座为交流 220V，因此以高风工作运行。在实际维修中，使用光耦晶闸管驱动室内风机的主板，如果光耦晶闸管次级侧短路，则故障现象与本例相同。

图 17-1　测量室内风机供电电压

图 17-2　测量晶闸管

二、光耦晶闸管损坏

故障说明：东洋 KFR-35GW/D 挂式空调器，室内风机不工作，检查结果为光耦晶闸管损坏，因无原型号配件更换，从一块旧空调器主板上拆下光耦晶闸管，检测正常后代换损坏的光耦晶闸管。电路原理图参见图 4-49。

1. 原光耦晶闸管安装位置和引脚功能

见图 17-4，拆下损坏的光耦晶闸管，并根据主板上铜箔的走线确定引脚功能。光耦晶闸管在主板上只接 4 个引脚：初级侧两个引脚，分别接供电（5V 或 12V）和 CPU 驱动；次级两个引脚，分别接电源供电 L 线和室内风机，其余均为空脚。

2. 代换光耦晶闸管实物外形

见图 17-5，代换光耦晶闸管型号为 SW1DD-H1-4C，根据旧主板上铜箔的走线连接元器件确定出引脚功能，并焊上引线。

3. 代换过程

由于原机光耦晶闸管工作电压为直流 12V，而拆下的光耦晶闸管工作电压为 5V，见图 17-6，因此要焊接 5V 引线至主板 5V 铜箔走线（本例焊至 5V 滤波电容正极），再将其余 3 根引线按功能焊入主板的相应焊孔即可，最后固定在主板合适的位置上（要注意绝缘）。

（1）在实际维修中光耦晶闸管损坏是比较常见的故障，但是相同型号的配件一般不容易购买到，而维修人员一般都有更换下来的空调器主板，因此从旧主板上拆下光耦晶闸管，通过连接引线进行代换是比较经济的方法。

（2）要尽量在室内风机驱动电路类似的主板上拆件，一般有两项要求应尽量相同：一是初级侧工作电压（5V 或 12V），二是 CPU 驱动方法（直接驱动或经反相驱动器、三极管放大后驱动）。

三、室内风机线圈开路

故障说明：科龙 KFR-26GW/N2F 挂式空调器，室内风机不运行。

1. 室内风机不运行

上门检查，见图 17-7，用手拨动贯流风扇顺畅，排除轴承卡死故障；使用万用表交流电压挡测量室内风机线圈供电插座

图 17-3　更换晶闸管后测量室内风机线圈供电插座电压

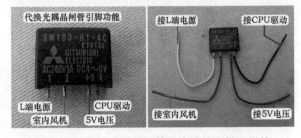

图 17-4　原机光耦晶闸管安装位置和引脚功能

图 17-5　代换光耦晶闸管引脚功能和焊上引线

图 17-6　代换过程

图 17-7　拨动贯流风扇和测量室内风机电压

电压，上电但不开机时测量为交流 220V（为电源供电电压），正常电压应接近 0V；遥控器开机后测量电压仍为交流 220V。

待机电压等于电源电压交流 220V 时应当检查室内风机线圈阻值。

2. 测量室内风机线圈阻值

断开空调器电源，使用万用表电阻挡测量室内风机线圈供电插头 3 根引线之间的阻值，见图 17-8，实测结果为运行绕组（R）与启动绕组（S）之间阻值正常，而公共端（C）与运行绕组、公共端与启动绕组的阻值均为无穷大，说明室内风机线圈开路损坏。

维修措施：更换室内风机。

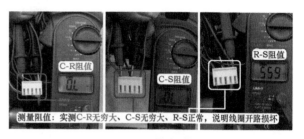

图 17-8　测量线圈阻值

四、室内风机电容虚焊

故障说明：格力 KFR-50GW/K（50556）B1-N1 挂式空调器，用户反映新装机，试机时室内风机不运行，显示 H6 代码（无室内机电机反馈，即霍尔故障）。

1. 拨动贯流风扇

上门检查，重新上电，使用遥控器开机，导风板打开，室外风机和压缩机均开始运行，但室内风机不运行，见图 17-9 左图，将手从出风口伸入，手摸贯流风扇有轻微的振动感，说明 CPU 已输出供电驱动光耦晶闸管，其次级已导通，且交流电源已送至室内风机线圈供电插座，但由于某种原因室内风机启动不起来，约 1min 后室外风机和压缩机停止运行，显示 H6 代码。

断开空调器电源，用手拨动贯流风扇，感觉无阻力，排除贯流风扇卡死故障；再次上电开机，待室外机运行之后，见图 17-9 右图，手摸贯流风扇有振动感时并轻轻拨动，增加启动力矩，室内风机启动运行，但转速很慢，就像设定风速的低速（此时遥控器设定为高速）。室内风机可一直低速运行，但不再显示 H6 代码，判断故障为室内风机启动绕组或启动电容有故障。

图 17-9　拨动贯流风扇

2. 检查室内风机电容虚焊

使用万用表交流电压挡，测量室内风机线圈供电插座约交流 220V，已为供电电压的最大值。使用万用表的交流电流挡，测量公共端白线电流，实测为 0.37A，实测电压和电流均说明室内机主板已输出供电。

断开空调器电源，抽出室内机主板，准备测量室内风机线圈阻值时，发现风机电容未紧贴主板，用手晃动发现引脚已虚焊，见图 17-10 左图。

再次上电开机，用手拨动贯流风扇使室内风机运行，见图 17-10 右图，此时再用手按压电容使引脚接触焊点，室内风机立即由低速变为高速运行，且线圈供电电压由交流 220V 下降至约交流 150V，但运行电流未变，恒定为 0.37A。

维修措施：见图 17-11，将风机电容安装到位，使用烙铁补焊 2 个焊点。再次上电

图 17-10　电容焊点虚焊

开机，导风板打开后，室内风机立即高速运行，室外机运行后制冷恢复正常，同时不再显示 H6 代码，故障排除。

补焊风机电容焊点

图 17-11　补焊电容焊点

（1）本例室内风机电容由于体积较大，涂在电容表面的固定胶较少，加之焊点镀锡较少，经长途运输，电容引脚焊点虚焊，室内风机启动不起来，室内机主板 CPU 因检测不到反馈的霍尔信号，约 1min 后停止室内机和室外机供电，显示 H6 代码。

（2）如空调器使用一段时间（6 年以后），室内风机电容容量变小或无容量，室内风机启动不起来，表现的现象和本例相同。

（3）如果贯流风扇由于某种原因卡死或室内风机轴承卡死，故障现象也和本例相同。

五、室内风机电容容量变小

故障说明：家庭使用的格力某型号柜式空调器，使用约 8 年，现用户反映制冷效果差，运行一段时间以后显示 E2 代码（蒸发器防冻结保护）。

1. 查看三通阀

上门检查，空调器正在使用。到室外机检查，见图 17-12，三通阀严重结霜；取下室外机外壳，发现三通阀至压缩机吸气口全部结霜（包括储液瓶），判断蒸发器温度过低，应到室内机检查。

2. 查看室内风机运行状态

到室内机检查，见图 17-13 左图，将手放在出风口，感觉出风温度很低，但风量很小，且吹不远，只有在出风口附近才能感觉到有风吹出。取下室内机进风格栅，观察过滤网干净，无脏堵现象，用户介绍，过滤网每年清洗，排除过滤网故障。

室内机出风量小在过滤网干净的前提下，通常为室内风机转速慢或蒸发器背部脏堵，见图 17-13 右图，目测室内风机转速较慢，按压显示板上"风速"按键，在

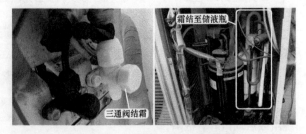

霜结至储液瓶

三通阀结霜

图 17-12　三通阀和储液瓶结霜

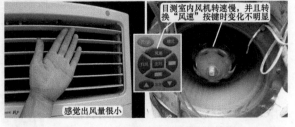

目测室内风机转速慢，并且转换"风速"按键时变化不明显

感觉出风量很小

图 17-13　查看室内风机运行状态

高风 - 中风 - 低风转换时，室内风机转速变化也不明显（应仔细观察由低风转为高风的瞬间转速），判断故障为室内风机转速慢。

3. 测量室内风机公共端引线电流

室内风机转速慢常见原因有电容容量变小和线圈短路，为区分故障，使用万用表交流电流挡，

见图 17-14，钳头夹住室内风机插座中红线 N 端（即公共端）测量电流，实测低风挡 0.5A、中风挡 0.53A、高风挡 0.57A，接近正常电流值，排除线圈短路故障。

　　注：室内风机型号 LN40D（YDK40-6D），功率 40W、电流 0.65A、6 极电机、配用 4.5μF 电容。

图 17-14　测量室内风机电流

4. 代换室内风机电容

见图 17-15，室内风机转速慢时，而运行电流接近正常值，通常为电容容量变小损坏，本机使用 4.5μF 电容，使用 1 个相同容量的电容代换。

5. 测量电容容量

再次上电开机，见图 17-16 左图，目测室内风机转速明显变快，用手在出风口感觉风量很大，吹风距离也增加很多，长时间开机运行不再显示 E2 代码，手摸室外机三通阀温度较低，但不再结霜，改为结露，确定室内风机电容损坏。

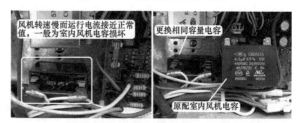

图 17-15　代换室内风机电容

使用万用表电容挡测量拆下来的电容，见图 17-16 右图，标注容量为 4.5μF，而实测容量约为 0.6μF，说明容量变小。

维修措施：更换室内风机电容。

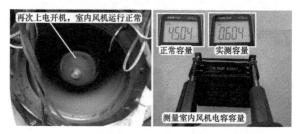

图 17-16　测量室内风机电容容量

（1）室内风机电容容量变小，室内风机转速变慢，出风量变小，蒸发器表面冷量不能及时吹出，蒸发器温度越来越低，引起室外机三通阀和储液瓶结霜；显示板 CPU 检测到蒸发器温度过低，停机并报出 E2 代码，以防止压缩机液击损坏。

（2）室内风机电容容量变小，通常发生在使用一段时间（6 年以后）的空调器，表现为室内风机转速变慢，在实际维修中占有很大比例。

（3）经验：室内风机（室外风机）转速慢及不运行故障，使用 6 年以后的空调器，首先代换风机电容；6 年以内的空调器，应检查供电电压和线圈阻值。

六、风机电容代换方法

故障说明：海尔 KFR-120LW/L（新外观）柜式空调器，用户反映制冷效果差。

1. 查看风机电容

上门检查，用户正在使用空调器，室外机三通阀处结霜较为严重，测量系统运行压力约 0.4MPa，到室内机查看，室内机出风口为喷雾状，用手感觉出风很凉，但风量较弱；取下室内机进风格栅，查看过滤网干净。

检查室内风机转速时，目测风速较慢，使用遥控器转换风速时，室内风机驱动离心风扇转换不明显，同时在出风口感觉风量变化不大，说明室内风机转速慢；使用万用表电流表测量室内风机电流约

1A，排除线圈短路故障，初步判断风机电容容量变小，见图 17-17，查看本机使用的电容容量为 8μF。

图 17-17　原机电容

2. 使用 2 个 4μF 电容代换

由于暂时没有同型号的电容更换试机，决定使用 2 个 4μF 电容代换，断开空调器电源，见图 17-18，取下原机电容后，将配件电容 1 个使用螺丝固定在原机电容位置（实际安装在下面）、另 1 个固定在变压器下端的螺丝孔（实际安装在上面），将室内风机电容插头插在上面的电容端子，再在 2 根引线合适位置分别剥开绝缘层并露出铜线，使用烙铁焊在下面电容的 2 个端子，即将 2 个电容并联使用。

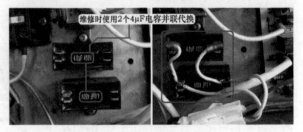

图 17-18　代换电容

焊接完成后上电试机，室内风机转速明显变快，在出风口感觉风量较大，并且吹风距离较远，说明原机电容容量减小损坏，引起室内风机转速变慢故障。

维修措施：使用 2 个 4μF 电容并联代换 1 个原机 8μF 风机电容。

七、室外风机电容容量变小

故障说明：格力 KFR-70LW/E1 简称（7053L1）A 型，为单相 3P 柜式空调器，上电开机后室内机和室外机均运行，但约 3min 后整机停机，显示屏显示 E1 代码（制冷系统高压保护），等待一段时间后关机后再开机，室内机还能再次运行，但很快再次停机，依旧显示"E1"代码。

1. 测量 L 端和 OVC 黄线电压

使用万用表交流电压挡，见图 17-19 左图，1 表笔接室内机接线端子 A 端（L 端）、1 表笔接方形对接插头中 OVC 黄线，实测电压为正常值交流 220V，开机后室内机和室外机均开始运行，室内机吹风刚开始为凉风，但逐渐变为自然风；同时使用万用表一直检测高压保护电路电压，约 2min 后变为 0V，整机停机，显示"E1"代码；在停机约 30s 后，高压保护电路电压又恢复为正常值交流 220V。再次开机后室内机和室外机又开始运行，但在运行时高压保护电路电压又变为 0V，而室外机停机后又能很快恢复至交流 220V，说明为高压压力开关断开，应检查室外机制冷系统。

2. 检查冷凝器

整机停机后到室外机检查，首先观察凝器背部干净，并无脏堵现象。见图 17-19 右图，手摸顶盖较热、手摸冷凝器烫手，说明通风系统有故障。

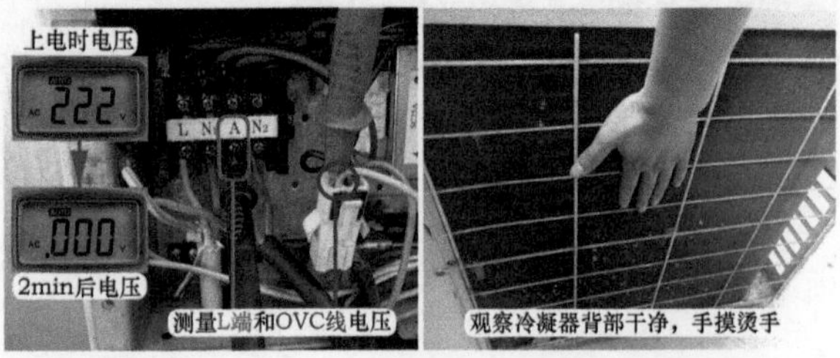

图 17-19　测量 OVC 电压和手摸冷凝器背部

3. 检查室外风机运行状态

将空调器再次开机，压缩机开始运行，手放在出风口感觉无风吹出，取下室外机顶盖后，见图 17-20 左图，观察室外风机不运行。

压缩机运行而室外风机不运行，冷凝器温度和制冷系统压力均直线上升，当系统压力高于一定值后，高压压力开关断开，高压保护电路断开，显示板 CPU 检测后控制整机停机，此时不利于检修故障，因此断开空调器电源，见图 17-20 右图，取下交流接触器（交接）下端的压缩机线圈公共端（C）红线，这样即使交流接触器触点吸合，压缩机也不能运行，高压压力开关也不再断开，整机不再保护，可延长检修时间。

4. 测量室外风机供电电压

再次上电开机，使用万用表交流电压挡，见图 17-21 左图，一表笔接室外机接线端子 N 端、一表笔接方形对接插头中室外风机黑线，实测电压为交流 220V，说明室内机主板已输出供电，应检查室外风机。

见图 17-21 右图，用手轻轻拨动室外风扇，室外风机便能慢慢旋转。室外风机启动不起来在供电正常的前提下，故障通常为电容容量变小或无容量损坏。

图 17-20　观察室外风机不运行和取下压缩机引线

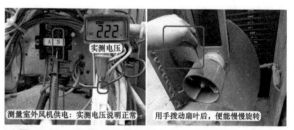

图 17-21　测量室外风机供电电压和用手拨动扇叶

说明

室外风机线圈短路也会引起转速慢或不运行，但通常会引起电流过大，出现室内机主板保险管熔断、整机上电无反应的故障。

5. 代换室外风机电容和测量容量

见图 17-22 左图，本机室外风机电容容量为 3μF，使用相同容量的电容代换后试机，室外风机开始运行，并且转速较快，恢复交流接触器下端的压缩机引线，空调器制冷恢复正常，长时间运行也不再停机，故障排除。

图 17-22　更换室外风机电容和测量容量

使用万用表电容挡，见图 17-22 右图，使用表笔直接测量电容的两个端子，显示容量为 283nF 即约为 0.3μF，说明电容接近无容量损坏。

维修措施：更换室外风机电容。

八、室外风机线圈开路

故障说明：海尔 KFR-26GW/03GCC12 挂式空调器，用户反映不制冷，长时间开机室内温度不下降。

1. 检查出风口温度和室外机

上门检查，用户正在使用空调器，见图 17-23 左图，将手放在室内机出风口，感觉为自然风，接近房间温度，查看遥控器设定为制冷模式 "16℃"，说明设定正确，应到室外机检查。

到室外机检查，手摸二通阀和三通阀均为常温，见图 17-23 右图，查看室外风机和压缩机均不运行，用手摸压缩机对应的室外机外壳温度很高，判断压缩机过载保护。

图 17-23　室内机吹风不凉和室外风机不运行

2.测量压缩机和室外风机电压

使用万用表交流电压挡，见图17-24左图，测量室外机接线端子上2（N）零线和1（L）压缩机电压，实测为交流221V，说明室内机主板已输出压缩机供电。

见图 17-24 右图，测量 2（N）零线和 4（室外风机）端子电压，实测为交流221V，室内机主板已输出室外风机供电，说明室内机正常，故障在室外机。

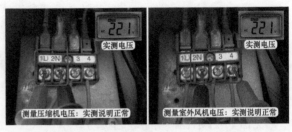

图 17-24　测量压缩机和室外风机电压

3.拨动室外风扇和测量线圈阻值

见图 17-25 左图，将螺丝刀从出风框伸入，按室外风扇运行方向拨动室外风扇，感觉无阻力，排除室外风机轴承卡死故障，拨动后室外风扇仍不运行。

断开空调器电源，使用万用表电阻挡，测量 2（N）端子（接公共端 C）和 1（L）端子（接压缩机运行绕绕组 R）阻值，实测结果为无穷大，考虑到压缩机对应的外壳烫手，确定压缩机内部过载保护器触点断开。

见图 17-25 右图，再次测量 2（N）端子上黑线（接公共端 C）和 4 端子上白线（接室外风机运行绕组 R）阻值，正常阻值约为 300Ω，而实测结果为无穷大，初步判断室外风机线圈开路损坏。

图 17-25　拨动室外风扇和测量线圈阻值

4.测量室外风机线圈阻值

取下室外机上盖，手摸室外风机表面为常温，排除室外风机因温度过高而过载保护，依旧使用万用表电阻挡，见图17-26，一表笔接公共端（C）黑线、一表笔接启动绕组（S）棕线测量阻值，实测结果为无穷大；将万用表一表笔接 S 棕线、一表笔接 R 白线测量阻值，实测结果为无穷大，根据测量结果确定室外风机线圈开路损坏。

图 17-26　测量室外风机线圈阻值

维修措施：见图17-27，更换室外风机。更换后使用万用表电阻挡测量 2（N）和 4端子阻值为332Ω，上电开机，室外风机和压缩机均开始运行，制冷正常，长时间运行压缩机不再过载保护。

图 17-27　更换室外风机和测量线圈阻值

（1）本例由于室外风机线圈开路损坏，室外风机不能运行，制冷开机后冷凝器热量不能散出，运行压力和电流均直线上升，约 4min 后压缩机因内置过载保护器触点断开而停机保护，因而空调器不再制冷。

（2）本机室外风机型号 KFD-40MT，6 极 27W，黑线为公共端（C）、白线为运行绕组（R）、棕线为启动绕组（S），实测 C-R 阻值为 332Ω、C-S 阻值 152Ω、R-S 阻值 484Ω。

第 2 节　压缩机不运行常见故障

一、电源电压低，压缩机不运行

故障说明：格力 KFR-72LW/E1（72568L1）A1-N1，为清新风系列单相 3P 柜式空调器，用户反映空调器不制冷，并显示 E5 代码（低电压过电流保护）。

1. 测量压缩机电流

上门检查，重新上电开机，到室外机检查，见图 17-28 左图，压缩机发出嗡嗡声但启动不起来，室外风机转一下就停机。

使用万用表交流电流挡，见图 17-28 右图，测量室外机接线端子上 N 端电流，待 3min 后室内机主板再次为压缩机交流接触器线圈供电，交流接触器触点闭合，但压缩机依旧启动不起来，实测电流最高约 50A，由于是刚购买 3 年左右的空调器，压缩机电容通常不会损坏，应着重检查电源电压是否过低和压缩机是否卡缸损坏。

图 17-28　测量室外机电流

2. 测量电源电压

使用万用表交流电压挡，见图 17-29，测量室外机接线端子 N（1）与 3 端子电压，在压缩机和室外风机未运行（静态）时，实测电压约 200V，低于正常值 220V。待

图 17-29　测量电源电压

3min 后室内机主板控制压缩机和室外风机运行（动态）时，电压直线下降至约交流 140V，同时压缩机启动不起来，3s 后室外机停机，由于压缩机启动时电压下降过多，说明电源电压供电线路有故障。

到室内机检查电源插座，测量墙壁中为空调器提供电源的引线，实测电压在压缩机启动时仍为交流 140V，初步判断空调器正常，故障为电源电压低引起，于是让用户找物业电工来查找电源供电故障。

室外机接线端子上 2 号为压缩机交流接触器线圈供电引线。

维修措施：经小区物业电工排除电源供电故障，再次上电但不开机，待机电压约为交流 220V，压缩机启动时动态电压下降至约 200V 但马上又上升至约 220V，同时压缩机运行正常，制冷也恢复正常。

（1）空调器中压缩机功率较大，对电源电压值要求相对比较严格一些，通常在压缩机启动时电压低于交流180V便容易引起启动不起来故障，而正常的电源电压即使在压缩机卡缸时也能保证约为交流200V。

（2）家用电器中如电视机、机顶盒等物品，其电源电路基本上为开关电源宽电压供电，即使电压低至交流150V也能正常工作，对电源电压值要求相对较宽，因此不能以电视机等电器能正常工作便确定电源电压正常。

（3）测量电源电压时，不能以待机（静态）电压为准，而是以压缩机启动时（动态）电压为准，否则容易引起误判。

（4）压缩机启动不起来时电流超过25A，显示板CPU检测后立即停止压缩机和室外风机供电，因此室外风机表现为一转就停。

二、电容损坏，压缩机不运行

故障说明：某型号挂式空调器，开机后不制冷，室外风机运行但压缩机不运行。室外机电气接线图参见图4-45。

1. 测量压缩机电压和线圈阻值

制冷开机，见图17-30左图，使用万用表交流电压挡在室外机接线端子上测量2N（电源零线）与3CM（压缩机供电）端子电压，正常值为交流220V左右，实测电压说明室内机主板已输出供电。

断开空调器电源，见图17-30右图，使用万用表电阻挡测量2N与3CM端子阻值（相当于测量压缩机公共端与运行绕组），正常值约为3Ω，实测结果为无穷大，说明压缩机线圈回路有断路故障。

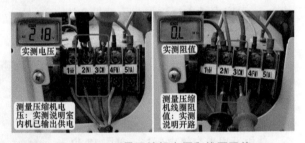

图17-30　测量压缩机电压和线圈阻值

2. 为压缩机降温

询问用户空调器已开启一段时间，用手摸压缩机相对应的室外机外壳温度很高，大致判断压缩机内部过载保护器触点断开。

取下室外机外壳，见图17-31，手摸压缩机外壳烫手，确定内部过载保护器由于温度过高触点断开保护，将毛巾放在压缩机上部，使用凉水降温，同时测量2N和

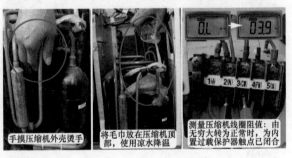

图17-31　为压缩机降温

3CM端子的阻值，当由无穷大变为正常阻值时，说明内部过载保护器触点已闭合。

内部过载保护器串接在压缩机线圈公共端，位于上部顶壳，用凉水为压缩机降温时，将毛巾放在顶部可使过载保护器触点迅速闭合。

3. 压缩机启动不起来

测量 2N 与 3CM 端子阻值正常后上电开机，见图 17-32 左图，压缩机发出约 30s "嗡嗡" 的声音，停止约 20s 再次发出 "嗡嗡" 的声音。

见图 17-32 中图，在压缩机启动时使用万用表交流电压挡测量 2N 与 3CM 端子电压，由交流 218V（未发出声音时的电压，即静态）下降到 199V（压缩机发出 "嗡嗡" 声时电压，即动态），说明供电正常。

见图 17-32 右图，使用万用表交流电流挡测量压缩机电流近 20A，综合判断压缩机启动不起来。

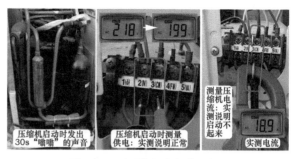

图 17-32　测量启动电压和电流

4. 检查压缩机电容

在供电电压正常的前提下，压缩机启动不起来最常见的原因是电容无容量损坏，取下电容使用 2 根引线接在 2 个端子上，见图 17-33，并通上交流 220V 充电约 1s，拔出后短接 2 个引线端子，电容正常时会发出很大的响声，并冒出火花，本例在短接端子时即没有响声，也没有火花，判断电容无容量损坏。

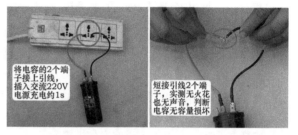

图 17-33　使用充电法检查压缩机电容

维修措施：见图 17-34，更换压缩机电容，更换后上电开机，压缩机运行，空调器开始制冷，再次测量压缩机电流为 4.4A，故障排除。

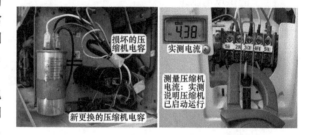

图 17-34　更换压缩机电容后电流正常

（1）压缩机电容损坏，在不制冷故障中占到很大比例，通常发生在使用 2 ～ 3 年以后。

（2）如果用户报修为不制冷故障，应告知用户不要开启空调器，因为如果故障原因为压缩机电容损坏或系统缺氟故障，均会导致压缩机温度过高造成内置过载保护器断开保护，在检修时还要为压缩机降温，增加维修的时间。

（3）在实际检修中，如果故障为压缩机启动不起来并发出 "嗡嗡" 的响声，一般不用测量直接更换压缩机电容即可排除故障；新更换电容容量在原电容容量的 20% 以内即可正常使用。

三、交流接触器触点炭化，压缩机不运行

故障说明：格力 KFR-72LW/（72566）Aa-3 悦风系列柜式空调器，用户反映刚购机约 1 年，现在开机后不制冷，室内机吹自然风。

1. 测量压缩机电流和输出端电压

上门检查，重新上电开机，在室内机出风口感觉为自然风。取下室内机电控盒盖板，使用万用表交流电流挡，见图 17-35 左图，钳头夹住穿入电流互感器的压缩机供电引线，实测电流约为

0A，说明压缩机未运行。

将万用表挡位改为交流电压挡，见图
17-35 右图，黑表笔接室内机主板 N 端子、
红表笔接 COMP 端子压缩机黑线，实测电
压为交流 220V，说明室内机主板已输出供
电，故障在室外机。

2. 测量交流接触器下端和上端电压

到室外机检查，发现室外风机运行，
但听不到压缩机运行的声音。使用万用表
交流电压挡，见图 17-36 左图，黑表笔接
交流接触器（简称交接）线圈的 N 端（蓝
线）、红表笔接交流接触器下端压缩机公共
端红线测量电压，实测电压为交流 0V，说
明交流接触器触点未导通。

见图 17-36 右图，接 N 端的黑表笔不
动、红表笔接交流接触器上端棕线供电引
线，实测电压为交流 220V，说明室外机接
线端子上的供电电压正常。

3. 测量交流接触器线圈电压和阻值

见图 17-37 左图，接 N 端的黑表笔不
动、红表笔接交流接触器线圈的另一端子，
测量线圈电压，实测电压为交流 220V，说
明室内机主板输出的电压已送至交流接触
器线圈，故障为交流接触器损坏。

断开空调器电源，见图 17-37 右图，
拔下交流接触器线圈的一个端子引线，使用万用表电阻挡测量线圈阻值，实测阻值约为 1.1kΩ，说明
线圈阻值正常，故障为触点损坏。

4. 查看交流接触器触点

从室外机上取下交流接触器，再取下交
流接触器顶盖后，见图 17-38 左图和中图，
查看动触点整体发黑，取下 2 个静触点和
1 个动触点，发现触点均已经炭化，在交
流接触器线圈供电后，动触点与静触点接
触后阻值依然为无穷大，交流 220V 电压
L 端棕线不能送至压缩机公共端红线，造
成压缩机不运行、空调器不制冷的故障。

正常的动触点和静触点见图 17-38 右图。

维修措施：见图 17-39 左图，更换同
型号的交流接触器，更换后上电开机，压
缩机和室外风机均开始运行，空调器开始
制冷，故障排除。

本例空调器使用在一个公共场所，开
机时间较长，而交流接触器触点又为单极
（1 路）设计，触点通过的电流较大，时间

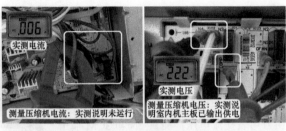

图 17-35　测量压缩机电流和端子电压

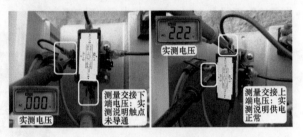

图 17-36　测量交流接触器上端和下端电压

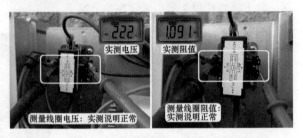

图 17-37　测量交流接触器线圈电压和阻值

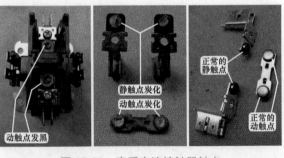

图 17-38　查看交流接触器触点

图 17-39　更换交流接触器

长了以后因发热而引起炭化，触点不能导通，出现如本例故障。而早期空调器使用双极（触点 2 路并联）形式的交流接触器，见图 17-39 右图，则相同故障的概率比较小。

四、压缩机卡缸，压缩机不运行

故障说明：格力 KFR-72LW/E1（72d3L1）A-SN5 柜式空调器，用户反映空调器不制冷，室外风机一转就停，一段时间后显示 E5 代码（低电压过电流保护）。

1. 测量压缩机电流和代换压缩机电容

到室外机检查，见图 17-40 左图，首先使用万用表交流电流挡测量室外机接线端子上 N 端引线，测量室外机电流，在压缩机启动时实测电流约 65A，说明压缩机启动不起来。在压缩机启动时测量供电电压约交流 210V，说明供电电压正常，初步判断压缩机电容损坏。

见图 17-40 右图，使用同容量的新电容代换试机，故障依旧，N 端电流仍为约 65A，从而排除压缩机电容故障，初步判断为压缩机损坏。

图 17-40　测量压缩机电流和代换压缩机电容

2. 测量压缩机线圈阻值

为判断压缩机为线圈短路损坏还是卡缸损坏，断开空调器电源，见图 17-41，使用万用表电阻挡，测量压缩机线圈阻值：实测红线（公共端 C）与蓝线（运行绕组 R）的阻值为 1.1Ω、红线 C 与黄线（启动绕组 S）阻值为 2.3Ω、蓝线 R 与黄线 S 阻值为 3.3Ω，根据 3 次测量结果判断压缩机线圈阻值正常。

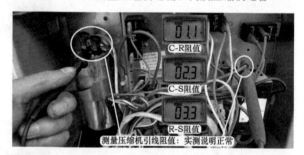

图 17-41　测量压缩机引线阻值

3. 查看压缩机接线端子

压缩机的接线端子或连接引线烧坏，也会引起启动不起来或无供电的故障，因此在确定压缩机损坏前应查看接线端子引线，见图 17-42 左图，本例查看接线端子和引线均良好。

松开室外机二通阀螺母，将制冷系统的氟 R22 全部放空，再次上电试机，压缩机仍启动不起来，依旧是 3s 后室内机停止压缩机和室外风机供电，从而排除系统脏堵故障。

拔下压缩机线圈的 3 根引线，见图 17-42 右图，并将接头包上绝缘胶布，再次上电开机，室外风机一直运行不再停机，但空调器不制冷，也不报 E5 代码，从而确定为压缩机卡缸损坏。

图 17-42　查看压缩机接线端子

维修措施：见图 17-43，更换压缩机，型号为三菱 LH48VBGC。更换后上电开机，压缩机和室外风机运行，顶空加氟至约 0.45MPa 后制冷恢复正常，故障排除。

图 17-43　更换压缩机

（1）压缩机更换过程比较复杂，因此确定其损坏前应仔细检查是否由电源电压低、电容无容量、接线端子烧坏、系统加注的氟过多等原因引起，在全部排除后才能确定压缩机线圈短路或卡缸损坏。

（2）新压缩机在运输过程中禁止倒立。压缩机出厂前内部充有气体，尽量在安装至室外机时再把吸气管和排气管的密封塞取下，可最大限度地防止润滑油流动。

五、压缩机线圈对地短路，上电空气开关跳闸

故障说明：某型号挂式空调器，上电后空气开关跳闸。

1. 上电后空气开关跳闸

将空调器电源插头插入插座，见图17-44，空气开关随即跳闸断开，说明空调器电控系统有短路故障。

2. 测量电源插头N与地阻值

使用万用表电阻挡，见图17-45左图，2个表笔分别接电源插头N与地端子测量阻值，正常结果为无穷大，实测约为100Ω，确定空调器存在短路故障。

见图17-45中图和右图，为区分故障点在室内机还是在室外机，将室外机接线端子上将引线全部取下，并保持互不相连，再次测量电源插头N与地端子阻值已为无穷大，说明室内机和连接线阻值正常，故障点在室外机。

3. 测量室外机接线端子上N与地阻值

使用万用表电阻挡，见图17-46左图，黑表笔接地（实接室外机外壳固定螺丝）、红表笔接室外机接线端子上2N端子测量阻值，正常值为无穷大，实测结果约为100Ω，确定室外机存在短路故障。

由于室外机电控系统负载有压缩机、室外风机、四通阀线圈，而压缩机最容易发生短路故障，见图17-46中图和右图，因此拔下压缩机的3根引线，再次测量2N端子与地阻值已为无穷大，说明室外风机和四通阀线圈正常，故障点在压缩机。

4. 测量压缩机接线端子对地阻值

见图17-47左图，使用万用表电阻挡

图17-44 上电后空气开关跳闸

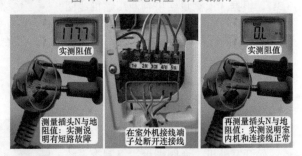

图17-45 测量插头N与地阻值

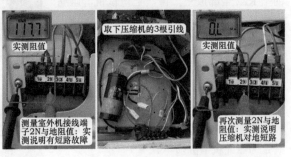

图17-46 在室外机接线端子上测量N端与地阻值

黑表笔接地（实接电控盒铁壳）、红表笔接压缩机引线测量对地阻值，正常应为无穷大，实测约为100Ω，说明压缩机线圈对地短路。

为准确判断，取下压缩机接线盖和连接线，使用万用表电阻挡，见图 17-47 右图，表笔分别接室外机铜管（相当于接地）和接线端子，直接测量压缩机接线端子对地阻值仍为 100Ω，确定压缩机线圈对地短路损坏。

维修措施：更换压缩机。

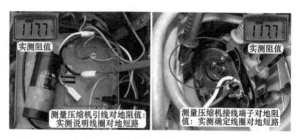

测量压缩机引线对地阻值：实测说明线圈对地短路

测量压缩机接线端子对地阻值：实测确定线圈对地短路

图 17-47　测量压缩机线圈引线和接线端子对地阻值

（1）本例压缩机线圈对地短路，上电后空气开关跳闸在维修中占到一定的比例，多见于目前生产的空调器，而早期生产的空调器压缩机一般很少损坏。

（2）线圈对地短路的阻值，部分空调器接近 0Ω，部分空调器则为 200kΩ 左右，阻值差距较大，但都会引起上电后空气开关跳闸的故障。

（3）空气开关如果带有漏电保护功能，则表现为空调器上电后，空气开关立即跳闸；如果空气开关不带漏电保护功能，则通常表现为空调器开机后空气开关跳闸。

（4）需要测量空调器的绝缘电阻时，应使用万用表电阻挡测量电源插头 N 端（电源零线）与地端阻值，不能测量 L 端（电源相线）与地端，原因是电源零线直接为室内机和室外机的电气元件供电，而电源相线则通过继电器（或光耦晶闸管）供电。

六、压缩机窜气，空调器不制冷

故障说明：某型号挂式空调器，用户反映开机后室外机运行，但不制冷。

1. 测量系统压力

上门检查，待机状态即室外机未运行时，在三通阀维修口接上压力表，见图 17-48 左图，查看系统静态压力约 1MPa，说明系统内有氟 R22 且比较充足。

遥控器开机，室外风机和压缩机开始运行，见图 17-48 右图，查看系统压力保持不变，仍约为 1MPa 并且无抖动迹象，此时使用活动扳手轻轻松开二通阀螺母，立即冒出大量的氟 R22，查看二通阀和三通阀阀芯均处于打开状态，说明制冷系统存在故障。

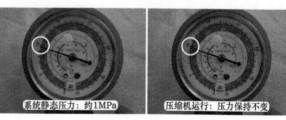

系统静态压力：约1MPa

压缩机运行：压力保持不变

图 17-48　测量系统压力

2. 测量压缩机电流

使用万用表交流电流挡，见图 17-49，钳头夹住室外机接线端子上 2 号压缩机黑线测量电流，实测电流约 1.8A，低于额定值 4.2A 较多，可大致说明压缩机未做功。手摸压缩机在振动，但运行声音很小。

3. 手摸压缩机吸气管和排气管温度

见图 17-50，用手摸压缩机吸气管感觉不凉，接近常温；手摸压缩机排气

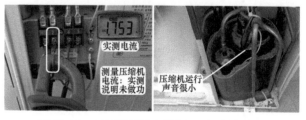

测量压缩机电流：实测说明未做功

压缩机运行声音很小

图 17-49　测量压缩机电流和细听压缩机声音

管不热，也接近常温。

4. 分析故障

综合检查内容：系统压力待机状态和开机状态相同、运行电流低于额定值较多、压缩机运行声音很小、手摸吸气管不凉且排气管不热，判断为压缩机窜气。

图 17-50　手摸压缩机吸气管和排气管温度

为确定故障，在二通阀和三通阀处放空制冷系统的氟 R22，使用焊枪取下压缩机吸气管和排气管铜管，再次上电开机，压缩机运行，手摸排气管无压力即没有气体排出、吸气管无吸力即没有气体吸入，从而确定压缩机窜气损坏。

维修措施：更换压缩机。

第 18 章
三相空调器电控系统常见故障

第 1 节　室外机常见故障

一、压缩机顶部温度开关损坏

故障说明：麦克维尔 MCK050AR（KFR-120QW）吸顶式空调器，用户反映上电无反应，使用遥控器不能开机和关机。

1. 测量室内机接线端子电压

上门检查，将空调器上电试机，室内机未发出蜂鸣器响声，按压遥控器开关按键，室内机没有反应，说明空调器有故障。取下过滤网和电控盒盖板，查看室内机接线端子，此机共设有 7 个端子和室外机连接，其中 L、N、A、地共 4 个端子由室外机提供，向室内机供电，这里需要说明的是，N 端子只向室内风机提供电源，其不向室内机主板提供零线，A 端子连接室内机主板提供零线，和 L 端子组合为交流 220V，为电控系统供电；COMP（压缩机）、OF（室外风机）、4V（四通阀线圈）共 3 个端子由室内机主板提供，控制室外机负载。

使用万用表交流电压挡，见图 18-1 左图，测量 L-A 端子电压约为交流 0V，说明室外机电控系统未向室内机供电，测量 L-N 端子电压约为交流 220V，说明相线 L 正常，故障在 A 端子连接的保护电路。

图 18-1 右图为室外机电气接线图。

2. 测量室外机 L-N 和 L-A 电压

到室外机检查，使用万用表交流电压挡，见图 18-2 左图，红表笔接室外机接线端子 L 端子、黑表笔接 N 端子测量电压，实测为交流 220V，和室内机相同。

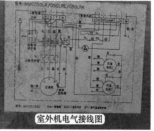

图 18-1　测量室内机电压和电气接线图

见图 18-2 右图，红表笔依旧接 L 端子、黑表笔接 A 端子测量电压，实测约为交流 0V，也确定故障在室外机，排除室内外机连接线故障。

3. 测量 N-A 端子阻值

见图 18-3，查看室外机电气接线图可知，A 端子零线由 N 端子经压缩机顶部温度开关和排气管压力开关触点提供，断开空调器电源，使用万用表电阻挡，测量 N-A 端子阻值，实测结果为无穷大，说明温度开关或压力开关有开路故障。

4. 测量温度开关和压力开关阻值

使用万用表电阻挡，见图 18-4 左图，测量压缩机顶部温度开关的两根黄线阻值，正常阻值为 0Ω，实测阻值为无穷大，说明开路损坏。

见图 18-4 右图，测量压缩机排气管压力开关的棕线和蓝线阻值，正常阻值为 0Ω，实测阻值说明正常。

5. 单独测量温度开关阻值

剪断引线后从压缩机顶部取下温度开关，使用万用表电阻挡，见图 18-5，再次测量两根黄线阻值，实测结果仍为无穷大，确定温度开关损坏；仔细查看温度开关，发现一侧表面有穿孔现象，也说明内部触点损坏。

维修措施：见图 18-6 左图和中图，更换温度开关。更换时应将温度开关安装在顶部卡簧下面，使表面紧贴压缩机顶部且不能移动，再使用胶布包扎接头。使用万用表电阻挡，测量室外机接线端子 N-A 阻值时，实测阻值为 0Ω，说明已经导通。再次上电试机，见图 18-6 右图，使用万用表交流电压挡，测量 L-A 端子电压约为交流 220V，说明室外机已正常，到室内机检查，使用遥控器开机，室内风机开始运行，制冷正常，故障排除。

二、美的空调器室外机主板损坏

故障说明：美的 KFR-120LW/K2SDY 柜式空调器，用户反映上电后室内机 3 个指示灯同时闪，不能使用遥控器或显示板上按键开机。

图 18-2　测量室外机 L-N 和 L-A 电压

图 18-3　保护元件和测量 N-A 端子阻值

图 18-4　测量温度开关和压力开关阻值

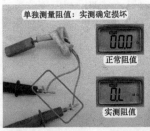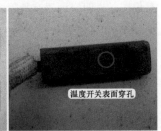

图 18-5　测量温度开关阻值和查看表面

图 18-6　更换温度开关和测量 L-A 电压

1. 测量室外机保护电压

上门检查，将空调器通上电源，显示板上 3 个指示灯开始同时闪烁，使用遥控器和按键均不能开机，3 个指示灯同时闪烁的代码含义为"室外机故障"，经询问用户得知最近没有装修，即没有更改过电源相序。

取下室内机进风格栅和电控盒盖板，使用万用表交流电压挡，见图 18-7 左图，红表笔接接线端子上 A 端相线、黑表笔接对接插头中室外机保护黄线测量电压，正常应为交流 220V，实测约为 0V，说明故障在室外机或室内外机连接线。

到室外机检查，依旧使用万用表交流电压挡，见图 18-7 右图，红表笔接接线端子上 A 端相线、黑表笔接对接插头中黄线测量电压，实测约为 0V，说明故障在室外机，排除室内外机连接线故障。

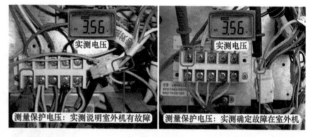

测量保护电压：实测说明室外机有故障　　测量保护电压：实测确定故障在室外机

图 18-7　测量保护黄线电压

2. 测量室外机主板和按压交流接触器按钮

见图 18-8 左图，接接线端子相线的红表笔不动、黑表笔改接室外机主板上黄线测量电压，实测约为 0V，说明故障在室外机主板。

判断室外机主板损坏前应测量其输入部分是否正常，即电源电压、电源相序、直流 5V 等。判断电源电压和电源相序简单的方法是按压交流接触器（交接）按钮，强制触点闭合为压缩机供电，

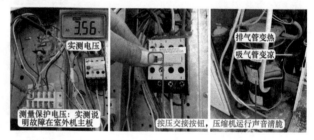

测量保护电压：实测说明故障在室外机主板　　按压交流接触按钮，压缩机运行声音清脆

图 18-8　测量主板保护黄线电压和按压交流接触器按钮

再聆听压缩机声音：无声音，检查电源电压；声音沉闷，检查电源相序；声音正常，说明供电正常。

见图 18-8 中图和右图，本例按压交流接触器按钮时压缩机运行声音清脆，手摸排气管温度迅速变热、吸气管温度迅速变凉，说明压缩机运行正常，排除电源供电故障。

3. 测量 5V 电压和短接输入输出引线

使用万用表直流电压挡，见图 18-9 左图，黑表笔接插头中黑线、红表笔接白线测量电压，实测为 5V，说明室内机主板输出的直流 5V 电压已供至室外机主板，查看室外机主板上指示灯也已点亮，说明 CPU 已工作，故障为室外机主板损坏。

为判断空调器是否还有其他故障，断开空调器电源，见图 18-9 右图，拔下室外机主板上输入黑线、输出黄线插头，并将两个插头直接连在一起，再次将空调器通上电源，室内机 3 个指示灯不再同时闪烁，为正常的熄灭处于待机状态，使用遥控器开机，室内风机和室外机均开始运行，同时开始制冷，说明空调器只有室外机主板损坏。

测量 5V 电压：实测说明正常　　短接输入和输出引线：故障排除

图 18-9　测量 5V 电压和短接室外机主板

维修措施：见图 18-10，由于暂时没有相同型号的新主板更换，使用型号相同的配件代换，上电试机空调器制冷正常。使用万用表交流电压挡测量室外机接线端子相线 A 和对接插头黄线电压，实测为交流 220V，说明故障已排除。

三、代换美的空调器相序板

如果美的 KFR-120LW/K2SDY 柜式空调器室外机主板损坏，但暂时没有配件更换时，可使用通用相序保护器进行代换，其实物外形和接线图见图 6-36 和图 6-37，代换步骤如下。

1. 固定接线底座

取下室外机前盖，见图 18-11，由于通用相序保护器体积较大且较高，应在室外机电控盒内寻找合适的位置，使安装室外机前盖时不会影响保护器，找到位置后使用螺丝将接线底座固定在电控盒铁皮上面。

2. 安装引线

见图 18-12，拔下室外机主板（相序板）相序检测插头，其共有 4 根引线即 3 根相线和 1 根 N 零线，由于通用相序保护器只检测三相相线且使用螺丝固定，取下 N 端黑线和插头，并将 3 根相线剥开适当长度的绝缘层。

（1）安装输入侧引线

见图 18-13，将室外机接线端子上 A 端红线接在底座 1 号端子、将 B 端白线接在底座 2 号端子、将 C 端蓝线接在底座 3 号端子，完成安装输入侧的引线。

（2）安装输出侧引线

查看为压缩机供电的交流接触器线圈端子，见图 18-14 左图，1 端子接 N 端零线，另 1 端子接对接插头上红线，受室内机主板控制，由于原机设有室外机主板，当检测到相序错误或缺相等故障时，其输出信号至室内机主板，室内机主板 CPU 检测后立即停止压缩机和室外风机供电，并显示故障代码进行保护。

取下室外机主板后对应的相序检测或缺相等功能改由通用相序保护器完成，但其不能直接输出至室内机，见图 18-14 中图和右图，因此应剪断对接插头中的红线，使交流接触器线圈的供电串接在输出侧继电器触点回路中，并将交流接触器线圈红线接至输出侧 6 号端子。

图 18-10　更换主板和测量保护电压

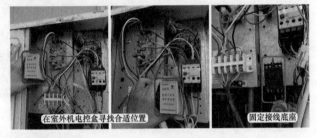
图 18-11　固定接线底座

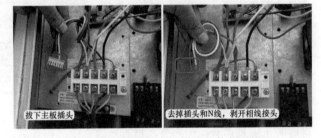
图 18-12　拔下原主板插头并剪断引线

图 18-13　安装输入侧引线

图 18-14　安装交流接触器线圈红线

见图 18-15，再将对接插头中红线接在输出侧的 5 号端子，这样输出侧和输入侧的引线就全部安装完成，接线底座上共有 5 根引线，即 1-2-3 号端子为相序检测输入、5-6 号端子为继电器常开触点输出，其 4-7-8 端子空闲不用，再将控制盒安装在接线底座并锁紧。

　　3. 更改主板引线

　　见图 18-16，取下室外机主板，并将输出的保护黄线插头插在室外机电控盒中 N 零线端子，相当于短接室外机主板功能。

　　见图 18-17，找到室外机主板的 5V 供电插头和室外管温传感器插头，查看 5V 供电插头共有 3 根引线：白线为 5V、黑线为地线、红线为传感器，传感器插头共有两根引线，即红线和黑线，将 5V 供电插头和传感器插头中的红线、黑线剥开绝缘层，引线相连并联接在一起，再使用绝缘胶布包裹。

　　4. 安装完成

　　此时，使用通用相序保护器代换相序板的工作就全部完成，见图 18-18 左图。

　　上电试机，当相序保护器检测相序正常，见图 18-18 中图，其工作指示灯点亮，表示输出侧 5-6 号端子接通，遥控器开机，室内机主板输出压缩机和室外风机供电电压时，交流接触器触点吸合，压缩机应能运行，同时室外风机也能运行。

　　如果上电后相序保护器上工作指示灯不亮，见图 18-18 右图，表示检测相序错误，输出侧 5-6 号端子断开，此时即使室内机主板输出压缩机和室外风机工作电压，也只有室外风机运行，压缩机因交流接触器线圈无供电、触点断开而不能运行。此时只要断开空调器电源，对调相序保护器接线底座上 1-2 端子引线即可。

图 18-15　安装对接插头中红线

图 18-16　取下原主板和更改主板引线

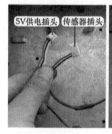

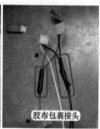

图 18-17　短接传感器引线

图 18-18　代换完成

四、代换海尔空调器相序板

　　故障说明：海尔 KFR-120LW/L（新外观）柜式空调器，用户反映不制冷，室内机吹自然风。上门检查，遥控器开机，电源和运行指示灯亮，室内风机运行，吹风为自然风，到室外机查看，发现室外风机运行，但压缩机不运行。

　　1. 测量电源电压

　　压缩机由三相电源供电，首先使用万用表交流电压挡，见图 18-19 左图，测量三相电源电压是否正常，分 3 次测量，实测室外机接线端子上 R-S、R-T、S-T 电压均约为交流 380V，初步判断三相供电正常。

为准确判断三相供电，依旧使用万用表交流电压挡，见图 18-19 右图，测量三相供电与零线 N 电压，分 3 次测量，实测 R-N、S-N、T-N 电压均为交流 220V，确定三相供电正常。

测量 R-S、R-T、S-T 电压：实测说明正常　　测量R-N、S-N、T-N电压：实测说明正常

图 18-19　测量三相相线和三相 -N 电压

2. 测量压缩机和室外风机电压

室外机 6 根引线的接线端子连接室内机，1 号白线为相线 L、2 号黑线为零线 N、6 号黄绿线为地，共 3 根线由室外机电源向室内机供电；3 号红线为压缩机、4 号棕线为四通阀线圈、5 号灰线为室外风机，共 3 根线由室内机主板输出，去控制室外机负载。

使用万用表交流电压挡，见图 18-20 左图，黑表笔接 2 号零线 N 端子，红表笔接 3 号压缩机端子，实测电压约交流 220V，说明室内机主板已输出压缩机供电，故障在室外机。

见图 18-20 右图，黑表笔不动接 2 号零线 N 端子，红表笔接 5 号室外风机端子，实测电压约交流 220V，也说明室内机主板已输出室外风机供电。

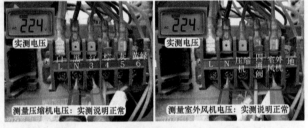

测量压缩机电压：实测说明正常　　　测量室外风机电压：实测说明正常

图 18-20　测量压缩机和室外风机电压

3. 按压交流接触器按钮和测量线圈电压

取下室外机顶盖，见图 18-21 左图，查看为压缩机供电的交流接触器按钮未吸合，说明其触点未导通，用手按压按钮，强制使触点吸合，此时压缩机开始运行，手摸排气管发热、吸气管变凉，说明制冷系统和供电相序均正常。

使用万用表交流电压挡，见图 18-21 右图，红、黑表笔接交流接触器线圈的两个端子测量电压，实测电压约交流 0V，说明室外机电控系统出现故障。

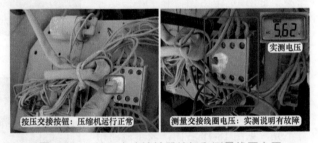

按压交接按钮：压缩机运行正常　　测量交接线圈电压：实测说明有故障

图 18-21　按压交流接触器按钮和测量线圈电压

4. 测量相序板电压

查看室外机接线图或实际连接线，发现交流接触器线圈引线 1 端经相序板接零线、1 端经接 3 号端子接室内机主板相线，原理和格力空调器相同。

相序板实物外形见图 18-22 左图，共有 5 根引线：输入端有 3 根引线，为三相相序检测，连接室外机接线端子 R-S-T 端子；输出端共两根引线，连接继电器的两个端子，一根接零线 N、一根接交流接触器线圈。

使用万用表交流电压挡，见图 18-22 中图，红表笔接交流接触器线圈相线 L 相当于接 3 号端子压缩机引线，黑表笔接相序板零线引线，实测电压为交流 220V，说明零线已送至相序板。

见图 18-22 右图，红表笔不动依旧接相线 L，黑表笔接相序板上连接交流接触器线圈引线，实测电压约为交流 0V，说

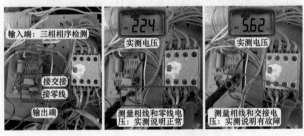

测量相线和零线电压：实测说明正常　　测量相线和交接电压：实测说明有故障

图 18-22　测量相序板电压

明相序板继电器触点未吸合，由于三相供电电压和相序均正常，判断相序板损坏。

5. 使用通用相序保护器代换

由于暂时配不到原机相序板，查看其功能只是相序检测功能，决定使用通用相序保护器进行代换，其实物外形和接线图见图 6-36 和图 6-37，代换步骤如下。

代换时断开空调器电源，见图 18-23，拔下相序板的 5 根引线，并取下相序板，再将通用相序保护器的接线底座固定在室外机合适的位置。

原机相序板使用接线端子，引线使用插头，而接线底座使用螺丝固定，见图 18-24，因此剪去引线插头，并剥出适当长度的接头，将 3 根相序检测线接入底座 1-2-3 端子。

见图 18-25，把原相序板两根输出端的继电器引线不分反正接入 5-6 端子，再将相序保护器的控制盒安装底座上并锁紧，完成使用通用相序保护器代换原机相序板的接线。

6. 对调输入侧引线

将空调器通上电源，见图 18-26 左图，查看通用相序保护器的工作指示灯不亮，判断其检测相序与电源相序不相同，使用遥控器开机后，交流接触器按钮未吸合，不能为压缩机供电，压缩机依旧不运行，只有室外风机运行。

由于原机电源相序符合压缩机运行要求，只是通用相序保护器检测不相同，因此断开空调器电源，见图 18-26 中图和右图，取下控制盒，对调接线底座上 1-2 端子引线，安装后上电试机，通用相序保护器工作指示灯已经点亮，遥控器开机后压缩机和室外风机均开始运行，故障排除。

维修措施：使用通用相序保护器代换相序板。

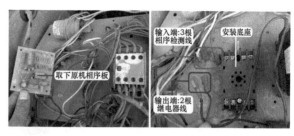

图 18-23　取下相序板和安装底座

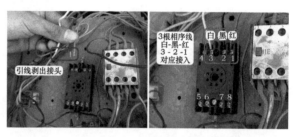

图 18-24　安装输入端引线

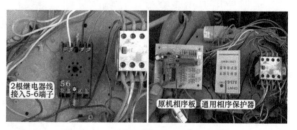

图 18-25　安装输出引线和代换完成

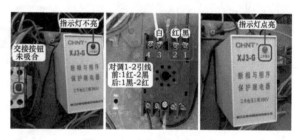

图 18-26　对调输入侧引线

第 2 节　压缩机电路故障

一、交流接触器线圈开路

故障说明：美的 KFR-120LW/K2SDY 柜式空调器，用户反映不制冷，室内机吹自然风。

1. 测量室内机主板电压和查看室外机

上门检查，使用遥控器开机，电源和运行灯点亮，室内风机开始运行，用手在出风口感觉为自然风，没有凉风吹出。

取下室内机电控盒盖板，使用万用表电压挡，见图 18-27 左图，黑表笔接室内机接线端子上 N 端、红表笔接主板 comp 端子红线测量压缩机电压，实测为交流 220V；黑表笔接 N 端不动，红表笔接主板 out fan 端子白线测量室外风机电压，实测为交流 220V，说明室内机主板已输出供电，故障在室外机。

到室外机查看，见图 18-27 右图，发现室外风机运行，但压缩机不运行，说明不制冷故障由压缩机未运行引起。

2. 按压交流接触器按钮

见图 18-28，查看为压缩机供电的交流接触器，发现按钮未吸合，说明触点未吸合；用手按压交流接触器按钮，强制使触点吸合，压缩机开始运行，手摸排气管迅速变热、吸气管迅速变凉，说明供电相序和压缩机均正常，故障在交流接触器电路。

3. 测量交流接触器线圈电压

依旧使用万用表交流电压挡，见图 18-29 左图，黑表笔接室外机接线端子上 N 端、红表笔接对接插头中红线测量压缩机电压，实测结果为交流 220V，说明室内机主板输出的供电已送至室外机。

见图 18-29 右图，将万用表表笔直接测量交流接触器线圈引线即红线和黑线，实测结果为交流 220V，说明室内机主板输出的供电已送至交流接触器线圈，初步判断故障为交流接触器线圈开路损坏。

4. 测量交流接触器线圈阻值

断开空调器电源，使用万用表电阻挡，直接测量交流接触器线圈阻值，正常阻值约 300Ω，实测阻值为无穷大，为准确判断，取下交流接触器线圈引线、输入和输出触点引线，再取下固定螺丝后取下交流接触器，见图 18-30 左图，使用万用表电阻挡量线圈阻值，实测结果仍为无穷大，确定交流接触器线圈开路损坏。

维修措施：见图 18-30 中图和右图，使用备件更换交流接触器，恢复连接线后上电试机，交流接触器按钮吸合，说明交流接触器触点吸合，压缩机和室外风机均开始运行，同时空调器开始制冷，故障排除。

图 18-27 测量压缩机电压和查看室外机

图 18-28 按压交流接触器按钮

图 18-29 测量交流接触器线圈电压

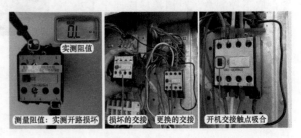

图 18-30 测量线圈阻值和更换交流接触器

二、调整三相供电相序

故障说明：格力 KFR-120LW/E（12568L）A1-N2 柜式空调器，用户反映第一年制热正常，但等到第二年入夏使用制冷模式时，发现不制冷，室内机吹自然风。

1. 按压交流接触器按钮

首先到室外机检查，室外风机运行，但压缩机不运行，见图18-31左图，查看交流接触器的强制按钮，发现触点未吸合。

使用万用表交流电压挡，见图18-31右图，表笔接交流接触器线圈端子测量电压，正常为交流220V，实测为0V，说明交流接触器线圈的控制电路有故障。

2. 测量黑线电压和按压交流接触器强制按钮

依旧使用万用表交流电压挡，见图18-32左图，黑表笔接室外机接线端子N端、红表笔接方形对接插头中压缩机黑线，实测电压为交流220V，说明室内机主板已输出供电，故障在室外机上。

交流接触器线圈N端中串接有相序保护器，当相序错误或缺相时其触点断开，也会引起压缩机不运行的故障。使用万用表交流电压挡，测量三相供电L1-L2、L1-L3、L2-L3电压均为交流380V，三相供电与N端即L1-N、L2-N、L3-N电压均为交流220V，说明三相供电正常。

图18-31　交流接触器未吸合和测量线圈电压

见图18-32右图，使用螺丝刀头按住强制按钮，强行接通交流接触器的3路触点，此时压缩机运行，但声音沉闷，手摸吸气管和排气管均为常温，说明三相供电相序错误。

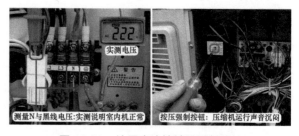

图18-32　按压交流接触器强制按钮

维修措施：见图18-33，调整相序。方法是任意对调三相供电引线中的两根引线位置，见图18-29，本例对调L1和L2端子引线位置。

因电源供电相序错误需要调整，常见

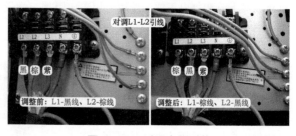

图18-33　对调电源引线

于刚安装的空调器、长时间不用而在此期间供电部门调整过电源引线（电线杆处）、房间因装修调整过电源引线（空气开关处）。

三、三相缺相

故障说明：格力KFR-120LW/E（1253L）V-SN5柜式空调器，用户反映不制冷，开机后整机马上停机，显示E1代码，关机后再开机，室内风机运行，但3min后整机再次停机，并显示E1代码。

1. 测量高压保护黄线电压

使用万用表交流电压挡，见图18-34，红表笔接室内机主板L端子棕线、黑表笔

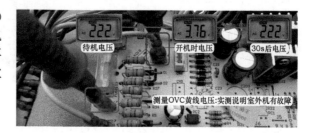

图18-34　测量高压保护电路电压

接OVC端子黄线，测量待机电压约为交流220V，说明高压保护电路室外机部分正常。

按压显示板"开/关"键开机，CPU 控制室内风机、室外风机、压缩机运行，但 L 与 OVC 电压立即变为 0V，约 3s 后整机停机并显示 E1 代码，待约 30s 后 L 与 OVC 电压又恢复成正常值 220V，根据开机后 L 与 OVC 电压变为交流 0V，判断室外机出现故障。

2. 测量电流检测板输出端子

到室外机查看，让用户断开空调器电源，约 1min 后再次上电开机，见图 18-35 左图，在开机瞬间细听压缩机发出"嗡嗡"声，但启动不起来，约 3s 后听到电流检测板继电器触点响一声（断开），约 3s 后室内机主板停止压缩机交流接触器线圈和室外风机供电，同时整机停机并显示 E1 代码，约 30s 后能听到电流检测板上继电器触点再次响一声（闭合）。

图 18-35　测量电流检测板输出端子电压

使用万用表交流电压挡，见图 18-35 右图，黑表笔接电源接线端子 L1 端（实接电流检测板上 L 棕线）、红表笔接电流检测板继电器的输出蓝线（连接高压压力开关），实测待机电压为交流 220V，在压缩机启动时约 3s 后继电器触点响一声后（断开）变为交流 0V，再待约 3s 后室内机主板停止交流接触器线圈供电，即断开压缩机供电，待约 30s 继电器触点响一声后（闭合），电压恢复至交流 220V，从实测说明由于压缩机启动时电流过大，使得电流检测板继电器触点断开，高压保护电路断开，室内机显示 E1 代码，判断为压缩机或三相电源供电故障。

3. 测量压缩机线圈阻值

待机状态交流接触器触点断开，相当于断开供电，输出端触点电压为交流 0V，此时即使室外机接线端子三相供电正常，使用万用表电阻挡，测量交流接触器下方输出端触点的压缩机引线阻值，也不会损坏万用表。

见图 18-36，实测棕线 - 黑线阻值为 2.2Ω、棕线 - 紫线阻值为 2.2Ω、黑线 - 紫线阻值为 2.3Ω，3 次测量阻值相等，判断压缩机线圈正常。

4. 测量接线端子电压

因三相供电不正常也会引起压缩机启动不起来，使用万用表交流电压挡，测量三相供电电压；又因电源接线端子上三相供电直接连接到交流接触器上方输入端触点，测量交流接触器上方输入端触点引线电压相当于测量电源接线端子的 L1-L2-L3 端子电压。

图 18-36　测量交流接触器输出端引线阻值

见图 18-37，测量棕线（接 L1）- 黑线（接 L2）电压为交流 382V、棕线 - 紫线（接 L3）电压为交流 293V、黑线 - 紫线电压为交流 115V，说明三相供电电源不正常，紫线（L3）端子出现故障。

依旧使用万用表交流电压挡，测量三相供电端子与 N 端电压，见图 18-38，实测 L1-N 端子电压为交流 221V、L2-N 端子电压为交流 219V、L3-N 端子电压为交流 179V，测量结果也说明 L3 端子对应紫线有故障。

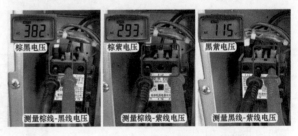

图 18-37　测量交流接触器上方引线电压

5. 测量压缩机电流

使用螺丝刀头按压交流接触器的强制按钮，强制为压缩机供电，同时使用万用表交流电流挡

（见图 18-39），依次测量压缩机的 3 根引线电流，实测棕线电流约 43A、黑线电流约 43A、紫线电流为 0A。综合测量三相电压结果，判断压缩机启动不起来，是由于紫线即 L3 端子缺相导致。

图 18-38　测量 L1-L2-L3 端子和 N 端电压

说明

压缩机启动不起来时因电流过大，如长时间强制供电，容易使压缩机内部过载保护器断开，断开后压缩机 3 根引线阻值均为无穷大，且恢复等待的时间较长，因此测量电流时速度要快。在强制供电的同时，能听到电流检测板继电器触点吸合或断开的声音，此时为正常现象。

图 18-39　测量压缩机电流

维修措施：检查空调器的三相供电电源，在空气开关处发现对应于 L3 端子的引线螺丝未拧紧（即虚接），经拧紧后在室外机电源接线端子处测量 L1-L2-L3 端子电压，3 次测量均为交流 380V，判断供电正常，再次上电开机，压缩机启动运行，制冷恢复正常。

总结

（1）本例空气开关处相线虚接，相当于接触不良，L3 端子与 L1、L2 端子电压变低（不为交流 0V），相序保护器检测后判断供电正常，其触点吸合，但室内机主板控制交流接触器触点吸合为压缩机线圈供电时，由于 L3 端缺相，压缩机启动不起来时电流过大，电流检测板继电器触点断开，CPU 检测后控制整机停机并显示 E1 代码。

（2）如果空气开关处 L3 端子未连接，L3 与 L1、L2 端子电压为交流 0V，相序保护器检测后判断为缺相，其触点断开，引起开机后室外风机运行、压缩机不运行，空调器不制冷的故障，但不报 "E1" 代码。

四、压缩机卡缸

故障说明：格力 KFR-120LW/E（1253L）V-SN5 柜式空调器，用户反映不制冷，开机后整机马上停机，显示 E1 代码（制冷系统高压保护），关机后再开机，室内风机运行，但 3min 后整机再次停机，并显示 E1 代码。

1. 检修过程

本例空调器上电时正常，但开机后立即显示 E1 代码，判断由于压缩机过电流引起，应首先检查室外机。

到室外机查看，让用户断开空调器电源后，并再次上电开机，在开机瞬间细听压缩机发出 "嗡嗡" 声，但启动不起来，约 3s 后听到电流检测板继电器触点响一声（断开），再待约 3s 后室内机主板停止压缩机交流接触器线圈和室外风机供电，同时整机停机并显示 E1 代码，待约 30s 后能听到电流检测板上继电器触点再次响一声（闭合）。

　　根据现象说明故障为压缩机启动不起来（卡缸），使用万用表交流电压挡测量室外机接线端子上 L1-L2、L1-L3、L2-L3 电压均为交流 380V，L1-N、L2-N、L3-N 电压均为交流 220V，说明三相供电电压正常。

　　使用万用表电阻挡，测量交流接触器下方输出端的压缩机 3 根引线之间阻值，实测棕线 - 黑线为 3Ω、棕线 - 紫线为 3Ω、黑线 - 紫线为 2.9Ω，说明压缩机线圈阻值正常。

图 18-40　测量压缩机电流

2. 测量压缩机电流

　　断开空调器电源并再次开机，同时使用万用表交流电流挡（见图 18-40），快速测量压缩机的 3 根引线电流，实测棕线电流约 56A、黑线电流约 56A、紫线电流约 56A，3 次电流相等，判断交流接触器触点正常，上方输入端触点的三相 380V 电压已供至压缩机线圈，判断为压缩机卡缸损坏。

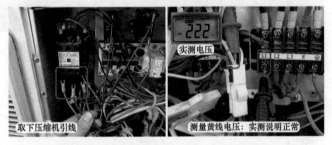

图 18-41　断开压缩机引线和测量黄线电压

3. 断开压缩机引线

　　为判断故障，见图 18-41，取下交流接触器下方输出端的压缩机引线，即断开压缩机线圈，再次开机，3min 延时过后，交流接触器触点吸合，室外风机和室内风机均开始运行，同时不再显示 E1 代码，使用万用表交流电压挡测量方形对接插头中 OVC 黄线与 L1 端子电压一直为交流 220V，从而确定为压缩机损坏。

　　维修措施：见图 18-42，更换压缩机。本机压缩机型号为三洋 C-SBX180H38A，安装后顶空加氟至 0.45MPa，制冷恢复正常，故障排除。

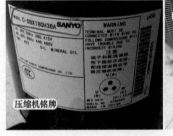

图 18-42　更换压缩机

 总结

　　（1）压缩机卡缸和三相供电缺相表现的故障现象基本相同，开机的同时交流接触器触点吸合，因引线电流过大，电流检测板继电器触点断开，整机停机并显示 E1 代码。

　　（2）因压缩机卡缸时电流过大，其内部过载保护器将很快将断开保护，并且恢复时间过慢，如果再次开机，将会引起室外风机运行、交流接触器触点吸合但压缩机不运行的假性故障，在维修时需要区分对待，区分的方法是手摸压缩机外壳温度，如果很烫为卡缸、如果常温为线圈开路。

第 ⑲ 章
变频空调器常见故障

第1节 通信电路故障

一、室内机和室外机连接线接错

故障说明：海信 KFR-26GW/11BP 挂式交流变频空调器，移机安装后开机，室内机主板向室外机供电，但室外机不运行，同时空调器不制冷。按压遥控器上的"传感器切换"键两次，显示板组件上"运行（蓝）- 电源"指示灯点亮，显示代码含义为"通信故障"。

1. 测量接线端子电压

在室内机接线端子上使用万用表直流电压挡，测量通信电路电压，见图 19-1 左图，黑表笔接 2 号 N 端，红表笔接 4 号 S 端，将空调器通上电源但不开机即待机状态，实测为直流 24V，说明室内机主板通信电压产生电路正常。

使用遥控器开机，室内机主控继电器触点闭合为室外机供电，见图 19-1 右图，通信电压由直流 24V 上升至 30V 左右，而不是正常的 0～24V 跳动变化的电压，说明通信电路出现故障，使用万用表交流电压挡测量 1 号 L 端和 2 号 N 端为交流 220V。

图 19-1　测量室内机接线端子 N 与 S 电压

2. 测量室外机接线端子电压

使用万用表交流电压挡，测量室外机接线端子中的 1 号 L 端和 2 号 N 端电压为交流 220V，说明室内机输出的交流电源已送至室外机。

使用万用表直流电压挡，见图 19-2 左图，黑表笔接 2 号 N 端，表笔接 4 号 S 端，测量通信电压约为直流 0V，说明通信信号未传送至室外机通信电路。由于室内机接线端子 2 号 N 端与 4 号 S 端有通信电压 24V，而室外机通信电压为 0V，说明通信信号出现断路。

使用万用表直流电压挡，见图 19-2 右图，红表笔接 4 号 S 端子不动，黑表笔接 1 号 L 端电压，正常电压应接近 0V，而实测电压为直流 30V，和室内机接线端子中的 2 号 N 端和 4 号 S 端电压相同，由于是移机的空调器，应检查室内外机连接线是否对应。

3. 检查室内机和室外机接线端子引线

断开空调器电源，此机原配引线够长，中间未加长引线，仔细查看室内机和室外机接线端子上的引线颜色，见图19-3，发现为1号L与2号N端子引线接反。

维修措施：对调室外机接线端子中的1号L端和2号N端引线位置，使室外机与室内机引线相对应，再次上电开机，室外机运行，空调器开始制冷，测量2号N端和4号S端的通信电压在0～24V跳动变化。

图 19-2　测量室外机 N 与 S、N 与 L 端电压

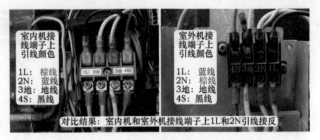

图 19-3　检查室内机和室外机接线端子引线

（1）根据图9-40的通信电路原理图，通信电压直流24V正极由电源L线降压、整流，与电源N线构成回路，因此2号N线具有双重作用，即与1号L线组合为交流220V为室外机供电，与4号S线组合为室内机和室外机的通信电路提供回路。

（2）本例1号L和2号N线接反后，由于交流220V无极性之分，因此室外机的直流300V、直流5V电压均正常，但室外机通信电路的公共端为电源L线，与4号S线不能构成回路，通信电路中断，造成室外机不运行，室内机CPU因接收不到通信信号，约2min后停止室外机供电，并报故障代码为"通信故障"。

（3）遇到开机后室外机不运行、报代码为"通信故障"时，如果为新装机或刚移机未使用的空调器，应检查室内机和室外机的连接引线是否对应。

二、室内机通信电路降压电阻开路

故障说明：海信 KFR-26GW/08FZBPC（a）挂式直流变频空调器，制冷开机室外机不运行，测量室内机接线端子上L与N电压为交流220V，说明室内机主板已向室外机输出供电，但一段时间以后室内机主板主控继电器触点断开，停止向室外机供电，按压遥控器上高效键4次，显示屏显示代码为"36"，含义为通信故障。

1. 测量 N 与 S 端电压

将空调器通上电源但不开机，使用万用表直流电压挡，见图19-4左图，黑表笔接室内机接线端子上零线N、红表笔接S，测量通信电压，正常为轻微跳动变化的直流24V，实测电压为0V，说明室内机主板有故障（注：此时已将室外机引线去掉）。

图 19-4　测量室内机接线端子通信电压和主板直流 24V 电压

见图 19-4 右图，黑表笔不动，红表笔接 24V 稳压二极管 ZD1 正极，电压仍为直流 0V，判断直流 24V 电压产生电路出现故障。

2. 直流 24V 电压产生电路工作原理

海信 KFR-26GW/08FZBPC（a）室内机通信电路直流 24V 电压产生电路原理图见图 19-5，实物图见图 19-6，交流 220V 电压中 L 端经电阻 R10 降压、二极管 D6 整流、电解电容 E02 滤波、稳压二极管（稳压值 24V）ZD1 稳压，与电源 N 端组合在 E02 两端形成稳定的直流 24V 电压，为通信电路供电。

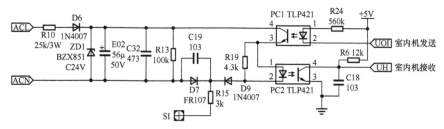

图 19-5　海信 KFR-26GW/08FZBPC（a）室内机通信电路原理图

3. 测量降压电阻两端电压

由于降压电阻为通信电路供电，因此使用万用表交流电压挡，见图 19-7，黑表笔不动依旧接零线 N 端，红表笔接降压电阻 R10 下端测量电压，实测约为 0V；红表笔测量 R10 上端电压为交流 220V，等于供电电压，初步判断 R10 开路。

4. 测量 R10 阻值

断开室内机主板供电，使用万用表电阻挡，见图 19-8，测量电阻 R10 阻值，正常为 25kΩ，在路测量阻值为无穷大，说明 R10 开路损坏；为准确判断，将其取下后，单独测量阻值仍为无穷大，确定开路损坏。

5. 更换电阻

见图 19-9 和图 19-10，电阻 R10 参数为 25kΩ/3W，由于没有相同型号电阻更换，实际维修时选用 2 个电阻串联代替，1 个为 15kΩ/2W，1 个为 10kΩ/2W，串联后安装在室内机主板上面。

6. 测量通信电压和 R10 下端电压

将空调器通上电源，使用万用表直流电压挡，见图 19-11 左图，黑表笔接室内机接线端子上零线 N 端，红表笔接 S 端测量电压为直流 24V，说明通信电压恢复正常。

万用表改用交流电压挡，见图 19-11 右图，黑表笔不动，红表笔接电阻 R10 下端测量电压，实测为交流 135V。

图 19-6　海信 KFR-26GW/08FZBPC（a）直流 24V 通信电压产生电路实物图

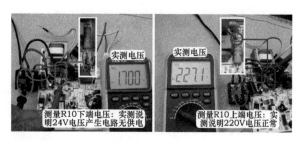

图 19-7　测量降压电阻 R10 下端和上端电压

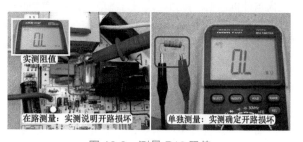

图 19-8　测量 R10 阻值

维修措施：见图 19-11 右图，代换降压电阻 R10。代换后恢复线路试机，遥控器开机后室外风机运行，约 10s 后压缩机开始运行，制冷恢复正常。

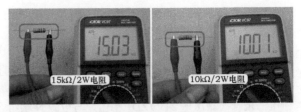

图 19-9　15kΩ 和 10kΩ 电阻

（1）本例通信电路专用电压的降压电阻开路，使得通信电路没有工作电压，室内机和室外机的通信电路不能构成回路，室内机 CPU 发送的通信信号不能传送到室外机，室外机 CPU 也不能接收和发送通信信号，压缩机和室外风机均不能运行，室内机 CPU 因接收不到室外机传送的通信信号，约 2min 后停止向室外机供电，并记忆故障代码为"通信故障"。

（2）遥控器开机后，室外机得电工作，在通信电路正常的前提下，N 与 S 端的电压，由待机状态的直流 24V，立即变为 0～24V 跳动变化的电压。如果室内机向室外机输出交流 220V 供电后，通信电压不变仍为直流 24V，说明室外机 CPU 没有工作或室外机通信电路出现故障，应首先检查室外机的直流 300V 和 5V 电压，再检查通信电路元件。

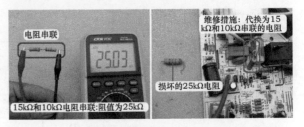

图 19-10　电阻串联后代替 R10

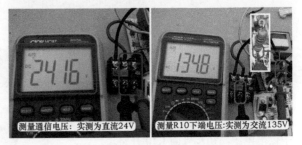

图 19-11　测量室内机接线端子通信电压和 R10 下端交流电压

三、室外机通信电路分压电阻开路

故障说明：海信 KFR-26GW/11BP 挂式交流变频空调器，遥控器开机后，压缩机和室外风机均不运行，同时不制冷。

1. 测量室内机接线端子通信电压

使用万用表交流电压挡，见图 19-12，测量室内机接线端子上 1 号 L 相线和 2 号 N 零线电压为交流 220V，说明室内机主板已向室外机供电；将挡位改用直流电压挡，黑表笔接室内机接线端子 2 号 N 零线，红表笔接 4 号通信 S 线，测量通信电压，正常值在待机时为稳定的直流 24V 电压，在

图 19-12　测量室内机接线端子通信电压

室内机向室外机供电时，变为 0～24V 跳变电压，而实测待机状态为直流 24V，遥控器开机后室内机主板向室外机供电后，通信电压仍为直流 24V 不变，说明通信电路出现故障。

2. 故障代码

取下室外机外壳，观察到室外机主板上直流 12V 电压指示灯常亮，初步判断直流 300V 和 12V 电压均正常，使用万用表直流电压挡测量直流 300V、12V、5V 电压均正常。

见图 19-13，查看模块板上指示灯闪 5次，报故障代码含义为"通信故障"；按压遥控器上"传感器切换"键两次，室内机显示板指示灯显示故障代码为"运行（蓝）、电源"灯亮，代码含义为"通信故障"。

室内机 CPU 和室外机 CPU 均报"通信故障"的代码，说明室内机 CPU 已发送通信信号，但同时室外机 CPU 未接收到通信信号，开机后通信电压为直流 24V 不变，判断通信电路中有开路故障，重点检查室外机通信电路。

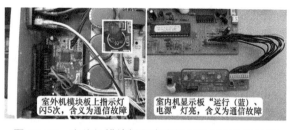

图 19-13　室外机模块板和室内机显示板组件报故障代码均为通信故障

3. 测量室外机通信电路电压

在空调器通上电源但不开机即处于待机状态时，见图 19-14，黑表笔接电源 N零线，红表笔接室外机主板上通信 S 线（①处），实测电压为直流 24V，和室外机接线端子上电压相同。

红表笔接分压电阻 R16 上端（②处），实测电压为直流 24V，说明 PTC 电阻TH01 阻值正常。

红表笔接分压电阻 R16 下端（③处），正常应和②处电压相同，而实测电压为直流 0V，初步判断 R16 阻值开路。

红表笔接发送光耦次级侧集电极引脚（④处），实测电压为 0V，和③处电压相同。

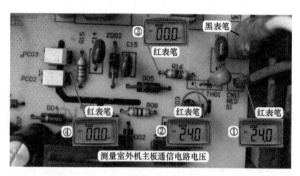

图 19-14　测量室外机主板通信电路电压

4. 测量 R16 阻值

R16 上端（②处）电压为直流 24V，而下端（③处）电压为直流 0V，可大致说明开路损坏，断开空调器电源，待直流 300V电压下降至直流 0V 时，见图 19-15，使用万用表电阻挡测量 R16 阻值，正常值为4.7kΩ，实测阻值为无穷大，判断开路损坏。

图 19-15　测量 R16 阻值

5. 更换 R16 分压电阻

见图 19-16，此机室外机主板通信电路分压电阻使用 4.7kΩ/0.25W，在设计时由于功率偏小，容易出现阻值变大甚至开路故障，因此在更换时应选用加大功率、阻值相同的电阻，本例在更换时选用4.7kΩ/1W 的电阻。

维修措施：更换室外机主板分压电阻R16，见图 19-16 右图，参数由原 4.7kΩ/0.25W 更换为 4.7kΩ/1W。更换后在空调器通上电源但不开机即处于待机状态时，测量室外机通信电路电压见图 19-17。

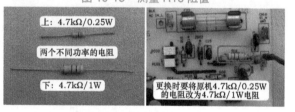

图 19-16　更换 R16 电阻

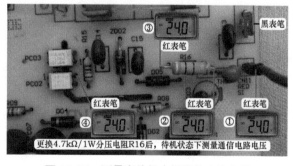

图 19-17　测量室外机主板通信电路电压

> 本例由于分压电阻开路，通信信号不能送至室外机接收光耦，使得室外机 CPU 接收不到室内机 CPU 发送的通信信号，因此通过模块板上指示灯报故障代码为"通信故障"，并不向室内机 CPU 反馈通信信号；而室内机 CPU 因接收不到室外机 CPU 反馈的通信信号，2min 后停止室外机的交流 220V 供电，并记忆故障代码为"通信故障"。

经验：判断 4.7kΩ 分压电阻是否开路的简单方法。

（1）测量接线端子通信电压，待机状态下为直流 24V，遥控器开机室内机主板向室外机供电后电压仍为直流 24V 不变，可说明室外机通信电路没有工作。

（2）测量 4.7kΩ 分压电阻上端电压为直流 24V，下端电压为直流 0V，两端压差超过 3V，即可判断分压电阻开路损坏。

（3）早期主板中 4.7kΩ 分压电阻阻值容易变大或开路损坏，主要原因是电阻功率选用 0.25W 相对较小，而通信电路中电流过大而导致，见图 19-18，后期主板已将 4.7kΩ 分压电阻功率改为 1W 或 2W。

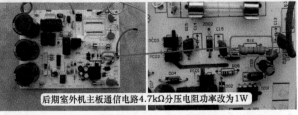

图 19-18　后期主板分压电阻功率改为 1W

四、室内机发送光耦损坏，室外机不运行

故障说明：海信 KFR-2601GW/BP 挂式变频空调器，遥控器开机后室内机主板向室外机供电，但压缩机和室外风机均不运行，空调器不制冷，按压遥控器上的"传感器切换"键两次，室内机显示板组件上的"运行"、"电源"指示灯闪烁报故障代码，含义为"通信故障"。图 19-19 为通信电路原理图。

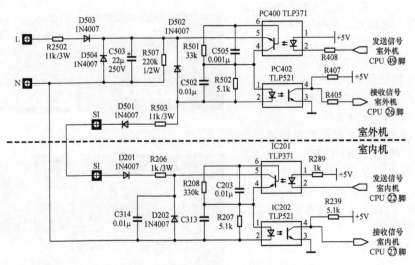

图 19-19　通信电路原理图

1. 测量接线端子电压

使用万用表直流电压挡，见图 19-20 左图，黑表笔接 2 号 N 端子，红表笔接 4 号 S 端子，测

量通信电压，在空调器上电但不开机即待机状态下，电压为负 20V 左右，此机通信电路电源设在室外机主板，测量待机状态的通信电压不能表明出现故障。

使用遥控器开机，室内机主板向室外机供电，见图 19-20 右图，通信电压由负 20V 变为直流 220V，而正常值为 0 ～ 140V 跳动变化的电压，说明通信电路出现故障。

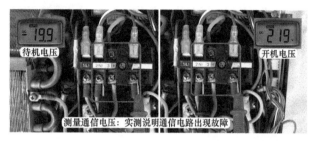

图 19-20　测量室内机接线端子 N 与 S 电压

2. 测量直流 140V 电压产生电路

由于通信电压产生电路设在室外机主板上，使用万用表直流电压挡测量直流 300V 电压和直流 5V 电压均正常，测量 D504 两端电压（黑表笔接负极，红表笔接正极，相当于测量滤波电容 C503 两端电压），见图 19-21 左图，实测电压为直流 220V，说明通信电压产生电路工作正常。

由于测量接线端子中的 2 号 N 端与 4 号 S 端电压和 D504 两端电压相同，均为直流 220V，说明室外机发送光耦 PC400 次级已导通，且分压电阻 R503 和 D501 正常。

于是在室内机测量光耦输入端电压，黑表笔接电源 N 线（实接 D202 正极），红表笔接发送光耦 IC201 次级侧⑤脚，即集电极，见图 19-21 右图，实测电压为直流 220V，说明 D201 和分压电阻 R206 正常，通信信号已送至室内机发送光耦。

图 19-21　测量直流 140V 电压和室内机发送光耦⑤脚电压

3. 测量室内机发送光耦电压

黑表笔不动，红表笔接 IC201 次级侧的④脚，即发射极，测量发送光耦输出端电压，见图 19-22 左图，实测电压约为直流 0V，说明 IC201 的⑤、④引脚未导通。

黑表笔接 IC201 初级侧的②脚，红表笔接①脚，测量初级侧发光二极管两端电压，见图 19-22 右图，实测为 0 ～ 1.1V 跳动变化的电压（其中 1.1V 时间比较长），说明室内机 CPU 未接收到室外机 CPU 发送的通信信号，已输出驱动电压至 IC201 初级侧，控制次级侧⑤、④引脚导通，为接收信号做准备，现初级侧已有 1.1V 的驱动电压，但次级侧⑤、④引脚未导通，判断 IC201 出现故障。

图 19-22　测量室内机发送光耦次级④脚和初级电压

4. 测量发送光耦

断开空调器电源，使用万用表二极管挡（见图 19-23），测量发送光耦 IC201 初级侧发光二极管，正常时应符合"正向导通、反向截止"的特性，实测结果说明 IC201 初级侧正常。

5. 代换发送光耦

发送光耦初级侧电压正常但次级侧引脚未导通，说明光耦损坏，但测量

图 19-23　测量发送光耦初级侧发光二极管正反向结果

初级侧发光二极管正常，判断故障原因有可能为光耦内部光源传送不正常或次级侧光电三极管开路损坏，但由于无法准确测量，见图 19-24，试从正常空调器主板上拆下同型号光耦（TLP371）进行代换。遥控器开机后压缩机和室外风机运行，空调器开始制冷，再次测量室内机接线端子上的通信电压，为正常的 0～70～140V 跳动变化的电压。

损坏的光耦

维修措施：更换光耦，测量N-S电压为0～70～140V跳动变化

图 19-24　代换发送光耦后测量通信 N 与 S 端电压

维修措施：更换室内机发送光耦 IC201。

（1）本例由于室内机发送光耦次级侧引脚不能导通，通信电路不能构成回路，使得室外机 CPU 发送的信号不能传送至室内机 CPU，室内机 CPU 发送的信号也不能传送至室外机 CPU，通信中断，因而室外机不运行，室内机报故障代码为"通信故障"。

（2）本机通信电压产生电路产生直流 140V 为通信电路提供载波电压，设在室外机主板上且没有稳压光耦，本例由于室内机发送光耦次级侧开路，通信电压不能与 N 线构成回路，因而从接线端子上测得的通信电压为直流 220V 而非直流 140V。

（3）本机如果室内机接收光耦 IC202 初级侧发光二极管开路，将出现和本例相同的故障现象，室内机接线端子上的通信电压也为直流 220V。

（4）本机通信电路常见故障。室外机主板：降压电阻 R502 或分压电阻 R503 开路，发送光耦 PC400 或接收光耦 PC402 损坏；室内机主板：分压电阻 R206 开路，发送光耦 IC201 或接收光耦 IC202 损坏。

五、开关电源启动电阻开路

故障说明：海信 KFR-2601GW/BP 挂式交流变频空调器，制冷开机，室外风机和压缩机均不运行，使用万用表交流电压挡测量室外机接线端子上 L 与 N 电压为交流 220V，说明室内机主板已输出供电，测量 N 与 S 端电压为直流 -90V，说明通信电路出现故障，按压遥控器上"传感器切换"键 2 次，显示板组件指示灯报故障代码也为"通信故障"。

由于本机通信电路电源设在室外机主板上面，因此取下室外机外壳，测量滤波电容上电压，实测结果为直流 300V，说明 300V 电压产生电路正常，故障在室外机主板，应检查直流 5V 电压是否正常。

1．测量直流 5V 电压

见图 19-25 左图，本机开关电源设在模块板，滤波电容上直流 300V 电压经连接线送至模块 P-N 端，其中的 1 个支路为开关电源电路供电，开关电源电路工作后输出 5 路电压，其中 4 路为直流 15V，为模块内部控制电路供电，1 路为直流 12V，经连接线送至室外机主

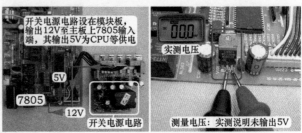

开关电源电路设在模块板，输出12V至主板上7805输入端，其输出5V为CPU等供电

实测电压

5V

7805

12V

开关电源电路

测量电压：实测说明未输出5V

图 19-25　开关电源电路和测量 5V 电压

板上 7805 的①脚输入端，其③脚输出端输出直流 5V 电压，为 CPU 提供电源。

使用万用表直流电压挡，见图 19-25 右图，黑表笔接地、红表笔接 7805 的③脚输出端，正常电压为直流 5V，而实测电压为 0V，说明室内机报"通信故障"是由于 CPU 没有工作电压引起，应检查 7805 的①脚输入端直流 12V 电压。

2. 测量直流 12V 和 15V 电压

依旧使用万用表直流电压挡，见图 19-26，黑表笔接地、红表笔接 7805 的①脚输入端，正常电压约为直流 12V，实测电压为直流 0V，检查模块板上其中 1 路直流 15V 电压，实测也为 0V。直流 12V 和直流 15V 电压均为 0V，判断开关电源电路未工作。

图 19-26　测量直流 12V 和 15V 电压

3. 测量集电极电压

本机开关电源电路由分离元件组成，见图 19-27，以开关管、开关变压器等为核心元件，将万用表黑表笔接开关管发射极（E）引脚即直流 300V 电压负极、红表笔接集电极（C）引脚，正常时万用表显示值应为快速跳动的直流 300V 电压，而实测为稳定的直流 300V 电压，说明开关电源电路未振荡运行。

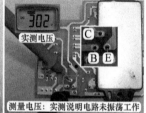

图 19-27　开关电源电路主要元件位置和测量集电极电压

4. 测量基极电压和启动电阻

万用表黑表笔不动、红表笔改接开关管基极（B）引脚，见图 19-28 左图，正常电压约为 -3V，而实测电压为 0V，说明开关电源电路未振荡运行。

断开空调器电源，待滤波电容内直流 300V 电压放净后，见图 19-28 右图，使用万用表二极管挡测量开关管和稳压二极管正常，使用电阻挡测量启动电阻时阻值为无穷大，而正常阻值为 200kΩ，说明开路损坏。

图 19-28　测量基极电压和启动电阻阻值

维修措施：更换启动电阻，见图 19-29 左图，遥控器开机后室外风机和压缩机均开始运行，再次测量开关管基极电压为 -3.2V。

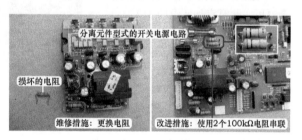

图 19-29　更换启动电阻

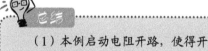

（1）本例启动电阻开路，使得开关管因无启动电压而不能工作，开关电源电路处于停振状态，二次绕组无直流 12V 和直流 15V 电压输出，室外机主板上的 5V 电压为 0V，CPU 不能工作，因此不能发送通信信号，室内机报故障代码为"通信故障"。

（2）本例启动电阻参数为 200kΩ/1W，由于受直流 300V 强电电压冲击，阻值容易变大直至无穷大而引发本例故障，在实际维修中占到一定比例。部分变频空调器开关电源电路（如海信 KFR-4001GW/BP，见图 19-29 右图），工作原理和主要元器件型号与本例相同，设在室外机主板上面，启动电阻则选用两个100kΩ/1W的电阻串联使用，在实际维修中损坏的比例相对较小。

（3）本例开关电源只是启动电阻开路损坏，使用万用表直流电压挡，将黑表笔接直流300V电压负极，红表笔接基极（B）或集电极（C）测量引脚电压时，在接触引脚的瞬间，开关电源电路能起振并工作正常，这是由于万用表内阻起了"启动电阻"的作用。

（4）本例开关电源电路常见元器件故障有：开关管击穿或开路、稳压二极管击穿或开路、启动电阻开路、电容容量减小等。这些均会引起开关电源电路不能正常工作，室外机CPU也不能工作，室内机报"通信故障"的故障代码。

第2节　单元电路故障

一、压缩机排气传感器分压电阻开路

故障说明：海信KFR-26GW/27FZBPE挂式直流变频空调器，用户反映不制冷，检查室外风机运行，但压缩机不运行，取下室外机外壳，观察室外机主板LED1亮、LED2和LED3灭，查看故障代码含义为"压缩机排气传感器故障"；按压遥控器上"高效"键4次，室内机显示屏显示代码为"02"，含义仍为"压缩机排气传感器故障"，说明室外机主板传感器电路出现故障。室外机传感器电路原理图参见图10-20。

1. 测量传感器电路电压

使用万用表直流电压挡，见图19-30，黑表笔接室外机主板直流5V电压地，红表笔接传感器插座测量电压，此时室外环温约35℃。

测量室外环温传感器（OUTD00K）黄色插座CN09，供电电压（①处）为直流5V，分压点电压（②处）为直流2.7V，判断室外环温传感器分压电路正常。

图19-30　测量室外机传感器插座电压

测量室外管温传感器（COIL）黑色插座CN08，供电电压（③处）为直流5V，分压点电压（④处）为直流2.6V，判断室外管温传感器分压电路正常。

测量压缩机排气传感器（COMP）白色插座CN07，供电电压（⑤处）为直流5V，分压点电压（⑥处）也为直流5V，说明压缩机排气传感器分压电路出现故障。

此机未设压缩机顶盖温度开关，因此室外机主板上相应插座为空。

2. 测量压缩机排气传感器阻值

拔下压缩机排气传感器插头，见图19-31，使用万用表电阻挡测量插头阻值，实测阻值约为

37kΩ，判断传感器阻值正常，应检查分压
电阻阻值。

提示

压缩机排气传感器阻值为 25℃ /
65kΩ。

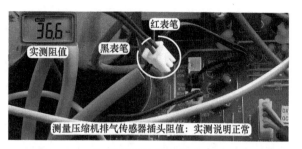

图 19-31　测量压缩机排气传感器插头阻值

3. 测量压缩机排气传感器分压电阻阻值

此机分压电阻使用贴片形式，安装在
室外机主板背面，因此断开空调器电源，
待开关电源电路停止工作后，取下室外机
主板，使用万用表电阻挡，见图 19-32，
测量分压电阻 R15 阻值，正常为 6.8kΩ，
实测阻值为无穷大，说明开路损坏。

4. 压缩机排气传感器分压电阻

R15 为贴片电阻，见图 19-33，表面数字
682，阻值为 6.8kΩ，由于没有相同阻值的贴
片电阻，选用阻值相同的五环精密电阻代换。

维修措施：见图 19-34，使用五环精
密 6.8kΩ 电阻代换贴片电阻 R15。

安装室外机主板引线，再将空调器通
上电源并使用遥控器开机，见图 19-35，
使用万用表直流电压挡测量压缩机排气传感
器插座分压点（⑥处）电压，室外机未运行
时待机电压为直流 0.8V（此时阻值为 37kΩ），
室外风机运行后约 15s 压缩机开始运行，空
调器开始制冷，随着压缩机运行，排气管温
度也逐渐升高，排气传感器阻值也逐渐下降，
因此分压点电压逐渐上升，运行约 7min 后，
分压点电压稳定，实测为直流 2.53V，此时
拔下压缩机排气传感器插头，使用万用表
电阻挡测量阻值约为 6.8kΩ。

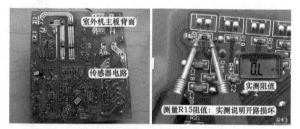

图 19-32　测量压缩机排气传感器分压电阻阻值

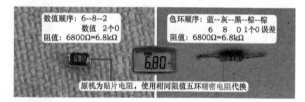

图 19-33　6.8kΩ 贴片电阻和精密电阻

图 19-34　代换压缩机排气传感器分压电阻

二、室内管温传感器阻值变小

故障说明：海信 KFR-45LW/39BP 柜
式交流变频空调器，先前由同事维修，遥
控器开机后室外风机和压缩机均不运行，

图 19-35　测量室外机传感器插座电压

检查室外机主板直流 300V、12V、5V 电压均正常，判断室外机主板损坏，见图 19-36，经更换后
故障依旧，又判断为室内机主板故障，在更换时邀请笔者一起去用户家维修。

1. 测量接线端子电压

上门检查，取下室内机进风格栅，短接门开关引线，在更换室内机主板前测量室内机的关键点

电压。

使用万用表交流电压挡，见图 19-37 左图，遥控器开机后测量室内机接线端子 1 号 L 和 2 号 N 零线电压为交流 220V，说明室内机主板已向室外机输出供电。

将挡位换为直流电压挡，见图 19-37 右图，黑表笔接 2 号 N 零线，红表笔接 4 号通信 S 线，测量通信电压，开机后为 0～24V 跳动变化的正常电压，判断室外机主板 CPU 工作正常，且通信电路也工作正常。

2. 测量传感器电路电压

使用万用表直流电压挡，见图 19-38，黑表笔接室内机主板 7805 中间引脚地，红表笔测量室内机环温和管温传感器插座电压，此时室内温度约为 30℃。

测量室内环温传感器（ROOM）红色插座 CN11，供电电压（①处）为直流 5V，分压点电压（②处）为直流 2.7V；测量室内管温传感器（COIL）黑色插座 CN12，供电电压（③处）为直流 5V，分压点电压（④处）为直流 4.7V；同一温度下环温分压点和管温分压点电压相差约 2V，初步判断室内管温传感器分压电路出现故障。

室外机不运行：更换室外机主板故障依旧，判断故障在室内机主板

图 19-36　更换室外机主板和室内机主板

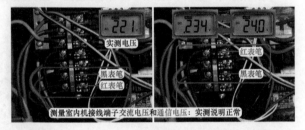

测量室内机接线端子交流电压和通信电压：实测说明正常

图 19-37　测量室内机接线端子交流 220V 电压和通信电压

图 19-38　测量室内机主板环温和管温传感器插座电压

说明

本处图片只是为便于理解，实际测量时环温和管温传感器均安装在插座上面。

3. 测量传感器阻值

拔下室内环温和室内管温传感器插头，见图 19-39，使用万用表电阻挡测量阻值，实测管温传感器阻值为 357Ω，环温传感器阻值约为 4kΩ，管温传感器阻值正常时应和环温传感器相等约为 5kΩ，根据测量结果判断管温传感器阻值变小损坏。

维修措施：见图 19-40 左图，更换管温传感器。

应急措施：由于管温传感器安装在蒸发器管壁上面，需要取下室内机上面板和蒸发器挡板才能更换，应急试机见图 19-40 右图，可将待更换的管温传感器探头插在室内外机连接管道中粗管（回气管）保温套之中，并使探头紧靠粗管。

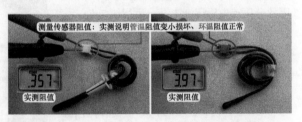

测量传感器阻值：实测说明管温阻值变小损坏、环温阻值正常

图 19-39　测量室内机环温和管温传感器阻值

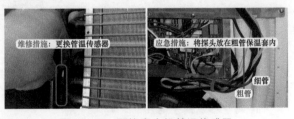

图 19-40　更换室内机管温传感器

（1）定频空调器管温传感器阻值变大或变小损坏，通常表现为室内机主板不向室外机供电。如果输出交流电压，压缩机和室外风机运行，系统就开始制冷，由于传感器损坏不能正确检测蒸发器温度，会导致系统进入不正常的状态。

（2）变频空调器室内机和室外机均设有电控系统，主板 CPU 通过通信电路传送信号，即使室内机出现故障如室内管温传感器损坏，室内机主板向室外机供电后，将温度信号和控制命令经通信电路传送至室外机 CPU，可控制压缩机和室外风机均不运行。

（3）目前海信变频空调器室外机主板或模块板的指示灯为 3 个，可以显示室内机或室外机的故障代码，室内机出现故障（如传感器电路或室内风机损坏），均能在室外机显示，因此室内机故障时通常可以向室外机供电。

（4）海信早期变频空调器室外机故障代码指示灯通常只有 1 个，不能显示室内机的故障代码，当室内机出现故障时，通常不向室外机供电，和定频空调器基本相同。

（5）从本例也可以看出，即使元件出现相同的故障，不同时期的电控系统表现出的故障现象也不一样，在维修时需要注意。

三、存储器数据错误

故障说明：海信 KFR-28GW/39MBP 挂式交流变频空调器，遥控器开机后室外风机和压缩机均不运行，空调器不制冷。

1. 查看室外机

将空调器通上电源，遥控器开机，室外风机和压缩机均不运行，室内风机吹自然风，取下室外机顶盖，见图 19-41，查看室外机主板直流 12V 电压指示灯亮，判断开关电源电路已正常工作，查看模块板时，发现上面 3 个指示灯 LED1、LED2、LED3 全部点亮，查看故障代码为"室外机存储器故障"。本机室外机存储器型号为 24C02。

2. 测量存储器工作电压

使用万用表直流电压挡，见图 19-42 左图，黑表笔接存储器④脚地（此机①/②/③/④脚相连，实接①脚），红表笔接⑧脚测量电压，实测为直流 5V，说明电压正常。

图 19-41　故障代码和存储器安装位置

断开空调器电源，待室外机主板停止工作后，取下存储器，见图 19-42 右图，查看外观完好，由于硬件一般不会损坏，初步判断内部数据丢失或错误，导致 CPU 上电复位检测时判断为故障。

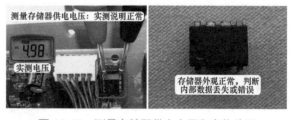

图 19-42　测量存储器供电电压和实物外形

维修措施：见图 19-43，由于新购的存储器 24C02 内部数据为空白状态，使用编程器写入和空调器型号相同的数据，安装在模块板，室外机上电后模块板上 3 个指示灯全部熄灭，不再报"存储器故障"的代码，遥控器开机后，压缩机和室外风机开始运行，制冷正常，故障排除。

图 19-43　写入数据的存储器并更换

> **总结**
>
> （1）存储器数据容易丢失，在室外机上电时报"存储器故障"的代码，此时不需要更换室外机主板或模块板，只需要购买一片同型号存储器或使用原存储器，再使用编程器写入相对应空调器型号的数据即可。
> （2）本机更换存储器时如果内部数据空白，即新购买的存储器未写数据直接安装，则模块板同样报"存储器故障"。

四、电压检测电路中电阻开路 1

故障说明：海信 KFR-26GW/11BP 挂式交流变频空调器，遥控器开机后室外机有时根本不运行，有时可运行一段时间，但运行时间不固定，有时 10min，有时 15min 或更长。

1. 测量直流 300V 电压

在室外机停止运行后，取下室外机外壳，见图 19-44 左图，观察模块板指示灯闪 8 次报出故障代码，含义为"过欠压"故障；在室内机按压遥控器上"传感器切换"键 2 次，室内机显示板组件上"定时"灯亮报出故障代码，含义仍为"过欠压"故障，室内机和室外机同时报"过欠压"故障，判断电压检测电路出现故障。

本机电压检测电路使用检测直流 300V 母线电压的方式。电路原理为几个电阻组成分压电路，输出代表直流 300V 的参考电压，室外机 CPU 引脚通过计算得出输入的实际交流电压，从而对空调器进行控制。

出现此故障应测量直流 300V 电压是否正常，使用万用表直流电压挡，见图

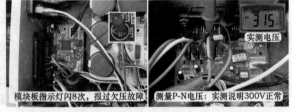

图 19-44　故障代码和测量直流 300V 电压

19-44 右图，黑表笔接模块板上 N 端子，红表笔接 P 端子，正常电压为直流 300V，实测电压为直流 315V 也正常，此电压由交流 220V 经硅桥整流、滤波电容滤波得出，如果输入的交流电压高，则直流 300V 也相应升高。

2. 测量直流 15V 和 5V 电压

由于模块板 CPU 工作电压 5V 由室外机主板提供，因此应测量电压是否正常，使用万用表直流电压挡，见图 19-45，黑表笔不动接模块 N 端子，红表笔接 3 芯插座 CN4 中左侧白线，实测为直流 15V，此电压为模块内部控制电路供电；红表笔接右侧红线，实测为直流 5V，判断室外机主

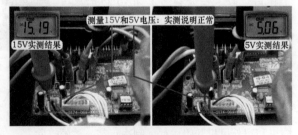

图 19-45　测量直流 15V 和 5V 电压

板为模块板提供的直流 15V 和 5V 电压均正常。

> **说明**
>
> 如果室外机主板开关电源电路直流 12V 滤波电容 C08 引脚虚焊，室外机不运行，模块板指示灯闪 8 次报“过欠压”故障，实测直流 5V 为 3V 左右，更换模块板不会排除故障，故障点在室外机主板，因此本例维修时应确定故障位置。

3. 测量电压检测电路电压

图 19-46 为室外机电压检测电路原理图，在室外机不运行即静态，使用万用表直流电压挡，见图 19-47，黑表笔接模块 N 端子不动，红表笔测量电压检测电路的关键点电压。

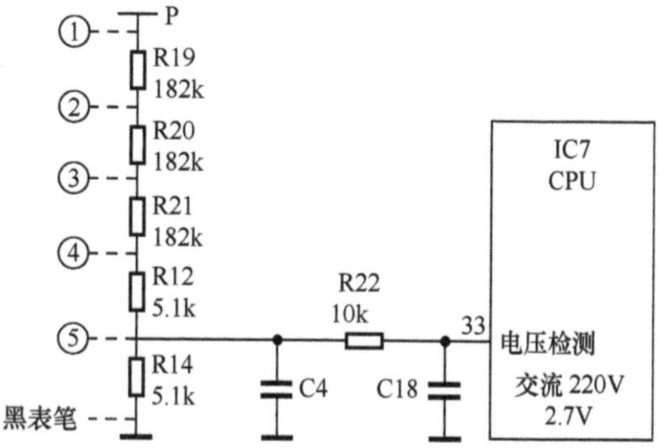

图 19-46　海信 KFR-26GW/11BP 室外机电压检测电路原理图

红表笔接 P 接线端子（①处），测量直流 300V 电压，实测为直流 315V，说明正常。

红表笔接 R19 和 R20 相交点（②处），实测电压在直流 150 ～ 180V 跳动变化，由于 P 接线端子电压稳定不变，判断电压检测电路出现故障。

红表笔接 R20 和 R21 相交点（③处），实测电压在直流 80 ～ 100V 跳动变化。

红表笔接 R21 和 R12 相交点（④处），实测电压在直流 3.9 ～ 4.5V 跳动变化。

红表笔接 R12 和 R14 相交点（⑤处），实测电压在直流 1.9 ～ 2.4V 跳动变化。

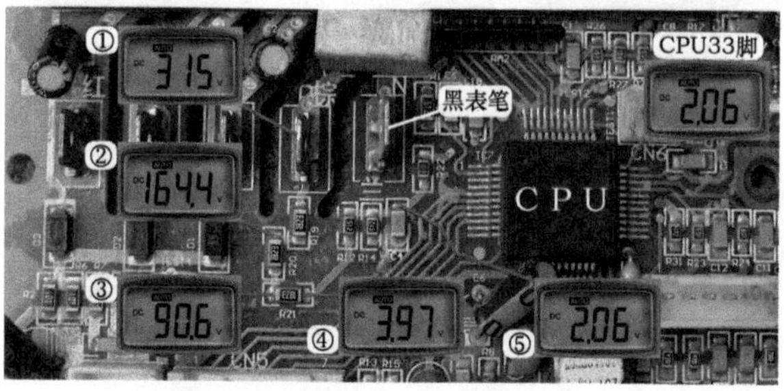

图 19-47　测量电压检测电路电压

红表笔接 CPU 电压检测引脚即㉝脚，实测电压也在直流 1.9 ～ 2.4V 跳动变化，和⑤处电压相同，判断电阻 R22 阻值正常。

使用遥控器开机，室外风机和压缩机均开始运行，直流 300V 电压开始下降，此时测量 CPU 的㉝脚电压也逐渐下降；压缩机持续升频，直流 300V 电压也下降至约 250V，CPU ㉝脚电压约为 1.7V，室外机运行约 5min 后停机，模块板上指示灯闪 8 次，报故障代码为“过欠压”故障。

静态和动态测量均说明电压检测电路出现故障，应使用万用表电阻挡测量电路容易出现故障的降压电阻阻值。

4. 测量电阻阻值

断开空调器电源，待室外机主板开关电源电路停止工作后，使用万用表电阻挡测量电路中分压电阻阻值，见图 19-48，测量电阻 R19 阻值无穷大为开路损坏，电阻 R20 阻值为 182kΩ 判断正常，电阻 R21 阻值无穷大为开路损坏，电阻 R12、R14、R22 阻值均正常。

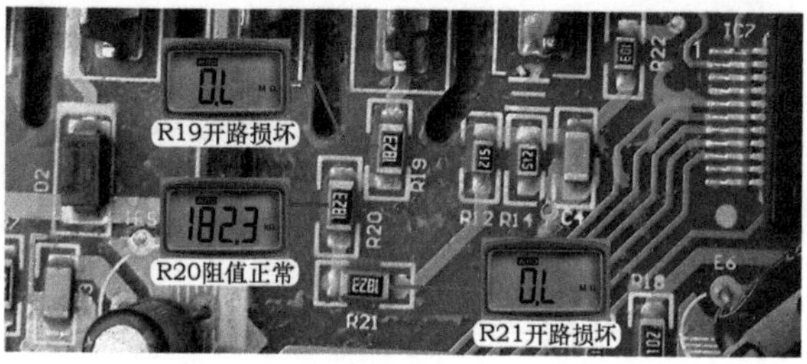

图 19-48　测量电压检测电路电阻阻值

5. 电阻阻值

见图 19-49，电阻 R19、R21 为贴片电阻，表面数字 1823 代表阻值，正常阻值为 182kΩ，由于没有相同型号的贴片电阻更换，因此选择阻值接近的五环精密电阻进行代换。

维修措施：见图 19-50，使用 2 个 180kΩ 的五环精密电阻，代换阻值为 182kΩ 的贴片电阻 R19、R21。

拔下模块板上 3 个一束的传感器插头，再使用遥控器开机，室内机主板向室外机供电后，室外机主板开关电源电路开始工作向模块板供电，由于室外机 CPU 检测到室外环温、室外管温、压缩机排气传感器均处于开路状态，因此报出相应的故障代码，并且控制压缩机和室外风机均不运行，此时相当于待机状态，见图 19-51，使用万用表直流电压挡测量电压检测电路中的电压，实测均为稳定电压不再跳变，直流 300V 电压实测为 315V 时，CPU 电压检测㉝脚实测为 2.88V。恢复线路后再次使用遥控器开机，室外风机和压缩机均开始运行，当直流 300V 电压降至直流 250V，实测 CPU ㉝脚电压约 2.3V，长时间运行不再停机，制冷恢复正常，故障排除。

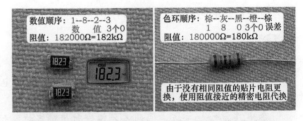

图 19-49　182kΩ 贴片电阻和 180kΩ 精密电阻

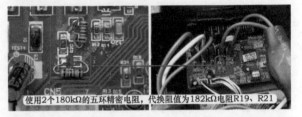

图 19-50　使用 180kΩ 精密电阻代换 182kΩ 贴片电阻

图 19-51　测量正常的电压检测电路电压

（1）电压检测电路中电阻 R19 上端接模块 P 端子，由于长时间受直流 300V 电压冲击，其阻值容易变大或开路，在实际维修中由于 R19、R20、R21 开路或阻值变大损坏，占到一定比例，属于模块板上的常见故障。

（2）本例电阻 R19、R21 开路，其下端电压均不为直流 0V，而是具有一定的感应电压，CPU 电压检测㉝脚分析处理后，判断交流输入电压在适合工作的范围以内，因而室外风机和压缩机可以运行；而压缩机持续升频，直流 300V 电压逐渐下降，CPU 电压检测引脚电压也逐渐下降，当超过检测范围，则控制室外风机和压缩机停机进行保护，并报出"过欠压"的故障代码。

（3）在实际维修中，也遇到过电阻 R19 开路，室外机上电后并不运行，模块板直接报出"过欠压"的故障代码。

（4）如果电阻 R12（5.1kΩ）开路，CPU 电压检测㉝脚的电压约为直流 5.7V，室外机上电后室外风机和压缩机均不运行，模块板指示灯闪 8 次报出"过欠压"故障的代码。

五、电压检测电路中电阻开路 2

故障说明：海信 KFR-26GW/18BP 挂式交流变频空调器，遥控器开机后，室外风机运行，模块板上 3 个指示灯同时闪，表示无任何限频因素，待压缩机运行约 5s 后，室外风机和压缩机均停机；

见图 19-52，模块板上指示灯报故障代码为 LED1 和 LED2 灯亮、LED3 灯闪，查故障代码含义为"过欠压"故障。

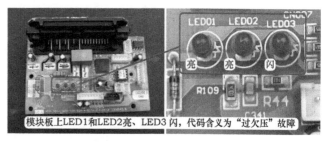

图 19-52　故障代码为"过欠压"故障

1. 电压检测电路工作原理

图 19-53 为室外机电压检测电路原理图，图 19-54 为实物图，本机电压检测电路检测直流 300V 电压，由 CPU 引脚计算，通过检测直流电压达到检测输入交流电压的目的。电路由检测电阻 R104、R105，分压电阻 R109，钳位二极管 D172，电容 C341，电阻 R44 组成。R104 和 R105 为上分压电阻，R109 为下分压电阻，在中点形成与直流 300V 成比例的电压，经 R44 送至 CPU，由 CPU 通过引脚电压计算出直流 300V 实际电压值，从而计算出交流输入电压值，D172 钳位二极管防止 CPU 输入电压过高。

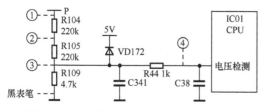

图 19-53　海信 KFR-26GW/18BP 室外机电压检测电路原理图

CPU 引脚正常电压在直流 2 ～ 3V。

2. 测量电压检测电路电压

使用万用表直流电压挡，见图 19-55，黑表笔接接线端子 N，红表笔接 R104 上端（①处）即 P 端子，正常电压应为直流 300V，实测电压为直流 309V，说明交流 220V 经硅桥整流后的直流电压正常。

红表笔接 R104 下端（②处）即 R105 上端电压，实测电压为直流 164V。

红表笔接 R105 下端（③处）即 R105 和 R109 分压点电压，实测电压为直流 5.6V，正常电压约 3V，判断分压电路出现故障。

红表笔接 R44 下端（④处）即 CPU 引脚电压，实测电压为直流 5.6V，和分压点电压相等，说明电阻 R44 阻值正常。

3. 测量分压电路电阻阻值

断开空调器电源，待室外机主板开关电源电路停止工作后，见图 19-56，使用万用表电阻挡，测量分压电阻阻值，实测 R104 和 R105 阻值均为 220kΩ，说明上分压电阻阻值正常，测量下分压电阻 R109 时阻值为无穷大，其参数为 4701，正常阻值为 4.7kΩ，判断 R109 开路损坏。

维修措施：见图 19-57，代换贴片电阻 R109。原电阻使用贴片电阻，型号 4701，阻值 4.7kΩ，由于无相同型号的贴片电阻更换，使用相同阻值的普通四环电阻代换。

更换后再次将空调器通上电源，遥控器开机后压缩机和室外风机均开始运行，制冷正常，故障排除。见图 19-58，再次使用万用表直流电压挡测

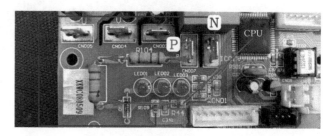

图 19-54　电压检测电路实物图

图 19-55　测量电压检测电路电压

量电压检测电路电压，实测结果电路恢复正常。

图 19-56 测量电压检测电路电阻阻值

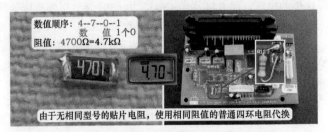

图 19-57 使用 4.7kΩ 普通四环电阻代换贴片电阻

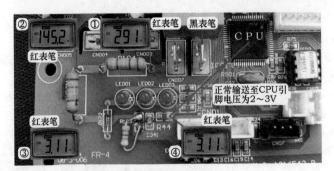

图 19-58 测量正常的电压检测电路电压

第1节　室外机不运行故障

一、滤波板线圈开路

故障说明：海信 KFR-4001GW/BP 挂式交流变频空调器，制冷开机后室内风机运行但室外机不运行，室内机显示屏频率条只有 1 格亮，2min 后频率条熄灭，此时按压应急开关按键约 5s，蜂鸣器响两声，显示故障代码为"5"，含义为"通信故障"。图 20-1 为室外机直流 300V 电压形成电路原理图。

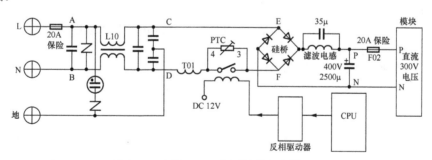

图 20-1　直流 300V 电压形成电路原理图

1.测量室内机供电电压和通信电路电压

掀开室内机进风格栅，取下接线端子盖子螺丝，室内外机的接线端子共有 4 根引线，1 号为相线 L 端子，2 号为零线 N 端子，3 号为地线，4 号为通信 S 端子。其中 1 和 2 端子组合为交流 220V 电压，为室外机供电；2 和 4 组合为直流 24V 以内的跳变电压，为室内机和室外机的主板上通信电路提供回路。

使用万用表交流电压挡，见图 20-2 左图，测量接线端子上 1 号 L 和 2 号 N 端子电压，实测电压为交流 220V，说明室内机主板已输出电压为室外机供电。

万用表改用直流电压挡，见图 20-2 右图，黑表笔接 2 号 N 端子，红表笔接 4 号 S 端子，正常为直流 0～24V 跳动变化的电压，而实测为直流 23V 左右跳动变化的电压，初步判断室外机 CPU

未工作或室外机未工作。

2. 测量室外机供电和室外机主要元件设计位置

使用万用表交流电压挡，见图 20-3 左图，在室外机接线端子测量 1 号和 2 号端子电压，实测结果为交流 220V，说明室内机主板输出的供电已送至室外机。

图 20-3 右图为室外机电控系统主要元件设计位置。

3. 测量直流 300V 电压和硅桥输入端电压

室外机 CPU 工作电压为直流 5V，由开关电源提供，而开关电源的工作电压为直流 300V，取自室外机主滤波电容，因此使用万用表直流电压挡，见图 20-4 左图，测量直流 300V 电压，红表笔接主滤波电容正极、黑表笔接负极（相当于测量图 20-1 的 P、N 位置电压），正常值为直流 300V，而实测电压为直流 0V。

直流 300V 电压为 0V 的故障原因包括（1）后级负载（即模块 P、N 端子）短路，使得交流电源为主滤波电容充电时，PTC 电阻发热阻值变为无穷大；（2）滤波电感线圈开路，使得硅桥输出的直流 300V 电压未送至主滤波电容；（3）硅桥损坏，在输入端交流 220V 电压正常的前提下，未输出直流 300V 电压；（4）PTC 电阻开路损坏，使得交流 220V 电压未送至硅桥交流输入端；（5）交流供电回路开路，使得交流 220V 电压不能送至硅桥交流输入端。

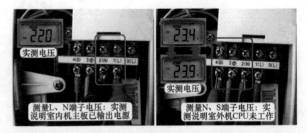

图 20-2　测量室内机接线端子交流电压和通信电压

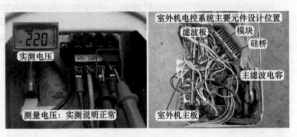

图 20-3　测量室外机接线端子交流电压和主要元件位置

图 20-4　测量直流 300V 电压和硅桥输入端电压

万用表改为交流电压挡，见图 20-4 右图，表笔接硅桥的 2 个交流输入端子（相当于测量图 20-1 的 E、F 位置电压），正常电压为交流 220V，实测电压为交流 0V，排除故障原因中的（2）和（3），应测量室外机主板的交流输入端电压。

4. 测量室外机主板输入端电压和滤波板输入端电压

依旧使用万用表交流电压挡，见图 20-5 左图，测量室外机主板交流输入端电压（相当于测量图 20-1 的 C、D 位置电压），正常电压为交流 220V，而实测电压为交流 0V，说明交流电源未送至室外机主板，可排除故障原因中的（1）和（4），应向前级检查。

由于室外机主板的交流电源由滤波板输出端直接提供，因此使用万用表交流电压挡，见图 20-5 右图，测量滤波板输入端电压（相当于测量图 20-1 的 A、B 位置电压），正常电压为交流 220V，实测电压说明正常，可判断故障点在滤波板。

图 20-5　测量室外机主板输入端电压和滤波板输入端电压

5. 测量滤波板输入端和输出端引线阻值

断开空调器电源，使用万用表电阻挡测量滤波板输入端与输出端的引线阻值，见图 20-6，测量电源 L 线阻值（相当于测量图 20-1 的 A、C 位置），实测阻值为 0Ω，说明 L 线正常；然后测量电源 N 线阻值（相当于测量图 20-1 的 B、D 位置），正常值为 0Ω，实测结果为无穷大，说明电源 N 线开路。

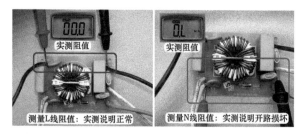

图 20-6　测量滤波板输入端和输出端引线阻值

此处为使图片显示清晰，将滤波板拆下单独测量，实际维修过程中不用拆下，直接在路测量即可。

6. 查看滤波板线圈焊点

翻过滤波板，见图 20-7，查看焊点的一面，发现滤波线圈 4 个焊点的其中 1 个铜箔烧穿损坏（本例对应图 20-1 中的 D 位置），使得电源 N 线开路，交流 220V 电压

图 20-7　滤波板线圈焊点开焊

无法送至硅桥的交流输入端，室外机无直流 300V 电压，开关电源不能工作，无直流 5V 电压输出，CPU 因无工作电压也不能工作，通信电路中断，室内机 CPU 检测后判断为通信故障，约 2min 后停止室外机供电。

维修措施：更换滤波板。再次上电开机，室内机显示屏频率条亮度一直上升，室外风机和压缩机开始工作，空调器开始制冷，使用万用表直流电压挡，测量接线端子 2 号 N 端和 4 号 S 端电压，为正常的 0 ～ 24V 跳动变化。

二、20A 熔丝管开路

故障说明：海信 KFR-60LW/29BP 柜式交流变频空调器，遥控器开机后室外风机和压缩机均不运行，空调器不制冷。

1. 测量室内机接线端子电压

取下室内机进风格栅和电控盒盖板，将空调器通上电源但不开机即处于待机状态，使用万用表直流电压挡，见图 20-8，黑表笔接 2 号端子零线 N，红表笔接 4 号端子通信 S 线，测量通信电压，实测为直流 24V，说明室内机主板通信电压产生电路正常。

图 20-8　测量室内机接线端子通信电压

表笔不动，使用遥控器开机，听到室内机主板继电器触点闭合的声音，说明已向室外机供电，但实测通信电压仍为直流 24V 不变，而正常为 0 ～ 24V 跳动变化的直流电压，判断室外机由于某种原因没有工作。

2. 测量室外机接线端子电压

到室外机检查，见图 20-9 左图，使用

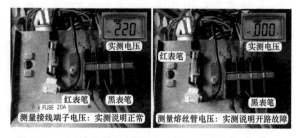

图 20-9　测量室外机接线端子电压和熔丝管后端电压

万用表交流电压挡测量接线端子上 1 号 L 相线和 2 号 N 零线电压为交流 220V，使用万用表直流电压

挡测量 2 号 N 零线和 4 号通信 S 线电压为直流 24V，说明室内机主板输出的交流 220V 和通信 24V 电压已送到室外机接线端子。

见图 20-9 右图，观察室外机电控盒上方设有 20A 熔丝管（俗称保险管），使用万用表交流电压挡，黑表笔接 2 号端子 N 零线，红表笔接熔丝管引线，正常电压为交流 220V，而实测电压为交流 0V，判断熔丝管出现开路故障。

3. 查看熔丝管

断开空调器电源，取下熔丝管，见图 20-10，发现一端焊锡已经熔开，烧出一个大洞，使得内部熔丝与外壳金属脱离，表现为开路故障，而正常熔丝管接口处焊锡平滑，焊点良好，也说明本例熔丝管开路为自然损坏，不是由于过流或短路故障引起的。

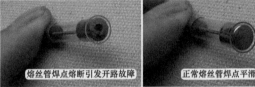

图 20-10　损坏的熔丝管和正常的熔丝管

4. 应急试机

为检查室外机是否正常，应急为室外机供电，见图 20-11 左图，将熔丝管管座的输出端子引线拔下，直接插在输入端子上，这样相当于短接熔丝管，再次上电开机，室外风机和压缩机均开始运行，空调器制冷良好，判断只是熔丝管损坏。

图 20-11　短接熔丝管试机和更换熔丝管

维修措施：更换熔丝管，见图 20-11 右图，更换后上电开机，空调器制冷恢复正常，故障排除。

　　熔丝管在实际维修中由于过流引发内部熔丝开路的故障很少出现，熔丝管常见故障即本例故障，由于空调器运行时电流过大，熔丝发热使得焊口部位焊锡开焊而引发的开路故障，并且多见于柜式空调器，也可以说是一种通病，通常出现在使用几年之后的空调器。

三、模块 P-N 端子击穿

故障说明：海信 KFR-2601GW/BP 挂式交流变频空调器，制冷开机，"电源、运行"灯亮，室内风机运行，但室外风机和压缩机均不运行，室内机指示灯显示故障代码内容为"通信故障"，使用万用表交流电压挡测量室内机接线端子上 1 号 L 和 2 号 N 端子电压为交流 220V，说明室内机主板已输出交流电源，由于室外风机和压缩机均不工作，室内机又报出"通信故障"的代码，因此应检查室外机。

1. 测量直流 300V 电压和室外机主板输入电压

使用万用表直流电压挡，见图 20-12 左图，测量直流 300V 电压，黑表笔接主滤波电容负极、红表笔接正极，正常值为直流 300V，实测为直流 0V，判断故障部位在室外机，可能为后级负载短路或前级供电电路出现故障。

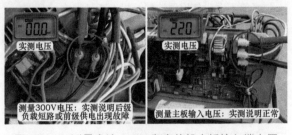

向前级检查故障，使用万用表交流电压挡，见图 20-12 右图，测量室外机主板输入端电压，正常为交流 220V，实测说明室外机主板供电正常。

图 20-12　测量直流 300V 和室外机主板输入端电压

2. 测量硅桥输入端电压

使用万用表交流电压挡，见图 20-13 左图，测量硅桥的 2 个交流输入端子电压，正常为交流 220V，而实测电压为交流 0V，判断直流 300V 电压为 0V 的原因由硅桥输入端无交流电源引起。

室外机主板输入电压正常，但硅桥输入端电压为交流 0V，而室外机主板输入端到硅桥的交流输入端只串接有 PTC 电阻，初步判断其出现开路故障，见图 20-13 右图，用手摸 PTC 电阻表面，感觉温度很烫，说明后级负载有短路故障。

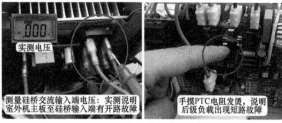

测量硅桥交流输入端电压：实测说明室外机主板至硅桥输入端有开路故障　手摸PTC电阻发烫，说明后级负载出现短路故障

图 20-13　测量硅桥交流输入端电压和手摸 PTC 电阻

3. 断开模块 P-N 端子引线

引起 PTC 电阻发烫的负载主要是模块短路、开关电源电路的开关管击穿、硅桥击穿等。见图 20-14，拔下模块 P 和 N 端子引线，再次上电开机，使用万用表直流电压挡测量直流 300V 电压已恢复正常，因此初步判断模块出现短路故障。

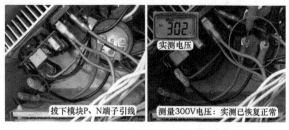

拔下模块P、N端子引线　测量300V电压：实测已恢复正常

图 20-14　断开模块 P-N 端子引线后测量直流 300V 电压

4. 测量模块

使用万用表二极管挡，见图 20-15，测量 P、N 端子，模块正常时应符合正向导通、反向无穷大的特性，但实测正向和反向均为 58mV，说明模块 P、N 端子已短路。

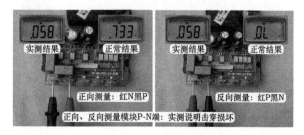

正向测量：红N黑P　反向测量：红P黑N

正向、反向测量模块P-N端：实测说明击穿损坏

图 20-15　测量模块

说明

此处为使用图片清晰，将模块拆下测量；实际维修时模块不用拆下，只需要将模块上的 P、N、U、V、W 的 5 个端子引线拔下，即可测量。

维修措施：更换模块，见图 20-16，再次上电开机，室外风机和压缩机均开始运行，空调器开始制冷，使用万用表直流电压挡测量直流 300V 电压已恢复正常。

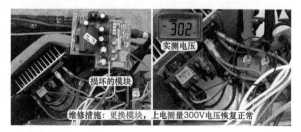

损坏的模块

维修措施：更换模块，上电测量300V电压恢复正常

图 20-16　更换模块和测量 300V 电压

总结

本例模块 P、N 端子击穿，使得室外机上电时因负载电流过大，PTC 电阻过热，阻值变为无穷大，室外机无直流 300V 电压，室外机主板 CPU 不能工作，室内机 CPU 因接收不到通信信号，报出"通信故障"的故障代码。

四、模块 P-U 端子击穿

故障说明：海信 KFR-28GW/39MBP 挂式交流变频空调器，遥控器开机后室外风机运行，但压缩机不运行，空调器不制冷。

1. 查看故障代码

见图 20-17，遥控器开机后室外风机运行，但压缩机不运行，室外机主板直流 12V 电压指示灯点亮，说明开关电源电路已正常工作，模块板上以 LED1 和 LED3 灭、LED2 闪的方式报故障代码，查看代码含义为"模块故障"。

图 20-17　压缩机不运行和模块板报故障代码

2. 测量直流 300V 电压

使用万用表直流电压挡，见图 20-18，测量室外机主板上滤波电容直流 300V 电压，实测为直流 297V，说明电压正常，由于代码为"模块故障"，应拔下模块板上的 P、N、U、V、W 的 5 根引线，使用万用表二极管挡测量模块。

图 20-18　测量直流 300V 电压和拔下 5 根引线

3. 测量模块

使用万用表二极管挡，见图 20-19，测量模块上的 P、N、U、V、W 的 5 个端子，测量结果见表 20-1，在路测量模块的 P 和 U 端子，正向和反向测量均为 0mV，判断模块 P 和 U 端子击穿；取下模块，单独测量 P 和 U 端子正向和反向均为 0mV，确定模块击穿损坏。

图 20-19　测量模块 P 和 U 端子击穿

表 20-1　　　　　　　　　　　　　　测量模块

模块端子													
万用表（红）	P			N			U	V	W	U	V	W	P	N
万用表（黑）	U	V	W	U	V	W	P			N			N	P
结果（mV）	0	无	无	436			0	436	436	无穷大			无	436

维修措施：见图 20-20，更换模块板，更换后上电试机，压缩机和室外风机均开始运行，制冷恢复正常，故障排除。

（1）本例模块 P 和 U 端子击穿，在待机状态下由于 P-N 未构成短路，因而直流 300V 电压正常，而遥控器开机后室外机 CPU 驱动模块时，立即检测到模块故障，瞬间就会停止驱动模块，并报出"模块故障"的代码。

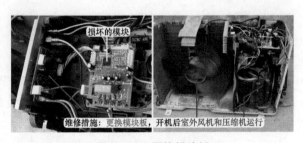

图 20-20　更换模块板

（2）如果为早期模块，同样为 P 和 U 端子击穿，则直流 300V 电压可能会下降至 260V 左右，出现室外风机运行，压缩机不运行的故障。

（3）如果模块为 P 和 N 端子击穿，相当于直流 300V 短路，则室内机主板向室外机供电后，室外机直流 300V 电压为 0V，PTC 电阻发烫，室外风机和压缩机均不运行。

第 2 节　PFC 电路故障

一、PFC 板 IGBT 开关管短路

故障说明：海信 KFR-50LW/27BP 柜式交流变频空调器，遥控器开机后室外风机和压缩机均不运行，同时空调器不制冷。

1. 测量室外机接线端子电压和直流 300V 电压

使用万用表交流电压挡，见图 20-21 左图，测量室外机接线端子上 1 号 L 端和 2 号 N 端电压，实测电压为交流 220V，说明室内机主板已向室外机供电。

取下室外机外壳，见图 20-21 右图，使用万用表直流电压挡测量滤波电容上直流 300V 电压，正常值为直流 300V，实测电压为直流 0V，说明室外机电控系统有故障。

2. 手摸 PTC 电阻温度

用手摸室外机主板上 PTC 电阻，感觉温度烫手，判断电控系统有短路故障，断开空调器电源，见图 20-22，使用万用表直流电压挡测量滤波电容电压仍为直流 0V，使用万用表电阻挡测量两个端子阻值为 0Ω，确定电控系统存在短路故障。

3. 测量模块和 PFC 板

见图 20-23 左图，拔下室外机主板上直流 300V 正极和负极引线、压缩机线圈的 3 个引线，使用万用表二极管挡测量正极输入、负极输入、U、V、W 共 5 个端子，符合正向导通、反向截止的二极管特性，判断模块正常。由于模块和开关电源电路共同设计在一块电路板上，且模块 PN 端子和开关电源集成电路并联，如果集成电路击穿，则测量模块 P 和 N 端子时应为击穿值，这也间接说明开关电源电路正常。

拔下 PFC 板上所有引线，见图 20-23 右图，使用万用表二极管挡，黑表笔接 CN06 端子（DC OUT __ -，连接滤波电容负极），红表笔接 CN05（DC OUT __ +，

图 20-21　测量室外机接线端子交流电压和直流 300V 电压

图 20-22　PTC 电阻烫手和测量滤波电容阻值

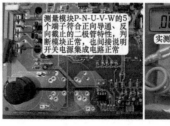

图 20-23　测量模块和 PFC 板

连接滤波电容正极），正常值应为无穷大，实测结果为 0mV，判断 PFC 板上 IGBT 短路损坏。

> **说明**
>
> 此机室外机主板正极输入和模块 P 端直接相连，负极输入和模块 N 端直接相连，主板上没有专门的 P 和 N 端子。

维修措施：见图 20-24，更换 PFC 板。将空调器通上电源，遥控器开机后室内机主板向室外机供电，室外机主板上开关电源电路立即工作，指示灯点亮，压缩机和室外风机开始运行，故障排除。

资料：PFC 板

变频空调器由于模块中的开关器件存在，电路中的电流相对于电压的相位发生畸变，造成电路中的谐波电流成分变大，功率因数降低，PFC 电路的作用就是降低谐波成分，使电路的谐波指标满足国家 CCC 认证要求。工作时，PFC 控制电路检测电压的零点和电流的大小，然后通过系列运算，对畸变严重零点附近的电流波形进行补偿，使电流的波形尽量跟上电压的波形，达到消除谐波的目的。

维修措施：更换 PFC 板

图 20-24　更换 PFC 板

本机 PFC 板为独立的一块电路板，电路简图见图 20-25，控制电路电源为直流 15V 和 5V 双电压，上面集成有大功率 IGBT、快恢复二极管、控制电路等。

PFC 板最常见的故障为 IGBT 开关管击穿，相当于直流 300V 直接短路，表现为室外机上电后无反应，直流 300V 电压为 0V，同时手摸 PTC 电阻烫手。

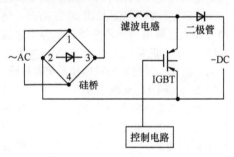
图 20-25　PFC 板电路简图

二、使用硅桥代替 PFC 板

故障说明：海信 KFR-50LW/27BP 柜式交流变频空调器，开机后室外机无反应，检查为室外机主板和 PFC 板损坏。由于室外机主板无法修复只能更换，而 PFC 板由于作用不大并且价格太贵，更换没有实际意义，因此将其短接。

1.PFC 板只有 IGBT 损坏

以海信 KFR-50LW/27BP 空调器为例，假如 PFC 板上 IGBT 短路，而不想更换 PFC 板，可按以下 2 种方法维修。

（1）更改引线（见图 20-26）

① 将 PFC 板上端子（CN05、DC OUT ＿＋）正极输出（棕线）至滤波电容正极的棕线，在滤波电容正极端子处拔下，这根引线不再使用。

图 20-26　更改引线

② 再将滤波电感输出的棕线在 PFC 板端子（CN04、L2）上拔下

③ 滤波电感输出的棕线直接连接至滤波电容正极，这样硅桥正极输出经滤波电感后，直接送

至滤波电容滤波，短接 PFC 板的 IGBT 调节功能，再开机就能正常使用。

（2）剪去 IGBT 引脚

见图 20-27，在维修过程中如果对更改引线的方法掌握不好，可以使用偏口钳直接将 IGBT 的 3 个引脚直接剪断，使 IGBT 脱离 PFC 板，这样硅桥正极经滤波电感、PFC 板上快恢复二极管至滤波电容正极，在不更改任何引线也能排除故障，此方法适用于 PFC 板上只是 IGBT 开关管短路的故障。

图 20-27　剪断 IGBT 的 3 个引脚

2. PFC 板控制电路损坏

如果 2P 机型中集成硅桥的 PFC 板控制电路损坏，或 3P 机型中 PFC 板控制电路损坏等原因，导致无法修复只能更换电路板时，如果暂时没有配件或者不想更换 PFC 板，可以使用加装硅桥的方法来维修，本节以 2P 机型海信 KFR-50LW/27BP 空调器为例进行介绍，3P 机型如果未集成硅桥，只需要拆除 PFC 板，利用原硅桥并更改引线即可。

（1）拆除引线

见图 20-28 左图，首先拆除 PFC 板上各种输入引线，然后选用合适的硅桥，本例选用型号为 S25VB60，最大电流 25A，最高反向电压 600V，引脚作用见图 20-28 右图。

（2）安装硅桥和输入端引线

将硅桥固定在原硅桥位置，见图 20-29 左图，并使用螺钉拧紧，使散热面紧紧贴在散热片上，以增强散热效果。

图 20-28　拆除引线和硅桥

见图 20-29 右图，电源 L 相线（黑线）由室外机主板上主控继电器端子引出，电源 N 零线（灰线）由滤波器端子引出，将 2 根引线不分极性安装在硅桥的 2 个输入引脚。

（3）安装直流输出引线

见图 20-30，将滤电电容负极引线另一端安装在硅桥负极引脚，硅桥正极引脚连接滤波电感的输入引线，输出引线连接滤波电容正极，这样硅桥正极经滤波电感连接滤波电容正极。

图 20-29　固定硅桥和安装交流输入引线

至此，引线全部更改结束，维修方法实际上就是拆除 PFC 板功能，更改后电控系统和早期变频空调器

图 20-30　安装硅桥直流输出引线

（如海信 KFR-2601GW/BP）相同，实际使用对电路没有任何影响。如果为 3P 机型 PFC 板损坏，维修时直接拆除即可，硅桥不用更换，将连接引线按顺序接好，空调器也能正常使用。

三、室外机主板 IGBT 开关管短路

故障说明：三菱重工 KFR-35GW/QBVBp（SRCQB35HVB）挂式全直流变频空调器，用户反映不制冷。遥控器开机后，室内风机运行，但马上指示灯闪烁报故障代码为，运行灯点亮、定时灯每 8 秒闪 6 次，查看代码含义为通信故障。

1. 测量室外机接线端子电压

到室外机检查，发现室外机不运行。使用万用表交流电压挡，见图 20-31 左图，红表笔和黑表笔接接线端子上 1 号 L 端和 2（N）端子测量电压，实测为交流 219V，说明室内机主板已输出供电至室外机。

将万用表挡位改为直流电压挡，见图 20-31 右图，黑表笔接 2（N）端子、红表笔接 3 号通信 S 端子测量电压，实测约为直流 0V，说明通信电路出现故障。

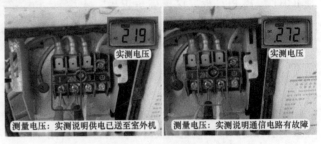

图 20-31　测量电源和通信电压

本机室内机和室外机距离较远，中间加长了连接管道和连接线，其中加长连接线使用 3 芯线，只连接 L 端相线、N 端零线、S 端通信线，未使用地线。

2. 断开通信线测量通信电压

为区分是室内机故障或室外机故障，断开空调器电源，见图 20-32 左图，使用螺钉旋具取下 3 号端子上的通信线，依旧使用万用表直流电压挡，再次上电开机，同时测量通信电压，实测结果依旧为接近直流 0V，由于通信电路专用电源由室外机提供，确定故障在室外机上。

图 20-32　取下连接线后测量通信电压和室外机主板背面焊点

3. 室外机主板

取下室外机顶盖和电控盒盖板，见图 20-32 右图和图 20-34 左图，发现室外机主板为卧式安装，焊点在上面，元件位于下方。

室外机强电通路电路原理简图见图 20-33，实物图见图 20-34 右图，主要由扼流圈 L1、PTC 电阻 TH11、主控继电器 52X2、电流互感器 CT1、滤波电感、PFC 硅桥 DS1、IGBT 开关管 Q3、熔丝管 F4（10A）、整流硅桥 DS2、滤波电容 C85 和 C75、熔丝管 F2（20A）、模块 IC10 等组成。

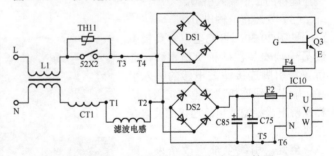

图 20-33　室外机强电通路电路原理简图

室外机接线端子上 L 端相线（黑线）和 N 端零线（白线）送至主板上扼流圈 L1 滤波，L 端经由 PTC 电阻 TH11 和主控继电器 52X2 组成的防瞬间大电流充电电路，由蓝色跨线 T3-T4 至硅桥的交流输入端、N 端零线经电流互感器 CT1 一次绕组后，由接滤波电感的跨线（T1 黄线 -T2 橙

线）至硅桥的交流输入端。

　　L 端和 N 端电压分为两路，一路送至整流硅桥 DS2，整流输出直流 300V 经滤波电容滤波后为模块、开关电源电路供电，作用是为室外机提供电源；一路送至 PFC 硅桥 DS1，整流后输出端接 IGBT 开关管，作用是提高供电的功率因数。

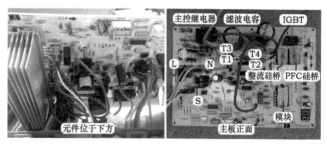

图 20-34　室外机主板正面元件

　　4. 测量直流 300V 和硅桥输入端电压

　　由于直流 300V 为开关电源电路供电，间接为室外机提供各种电源，使用万用表直流电压挡，见图 20-35 左图，黑表笔接滤波电容负极（和整流硅桥负极相通的端子）、红表笔接正极（和整流硅桥正极相通的端子）测量直流 300V 电压，实测约为直流 0V，说明室外机强电通路有故障。

　　将万用表挡位改为交流电压挡，见图 20-35 右图，测量硅桥交流输入端电压，由于两个硅桥并联，测量时表笔可接在和 T2-T4 跨线相通的位置，正常电压为交流 220V，实测约为交流 0V，说明前级供电电路有开路故障。

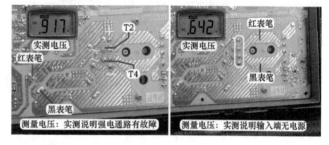

图 20-35　测量直流 300V 和硅桥输入端电压

　　本机室外机主板表面涂有防水胶，测量时应使用表笔尖刮开防水胶后，再测量和连接线或端子相通的铜箔走线。

　　5. 测量主控继电器输入和输出端交流电压

　　向前级检查，仍旧使用万用表交流电压挡，见图 20-36 左图，测量室外机主板输入 L 端相线和 N 端零线电压，红表笔和黑表笔接扼流圈焊点，实测为交流 219V，和室外机接线端子相等，说明供电已送至室外机主板。

　　见图 20-36 右图，黑表笔接电流互感器后端跨线 T1 焊点、红表笔接主控继电器后端触点跨线 T3 焊点测量电压，实测约为交流 0V，初步判断 PTC 电阻因电流过大断开保护，断开空调器电源，手摸 PTC 电阻发烫，也说明后级负载有短路故障。

　　6. 测量模块和整流硅桥

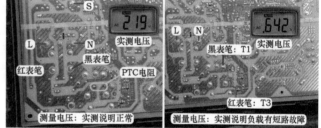

图 20-36　测量主控继电器输入和输出端交流电压

　　引起 PTC 电阻发烫的主要原因为直流 300V 短路，后级负载主要有模块 IC10、整流硅桥 DS2、PFC 硅桥 DS1、IGBT 开关管 Q3、开关电源电路短路等。

　　断开空调器电源，由于直流 300V 约为直流 0V，因此无须为滤波电容放电。使用万用表二极管挡，见图 20-37 左图，首先测量模块 P、N、U、V、W 共 5 个端子，红表笔接 N 端、黑表笔接 P 端时为 471mV，红表笔不动接 N 端、黑表笔接 U-V-W 时均为 462mV，说明模块正常，排除短路故障。

使用万用表二极管挡测量整流硅桥 DS2 时，见图 20-37 右图，红表笔接负极、黑表笔接正极时为 470mV，红表笔不动接负极，黑表笔分别接 2 个交流输入端时结果均为 427mV，说明整流硅桥正常，排除短路故障。

7. 测量 PFC 硅桥

再使用万用表二极管挡测量 PFC 硅桥 DS1 时，见图 20-38，红表笔接负极、黑表笔接正极，实测结果为 0mV，说明 PFC 硅桥有短路故障，查看 PFC 硅桥负极经 F4 熔丝管（10A）连接 IGBT 开关管 Q3 的 E 极、硅桥正极接 Q3 的 C 极，相当于硅桥正负极和 IGBT 开关管的 CE 极并联，由于 IGBT 开关管损坏的比例远大于硅桥，判断 IGBT 开关管的 C-E 极击穿。

维修措施：本机维修方法是应当更换室外机主板或 IGBT 开关管（型号为东芝 RJP60D0），但由于暂时没有室外机主板和配件 IGBT 开关管更换，而用户又着急使用空调器，见图 20-39，使用尖嘴钳子剪断 IGBT 的 E 极引脚（或同时剪断 C 极引脚，或剪断 PFC 硅桥 DS1 的 2 个交流输入端），这样相当于断开短路的负载，即使 PFC 电路不能工作，空调器也可正常运行在制冷模式或制热模式下，待到有配件时再进行更换。

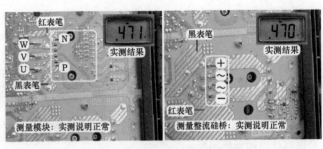

图 20-37　测量模块和整流硅桥

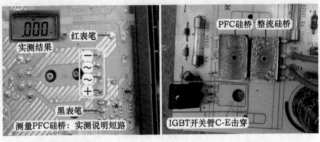

图 20-38　测量 PFC 硅桥和 IGBT 开关管击穿

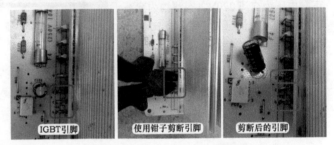

图 20-39　剪断 IGBT 开关管引脚

本机设有 2 个硅桥，整流硅桥的负载为直流 300V，PFC 硅桥的负载为 IGBT 开关管，当任何负载有短路故障时，均会引起电流过大，PTC 电阻在上电时阻值逐渐变大直至开路，后级硅桥输入端无电源，室外机主板 CPU 不能工作，引起室内机报故障代码为通信故障。

第 3 节　模块和跳闸故障

一、压缩机线圈对地短路

故障说明：海信 KFR-50GW/09BP 挂式交流变频空调器，遥控器开机后不制冷，检查为室外风机运行，但压缩机不运行。

1. 测量模块

遥控器开机，听到室内机主板主控继电器触点闭合的声音，判断室内机主板向室外机供电，到室外机检查，观察室外风机运行，但压缩机不运行，取下室外机外壳过程中，如果一只手摸窗户的铝合金外框、一只手摸冷凝器时有电击的感觉，判断此空调器电源插座中地线未接或接触不良引起。

观察室外机主板上指示灯 LED2 闪、LED1 和 LED3 灭，查看故障代码含义为"IPM 模块故障"，在室内机按压遥控器上"高效"键 4 次，显示屏显示"5"的故障代码，含义仍为"IPM 模块故障"，说明室外机 CPU 判断模块出现故障。

断开空调器电源，拔下压缩机 U、V、W 的 3 根引线、和滤波电容上去室外机主板的正极（接模块 P 端子）和负极（接模块 N 端子）引线，使用万用表二极管挡，见图 20-40，测量模块 5 个端子，实测结果符合正向导通、反向截止的二极管特性，判断模块正常。

图 20-40　测量模块和模块实物外形

使用万用表电阻挡，测量压缩机 U（红）、V（白）、W（蓝）的 3 根引线，3 次阻值均为 0.8Ω，也说明压缩机线圈阻值正常。

2. 更换室外机主板

由于测量模块和压缩机线圈均正常，判断室外机 CPU 误判或相关电路出现故障，此机室外机只有一块电路板，集成 CPU 控制电路、模块、开关电源等所有电路，试更换室外机主板，见图 20-41，开机后室外风机运行但压缩机仍不运行，故障依旧，

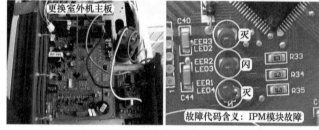

图 20-41　更换室外机主板和故障代码

指示灯依旧为 LED2 闪、LED1 和 LED3 灭，报故障代码仍为"IPM 模块故障"。

3. 测量压缩机线圈对地阻值

引起"IPM 模块故障"的原因有模块、开关电源直流 15V 供电、压缩机，现室外机主板已更换可以排除模块和直流 15V 供电，故障原因还有可能为压缩机，为判断故障，拔下压缩机线圈的 3 根引线，再次上电开机，室外风机运行，室外机主板上 3 个指示灯同时闪，含义为压缩机正常升频即无任何限频因素，一段时间以后室外风机停机，报故障代码为"无负载"，因此判断故障为压缩机损坏。

断开空调器电源，使用万用表电阻挡测量 3 根引线阻值，UV、UW、VW 均为 0.8Ω，说明线圈阻值正常。见图 20-42 左图，将一支表笔接冷凝器（相当于接地线），一支表笔接压缩机线圈引线，正常阻值应为无穷大，而实测约为 25Ω，判断压缩机线圈对地短路损坏。

为准确判断，取下压缩机接线端子上的引线，直接测量压缩机接线端子与排气管铜管接口阻值，见图 20-42 右图，正常为无穷大，而实测仍为 25Ω，确定

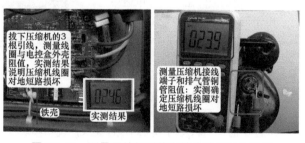

图 20-42　测量压缩机引线和接线端子对地阻值

压缩机线圈对地短路损坏。

维修措施：见图 20-43，更换压缩机。型号为三洋 QXB-23（F）交流变频压缩机，根据顶部钢印可知，线圈供电为三相（PH3），定频频率 60Hz 时工作电压为交流 140V，线圈与外壳（地）正常阻值大于 2MΩ。拔下吸气管和排气管的封塞，将 3 根引线安装在新压缩机接线端子上，上电开机压缩机运行，吸气管有气体吸入，排气管有气体排出，室外机主板不报"IPM 模块故障"，更换压缩机后对系统顶空，加氟至 0.45MPa 试机时制冷正常。

图 20-43　压缩机实物外形和铭牌

（1）本例在维修时走了弯路，在室外机主板报出"IPM 模块故障"时，测量模块正常后仍判断室外机 CPU 误报或有其他故障，而更换室外机主板。假如在维修时拔下压缩机线圈的 3 根引线，室外机主板不再报"IPM 模块故障"，改报"无负载"故障时，就可能会仔细检查压缩机，可减少一次上门维修次数。

（2）本例在测量压缩机线圈只测量引线之间阻值，而没有测量线圈对地阻值，这也说明在检查时不仔细，也从另外一个方面说明压缩机故障时会报出"IPM 模块故障"的代码，且压缩机线圈对地短路时也会报出相同的故障代码。

（3）本例断路器（俗称空气开关）不带漏电保护功能，因此开机后报故障代码为"IPM 模块故障"，假如本例断路器带有漏电保护功能，故障现象则表现为上电后断路器跳闸。

二、滤波电感线圈漏电

故障说明：海信 KFR-2601GW/BP×2 一拖二挂式交流变频空调器，只要将电源插头插入电源插座，即使不开机，断路器立即断开保护。

1. 测量硅桥

上门检查，将空调器插头插入电源插座，见图 20-44 左图，断路器立即断开保护，由于此时并未开机，断路器即跳开保护，说明故障出现在强电通路上。

由于硅桥连接交流 220V，其短路后容易引起上电跳闸故障，因此首先使用万用表二极管挡，见图 20-44 右图，正向和反向测量硅桥的 4 个引脚，即测量内部 4 个整流二极管，实测结果说明硅桥正常，未出现击穿故障。

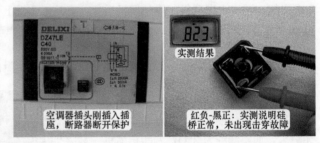

图 20-44　断路器跳闸和测量硅桥

由于模块击穿有时也会出现跳闸故障，拔下模块上面的 5 根引线，使用万用表二极管挡测量 P/N/U/V/W 的正向和反向结果均符合要求，说明模块正常。

测量硅桥时需要测量 4 个引脚之间正向和反向的结果，且测量时不用从室外机上取下，本例只是为使图片清晰才拆下，图中只显示正向测量硅桥的正与负引脚结果。

2. 测量滤波电感线圈阻值

　　此时交流强电回路中只有滤波电感未测量，拔下滤波电感线圈的橙线和黄线，使用万用表电阻挡，测量两根引线阻值，实测阻值接近 0Ω，说明线圈正常导通。

　　见图 20-45，一表笔接外壳地（本例红表笔实接冷凝器铜管），一表笔接线圈（本例黑表笔接橙线），测量滤波电感线圈对地阻值，正常阻值为无穷大，实测阻值约 300kΩ，说明滤波电感线圈出现漏电故障。

3. 短接滤波电感线圈试机

　　见图 20-46 左图，硅桥正极输出经滤波电感线圈后返回至滤波板上，再经过上面线圈送至滤波电容正极，然后再送至模块 P 端。

　　查看滤波电感的两根引线插在 60μF 电容的两个端子，因此拔下滤波电感的引线后，见图 20-46 右图，将电容上的另外两根引线插在一起（相通的端子上），即硅桥正极输出经滤波板上线圈直接送至滤波电容正极，相当于短接滤波电感，将空调器通上电源，断路器不再跳闸保护，遥控器开机，压缩机和室外风机开始运行，空调器制冷正常，确定为滤波电感漏电损坏。

4. 取下滤波电感

　　滤波电感位于室外机底座最下部，见图 20-47，距离压缩机底脚很近。取下滤波电感时，首先拆下前盖，再取下室外风扇（防止在维修时损坏扇叶，并且扇叶不容易配到），再取下挡风隔板，即可看见滤波电感，将 4 个固定螺钉全部松开后，取下滤波电感。

5. 测量损坏的滤波电感

　　使用万用表电阻挡，见图 20-48 左图，黑表笔接线圈端子、红表笔接铁芯，测量阻值，正常值为无穷大，实测约为 360kΩ，从而确定滤波电感线圈对地漏电损坏。

图 20-45　测量滤波电感线圈对地阻值

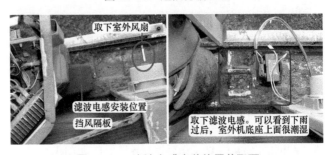

图 20-46　短接滤波电感

图 20-47　滤波电感安装位置并取下

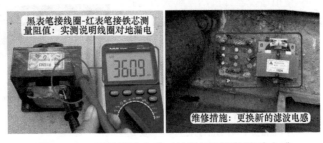

图 20-48　测量滤波电感对地阻值和更换滤波电感

见图 20-48 右图，更换型号相同的滤波电感试机，上电后断路器不再断开保护，遥控器开机，室外机运行，制冷恢复正常，故障排除。

维修措施：见图 20-48 右图，更换滤波电感。由于滤波电感不容易更换，在判断其出现故障之后，如果有相同型号的配件，见图 20-49，可使用连接引线，接在电容的 2 个端子上进行试机，在确定为滤波电感出现故障后，再拆壳进行更换，以避免无谓的工作。

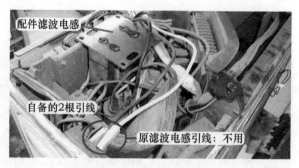

图 20-49　使用滤波电感试机

本例为常见故障，是一个通病，在很多品牌的空调器机型均出现类似现象，原因有两个。

（1）滤波电感位于室外机底座的最下部，因天气下雨或制热时化霜，其经常被雨水或化霜水包围，导致线圈绝缘下降。

（2）早期滤波电感封口部位于下部，见图 20-50 左图，时间长了以后，封口部位焊点开焊，铁芯坍塌与线圈接触，引发漏电故障，出现上电后或开机后断路器断开保护的故障现象。

（3）目前生产的滤波电感将封口部位的焊点改在上部，见图 20-50 右图，这样即使下部被雨水包围，也不会出现铁芯坍塌和线圈接触而导致的漏电故障。

图 20-50　故障原因

三、硅桥击穿

故障说明：海信 KFR-2601GW/BP 挂式交流变频空调器，上电正常，但开机后断路器跳闸。

1. 开机后断路器跳闸

将电源插头插入电源插座，见图 20-51 左图，导风板（风门叶片）自动关闭，说明室内机主板 5V 电压正常，CPU 工作后控制导风板自动关闭。

使用遥控器开机，导风板自动打开，室内风机开始运行，但室内机主板主控继电器触点闭合向室外机供电时，见图 20-51 右图，断路器立即跳闸保护，说明空调器有短路或漏电故障。

2. 常见故障原因

开机后断路器跳闸保护，主要是向室外机供电时因电流过大而跳闸，

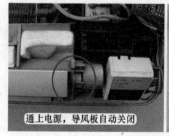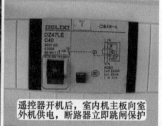

图 20-51　导风板关闭和断路器跳闸

见图 20-52，常见原因有硅桥击穿短路、滤波电感漏电（绝缘下降）、模块击穿短路、压缩机线圈与外壳短路。

3. 测量硅桥

开机后断路器跳闸故障首先需要测量硅桥是否击穿。拔下硅桥上面的 4 根引线，使用万用表二极管挡测量硅桥，见图 20-53，红表笔接正极端子，黑表笔接 2 个交流输入端时，正常时应为正向导通，而实测时结果均为 3mV。

红、黑表笔分别接 2 个交流输入端子，见图 20-54，正常时应为无穷大，而实测结果均为 0mV，根据实测结果判断硅桥击穿损坏。

维修措施：见图 20-55，更换硅桥。再将空调器通上电源，遥控器开机，断路器不再跳闸保护，压缩机和室外风机均开始运行，制冷正常，故障排除。

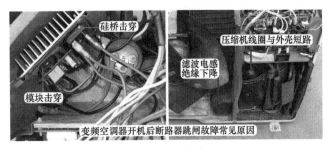

图 20-52　跳闸故障常见原因

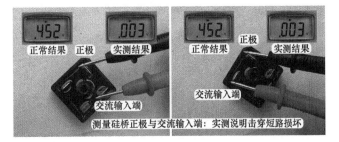

图 20-53　测量硅桥（一）

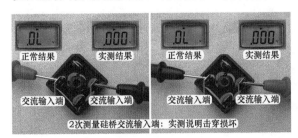

图 20-54　测量硅桥（二）

图 20-55　更换硅桥

（1）硅桥内部有 4 个整流二极管，有些品牌型号的变频空调器如只击穿 3 个，只有 1 个未损坏，则有可能表现为室外机上电后断路器不会跳闸保护，但直流 300V 电压为 0V，同时手摸 PTC 电阻发烫，其断开保护，故障现象和模块 P-N 端击穿相同。

（2）也有些品牌型号的变频空调器，如硅桥只击穿内部 1 个二极管，而另外 3 个正常，室外机上电时断路器也会跳闸保护。

（3）有些品牌型号的变频空调器，如硅桥只击穿内部 1 个二极管，而另外 3 个正常，也有可能表现为室外机刚上电时直流 300V 电压约为直流 200V 左右，而后逐渐下降至直流 30V 左右，同时 PTC 电阻烫手。

（4）同样为硅桥击穿短路故障，根据不同品牌型号的空调器、损坏的程度（即内部二极管击穿的数量）、PTC 电阻特性、断路器容量大小，所表现的故障现象也各不相同，在实际维修时应加以判断。但总的来说，硅桥击穿一般表现为上电或开机后断路器跳闸。